增訂四版

財務報表分析題解

洪國賜　編著

三民書局

國家圖書館出版品預行編目資料

財務報表分析題解／洪國賜編著.－－增訂四版二刷.－－臺北市：三民，2004
面；　公分
參考書目：面
ISBN 957-14-3478-7　(平裝)

1.財務管理-問題集

494.7022　　90010478

網路書店位址　http://www.sanmin.com.tw

© 財務報表分析題解

編著者　洪國賜
發行人　劉振強
著作財產權人　三民書局股份有限公司
臺北市復興北路386號
發行所　三民書局股份有限公司
地址／臺北市復興北路386號
電話／(02)25006600
郵撥／0009998-5
印刷所　三民書局股份有限公司
門市部　復北店／臺北市復興北路386號
重南店／臺北市重慶南路一段61號
初版一刷　1981年7月
增訂二版一刷　1984年9月
修訂三版一刷　1987年9月
增訂四版一刷　2002年8月
增訂四版二刷　2004年7月
編　號　S 560970
基本定價　柒元肆角
行政院新聞局登記證局版臺業字第〇二〇〇號

有著作權・不准侵害

ISBN　957-14-3478-7　(平裝)

財務報表分析題解

目　次

第一章　財務報表概述

一、問答題

問答題旨在讓學生有思考發揮之空間，以應用其所學，故不另附解答，以下各章同。

二、選擇題

1.根據財務會計準則委員會(FASB) 的觀念，會計資訊的中立性，係屬於下列哪一（些）項特性的必備因素之一？

	可靠性	攸關性
(A)	是	是
(B)	是	非
(C)	非	是
(D)	非	非

解 (B)

會計資訊的中立性，係屬於可靠性的必備因素之一。

2.根據財務會計準則委員會(FASB) 的觀念，會計資訊的預測價值，係屬於下列哪一（些）項特性的必備因素之一？

	攸關性	可靠性
(A)	是	非
(B)	非	非
(C)	是	是
(D)	非	是

解 (A)

會計資訊的預測價值，係屬於攸關性的必備因素之一。

3.根據財務會計準則委員會(FASB)的觀念，下列哪一（些）項會計資訊的特性，同時為攸關性及可靠性的必備因素之一？

	一致性	可證實性
(A)	非	非
(B)	是	非
(C)	非	是
(D)	是	是

解 (B)

會計資訊的一致性（比較性），同時為攸關性及可靠性的必備因素之一，惟非為可證實性的因素。

4.根據財務會計準則委員會(FASB)的觀念，盈利 (A)與總體利益一樣 (B)不包括若干項利益或損失，惟卻包括於總體利益之內 (C)包括若干項利益或損失，惟卻不包括於總體利益之內 (D)包括若干項損失，惟卻不包括於總體利益之內。

解 (B)

盈利不包括若干項利益或損失，惟卻包括於總體利益之內。

5.一項會計資訊可公正表達一企業在某特定日或某會計期間內的經濟情況，足以讓資訊使用者信賴；此項特性稱為 (A)攸關性 (B)適時性 (C)可證實性 (D)可靠性。

解 (D)

一項會計資訊可公正表達企業某特定日或某會計期間的經濟情況，足以讓使用者信賴；此項特性稱為可靠性。

6.根據財務會計準則委員會(FASB)的觀念，下列哪一種情況違反會計資訊的可靠性特質？ (A)財務報表遲延半年對外公佈 (B)財務報表內所列報的廠產設備價值，係依企業管理者對未來的預估價值為準 (C)管理報告涵蓋若干已進行中的計畫，惟財務報表未予包括在內 (D)部門別的資料與財務分析的資料一樣，對預計未來利益具有不確性的風險。

解 (B)

財務報表內所列報的廠產設備價值，如依企業管理者對未來的預估價值為準，將嚴重違反會計資訊的可靠性特質。

7.根據財務會計準則委員會(FASB) 的觀念，資產評價帳戶應列於下列哪一類項下？ (A)資產 (B)股東權益 (C)負債 (D)既非資產亦非負債。

解 (A)

資產評價帳戶應列入資產項下，作為抵銷帳戶。

8.根據財務會計準則委員會(FASB) 的觀念，總體利益應包括下列哪一（些）項目？

	本期淨利	其他總體利益
(A)	是	非
(B)	是	是
(C)	非	是
(D)	非	非

解 (B)

總體利益包括本期淨利及其他總體利益。

9.根據財務會計準則委員會(FASB) 的觀念，利益或損失係依主要業務或附屬業務劃分；下列哪一（些）項目可予歸類為利益或損失？

	主要業務活動的流入或流出事項	附屬業務的事項導致權益增加或減少
(A)	是	是
(B)	非	是
(C)	是	非
(D)	非	非

解 (B)

附屬業務的交易事項導致權益增加或減少，可予歸類為利益或損失；主要業務活動的流入或流出導致權益增加或減少，屬於收入或費用，不得歸類為利益或損失。

三、綜合題

將下列A組與B組予以適當配對：

A 組	B 組
(1)預測價值	(A)各期間均採用相同的會計原則及會計處理程序或方法。
(2)攸關性	(B)充分考慮某一項目大小對決策的影響程度。
(3)可靠性	(C)與攸關性一樣，同為決定各項決策的基本特質。
(4)一致性	(D)對未來具有預測功用的資訊。
(5)重要性	(E)對決策具有決定性或補助性作用的資訊。
(6)可證實性	(F)在不同的衡量方法上，顯示一致的結果。

解

(1)預測價值：(D)對未來具有預測功用的資訊。

(2)攸關性：(E)對決策具有決定性或補助性作用的資訊。

(3)可靠性：(C)與攸關性一樣，同為決定各項決策的基本特質。

(4)一致性：(A)各期間均採用相同的會計原則及會計處理程序或方法。

(5)重要性：(B)充分考慮某一項目大小對決策的影響程度。

(6)可證實性：(F)在不同的衡量方法上，顯示一致的結果。

第二章　財務報表的結構基礎

二、選擇題

1.一般而言，當賣方已完成為取得收入的所有必要過程，而且在下列哪一種情況下，應予認定為收入？　(A)帳款已收訖或可合理加以預計者　(B)訂購單已收到　(C)契約已簽訂　(D)買方已收到貨品。

解　(A)

一般而言，當賣方已完成為取得收入的所有必要過程，而且帳款已收訖或可合理加以預計者，應予認定為收入。

2.計算廠產設備的折舊費用時，會計人員最需要考慮的會計原則為　(A)客觀原則　(B)收入實現原則　(C)充分表達原則　(D)配合原則。

解　(D)

計算廠產設備的折舊費用時，會計人員最需要考慮的會計原則為配合原則。

3.配合原則的主要目標在於　(A)提供充分的資料　(B)配合各會計期間對於已實現收入的認定，俾計算正確的損益數字　(C)提供適時的資訊給財務報表的使用者　(D)增進不同會計期間財務報表的比較性。

解　(B)

配合原則的主要目標，在於配合各會計期間對於已實現收入的認定，俾計算正確的損益數字。

4.對於資產、負債、收入及費用的辨認、衡量、記錄與列報，下列哪一項並非會計執行上的基本原則？　(A)重要性原則　(B)成本原則　(C)收入實現原則　(D)配合原則。

解　(A)

重要性原則在於考慮某一會計事項的整合或改編，對報表使用者決策時的影響程度，僅為一項限制條件，並非基本會計原則。

5.報告個體所採用的會計政策，必須 (A)將其重要性的部份，分開揭露於財務報表內的附註欄內，成為其不可或缺的一部份 (B)摒除於所有財務報表之內 (C)僅於會計期間內遇有會計原則變更時，始予揭露 (D)揭露於損益表而非資產負債表。

解 (A)

報告個體所採用的會計政策，必須將其重要性的部份，分開揭露於財務報表內的附註欄內，成為其不可或缺的一部份。

三、綜合題

1.請將下列A組與B組予以適當配對：

A 組	B 組
(1)獨立營業個體的假定	(A)將企業經營期間劃分為若干會計期間，通常以一年為單位，週而復始。
(2)繼續經營的假定	(B)費用的認定，應配合為支付該項費用所獲得的收入是否業已實現。
(3)會計期間週期性的假定	(C)貨幣為衡量價值的最佳標準，並假定其價值不變。
(4)貨幣價值不變的假定	(D)企業的經營活動，係假定其繼續不斷。
(5)收入實現原則	(E)營業個體的交易事項，必須與業主或其他營業個體分開。
(6)配合原則	(F)獲得收入的必要活動業已完成，而且收入金額已確定或收款事宜可合理預計。

解

(1)獨立營業個體的假定：(E)營業個體的交易事項，必須與業主或其他營業個體分開。

⑵繼續經營的假定：⒟企業的經營活動，係假定其繼續不斷。

⑶會計期間週期性的假定：⒜將企業經營期間劃分為若干會計期間，通常以一年為單位，週而復始。

⑷貨幣價值不變的假定：⒞貨幣為衡量價值的最佳標準，並假定其價值不變。

⑸收入實現原則：⒡獲得收入的必要活動業已完成，而且收入金額已確定或收款事宜可合理預計。

⑹配合原則：⒝費用的認定，應配合為支付該項費用所獲得的收入是否業已實現。

2.請將下列A組與B組予以適當配對：

A　組	B　組
⑴會計期間週期性的假定	⒜N公司將已運交客戶的產品銷貨收入列帳，雖然帳款尚未收到。
⑵配合原則	⒝O公司按專利權的使用年限攤銷專利權成本。
⑶成本原則	⒞P公司不將代收附屬公司的貨款列為銷貨收入。
⑷充分表達原則	⒟Q公司按廠產設備成本計算折舊費用，而不使用公平價值。
⑸收入實現原則	⒠S公司將訟案在財務報表附註欄內註明，雖然該訟案並未定案。
⑹獨立營業個體的假定	⒡T公司每年對外提供財務報表。

解

⑴會計期間週期性的假定：⒡T公司每年對外提供財務報表。

⑵配合原則：⒝O公司按專利權的使用年限攤銷專利權成本。

⑶成本原則：⒟Q公司按廠產設備成本計算折舊費用，而不使用公平

價值。

⑷充分表達原則：(E)S 公司將訟案在財務報表附註欄內註明，雖然該訟案並未定案。

⑸收入實現原則：(A)N 公司將已運交客戶的產品銷貨收入列帳，雖然帳款尚未收到。

⑹獨立營業個體的假定：(C)P 公司不將代收附屬公司的貨款列為銷貨收入。

3.下列綜合資料係取自寶華公司2000 年12 月31 日年度終止日的會計紀錄：

⑴銷貨收入：2000 年度現銷$600,000，賒銷$480,000。

⑵2000 年度收現：① 1999 年度賒銷收現$160,000；② 2000 年度賒銷收現$320,000；③ 2001 年度銷貨預收貨款$120,000。

⑶費用：① 2000 年度費用付現$720,000；② 2000 年度費用$280,000 賒欠。

⑷2000 年度付現：① 1999 年度賒欠費用$80,000 付現；② 2000 年度賒欠費用$160,000 付現；③ 2001 年度費用$36,000 預付現金。

試求：(a)請按現金基礎及應計基礎完成2000 年度下列表格：

	現金基礎	應計基礎
銷貨收入	$	$
費　用		
淨　利	$	$

(b)哪一種基礎符合一般公認會計原則？試說明其理由。

解

(a) 2000 年度現金基礎與應計基礎淨利比較：

	現金基礎	應計基礎
銷貨收入	$1,200,000	$1,080,000
費　用	996,000	1,000,000
淨　利	$ 204,000	$ 80,000

上列現金基礎與應計基礎的銷貨收入、費用及淨利的計算，以及淨利差異的計算，列表如下：

寶華公司
現金基礎及應計基礎淨利比較表
2000 年度

	現金基礎	應計基礎	差異／淨利增(減)
銷貨收入：			
1999 年度：			
賒銷收現	$ 160,000	$ –0–	$160,000
2000 年度：			
現　銷	600,000	600,000	–0–
賒銷收現	320,000	320,000	–0–
賒　銷	–0–	160,000	(160,000)
2001 年度：			
預收貨款	120,000	–0–	120,000
合　　計	$1,200,000	$1,080,000	$120,000
費　用：			
1999 年度：			
賒欠費用付現	$ 80,000	$ –0–	$ (80,000)
2000 年度：			
費用付現	720,000	720,000	–0–
賒欠費用付現	160,000	160,000	–0–
賒欠費用	–0–	120,000	120,000
2001 年度：			
預付費用	36,000	–0–	(36,000)
合　　計	$ 996,000	$1,000,000	$ 4,000
淨　利	$ 204,000	$ 80,000	$124,000

(b)應計基礎 (accrued basis) 符合一般公認會計原則；蓋於現金基礎之下，收入於收到現金時入帳，費用於付出現金時入帳；此外，對於應收收入、應付費用、預收收入、預付費用及壞帳等，均不作調整，對於各期損益的劃分，顯然不合理，影響所及，使損益計算不正確。反之，在應計基礎之下，凡本期已賺得的收入，不論收現與否，均

應列為本期收入；凡本期已耗用的費用，不論付現與否，均應歸入本期負擔，可達到正確計算損益之目的。

4.正義會計師事務所剛開始營業，最初二個年度20A 年度及20B 年度內，有關營業的彙總資料列示如下：

	20A 年度	20B 年度
完成服務開出帳單	$570,000	$660,000
本年度內帳單收現	495,000	675,000
各項現金支出：		
支付兩年度租金	90,000	–0–
支付員工薪資	300,000	315,000
旅　費	75,000	90,000
辦公室費用	45,000	75,000

另悉兩個年度的辦公室費用均相同；20B 年度終了，已無任何負債存在，並預期無任何呆帳發生。

試求：(a)請列表計算二個年度的營業現金流量。

(b)根據應計基礎編製二個年度的損益表。

(c)假定會計師王正與張義於開始營業時各出資$30,000，交來現金如數；20A 年度合夥人各提取現金$20,000，20B 年度合夥人各提取現金$50,000；損益平均分配，轉入合夥人往來帳戶；請根據應計基礎編製20A 年及20B 年12 月31 日之資產負債表。

解

(a)營業現金流量：

正義會計師事務所

營業現金流量表

20A 年度及 20B 年度

	20A 年度	20B 年度
帳款收現	$ 495,000	$ 675,000
各項現金支出：		
租金付現	(90,000)	–0–
員工薪資	(300,000)	(315,000)
旅　費	(75,000)	(90,000)
辦公室費用	(45,000)	(75,000)
營業現金流量淨額	$ (15,000)	$ 195,000

(b)損益表：

正義會計師事務所

損益表

（應計基礎）　20A 年度及 20B 年度

	20A 年度	20B 年度
營業收入	$570,000	$660,000
營業費用：		
租金費用	$ 45,000	$ 45,000
員工薪資	300,000	315,000
旅　費	75,000	90,000
辦公室費用	60,000	60,000
合　　計	$480,000	$510,000
本期淨利	$ 90,000	$150,000

(c)資產負債表：

正義會計師事務所
資產負債表
（應計基礎） 20A 年及 20B 年 12 月 31 日

	20A 年 12 月31 日	20B 年 12 月 31 日
資　產：		
現　金	$ 5,000	$ 100,000
應收帳款	75,000	60,000
預付租金	45,000	–0–
資產合計	$ 125,000	$ 160,000
負　債：		
應付費用 —— 辦公室	$ 15,000	$ –0–
合夥人權益：		
王正合夥人資本	$ 30,000	$ 30,000
張義合夥人資本	30,000	30,000
王正合夥人往來	25,000	50,000
張義合夥人往來	25,000	50,000
合夥人權益合計	$ 110,000	$ 160,000
負債及合夥人權益合計	$ 125,000	$ 160,000

	20A 年 12 月31 日	20B 年 12 月 31 日
現　金：		
期初餘額	$ 60,000	$ 5,000
營業現金流量淨額	(15,000)	195,000
合夥人提取	(40,000)	(100,000)
期末餘額	$ 5,000	$ 100,000
應收帳款：		
期初餘額	$ –0–	$ 75,000
本年度開出帳款	570,000	660,000
帳單收現	(495,000)	(675,000)
期末餘額	$ 75,000	$ 60,000
預付租金	$ 45,000	$ –0–
應付費用 —— 辦公室	$ 15,000	$ –0–
合夥人往來：		
期初餘額	$ –0–	$ 50,000
本期淨利	90,000	150,000
合夥人提取	(40,000)	(100,000)
期末餘額	$ 50,000*	$ 100,000*

*二個合夥人各 $\frac{1}{2}$。

第三章　主要的財務報表

二、選擇題

1.M 公司2000 年度單站式損益表收入項下包括下列各項：

銷貨淨額		$374,000
停業部門損益：		
停業前營業損失（扣除所得稅節省$2,400 後淨額）	$ (4,800)	
處分利益（扣除所得稅$14,400 後淨額）	28,800	24,000
利息收入		20,400
出售廠產設備利益		9,400
會計原則變更之累積影響數（扣除所得稅$1,500 後淨額）		3,000
收入合計		$430,800

M 公司2000 年度單站式損益表內，應列報總收入若干？　(A)$432,600　(B)$430,800　(C)$407,400　(D)$403,800。

解　(D)

銷貨淨額	$374,000
利息收入	20,400
出售廠產設備利益	9,400
收入合計	$403,800

在單站式損益表之下，所有來自繼續營業部門的收入及利益，均予以彙總，再扣除所有繼續營業部門的費用或損失。

根據一般公認會計原則，下列三項必須分開列報與表達：(1)停業部門損益；(2)非常損益；(3)會計原則變更之累積影響數。

2.一項交易事項僅具有非常性質，但卻經常發生，應分開並按下列哪一種方式列報？ (A)按扣除所得稅影響數後之淨額，列報為非常損益 (B)列報為非常損益，惟不必扣除所得稅之影響數 (C)按扣除所得稅影響數後之淨額，列報為繼續營業部門的損益項目 (D)列報為繼續營業部門的損益項目，惟不必扣除所得稅之影響數。

解 (D)

根據一般公認會計原則，凡一項金額鉅大的交易事項或事件，如僅具有非常性質或不常發生的條件之一，並非兩者同時兼備時，不屬於非常損益，仍應單獨列報於繼續營業部門，惟不必扣除所得稅之影響數。

3.N 公司於 2000 年 10 月1 日，已擬妥一項處分附屬 A 部門的計畫，並已獲准在案；N 公司計畫於 2001 年 4 月1 日處分 A 部門，預計可獲得處分利益$350,000；A 部門實際與預計營業損失如下：

1/1/2000～9/30/2000：停業前營業損失$300,000

10/1/2000～12/31/2000：預計營業損失$200,000

1/1/2001～3/31/2001：預計營業損失$400,000

N 公司所得稅率為 25%，則 2000 年度損益表項下，該公司應列報處分損失若干（扣除所得稅節省後之淨額）？ (A)$150,000 (B)$187,500 (C)$375,000 (D)$450,000。

解 (B)

N 公司2000 年度損益表項下應列報處分損失$187,500，其形式如下：

繼續營業部門損益	$ ×××
停業部門損益：	
停業前營業損失（扣除所得稅節省$75,000 後淨額）	(225,000)
處分損失：包括處分利益$350,000 及截至年終時之稅前營業損失$200,000 與次年度處分日預計稅前營業損失$400,000，分別扣除所得稅費用$87,500 及所得稅節省$150,000 後之淨額	(187,500)*

*($350,000－$87,500)－($600,000－$150,000)＝ －$187,500

4.每股盈餘的資料應按下列哪一（些）項方式，列報於損益表項下？

	非常損益前每股盈餘	會計原則變更之累積影響數前每股盈餘
(A)	是	是
(B)	是	非
(C)	非	非
(D)	非	是

解 (A)

損益表：

每股盈餘：	
繼續營業部門淨利	$ ××
停業部門損失	(××)
非常損益及會計原則變更之累積影響數前每股盈餘*	$ ××
非常損失	(××)
會計原則變更之累積影響數	××
本期淨利	$ ××

*如非二項均具備時，則僅列報該項即可。

5.企業編製現金流量表之主要目的，在於 (A)說明淨利與營業活動所產生現金流量差異的原因 (B)預測企業未來產生淨現金流量的潛力 (C)表達企業應付營業上需用現金的能力 (D)提供企業在某特定期間內有關現金流入及現金流出的各項資訊。

解 (D)

編製現金流量表之主要目的，在於提供企業在某特定期間內有關現金流入及現金流出的各項資訊。

6.在現金流量表內，發行權益證券的現金流入，應予歸類為 (A)借貸活動 (B)營業活動 (C)投資活動 (D)理財活動。

解 (D)

發行權益證券的現金流入，應予歸類為理財活動。

7.在現金流量表內，購入其他公司所發行債券（不含現金及約當現金）之現金流出，應予歸類為 (A)營業活動 (B)投資活動 (C)理財活動

(D)借貸活動。

解 (B)

購入其他公司所發行債券（不含現金及約當現金）之現金流出，應予歸類為投資活動。

8.企業因財務危機獲得債權人同意而消除債之利益，如金額鉅大者，應於損益表內列報為 (A)正常損益項目 (B)會計估計之變更 (C)股東權益的調整項目 (D)非常損益。

解 (D)

消除債券所發生利益，根據財務會計準則委員會第四號聲明書 (FASB Statement No. 4) 的意見，如金額鉅大者，應認定為非常損益，並按扣除所得稅後淨額，分開列報於損益表內。

9.P 公司所屬 A 部門營業不佳，截至 2000 年 6 月 30 日止，半年內營業損失$250,000，該公司已於 2000 年 7 月 1 日達成一項處分計畫，惟實際遞延至 2000 年 12 月 1 日始予讓售，獲得稅前處分資產利益$600,000，存續期間另發生營業損失$200,000；已知所得稅率為 25%。

P 公司應列報扣除所得稅後之處分損失若干？ (A)$112,500 (B)$150,000 (C)$187,500 (D)$300,000。

解 (D)

P 公司應列報扣除所得稅後之處分利益$300,000，其計算如下：

處分利益：	
處分資產利益（扣除所得稅$150,000 後之淨額）	$ 450,000
停業期間營業損失（扣除所得稅節省$50,000 後之淨額）	(150,000)
處分利益淨額	$ 300,000

停業部門損益包括：(1)停業前營業損失；(2)處分損益。本題停業前損失$250,000 應按扣除所得稅節省$62,500 後之淨額$187,500 單獨列報於損益表的停業部門損益項下。

三、綜合題

1.新生公司2000 年12 月31 日調整後試算表內各項損益類帳戶列示如下：

會計科目	借　差	貸　差
銷貨收入		$1,460,000
利息收入		14,000
出售廠產設備利益		12,000
颱風損失（具備非常及不常發生特性）	$120,000	
銷貨成本	900,000	
重安裝成本	160,000	
管理費用	180,000	
銷售費用	60,000	
利息費用	8,000	

另悉全年度在外流通普通股數100,000 股，所得稅率25%；所得稅費用尚未調整。

試完成下列各項：(a)單站式損益表。

(b)多站式損益表。

解

(a)單站式損益表：

新生公司
損益表
（單站式）　　2000 年度

收入及利益：		
銷貨收入		$1,460,000
利息收入		16,000
出售廠產設備利益		12,000
收入及利益合計		$1,488,000
費用及損失：		
銷貨成本	$900,000	
管理費用	180,000	
銷售費用	60,000	
利息費用	8,000	
重安裝成本	160,000	
所得稅費用	45,000*	1,353,000
非常損益前淨利		$ 135,000
非常損失 —— 颱風損失（扣除所得稅節省$30,000後淨額）		(90,000)
本期淨利		$ 45,000
每股盈餘：		
非常損益前每股盈餘		$ 1.35
非常損失 —— 颱風損失		(0.90)
本期淨利		$ 0.45

*($1,488,000－$1,308,000)× 25%

(b)多站式損益表：

新生公司
損益表
（多站式）　2000 年度

銷貨收入		$1,460,000
銷貨成本		900,000
銷貨毛利		$ 560,000
營業費用：		
管理費用	$180,000	
銷售費用	60,000	
重安裝成本	160,000	
營業費用合計		400,000
營業淨利		$ 160,000
營業外收入（費用）		
利息收入	$ 16,000	
出售廠產設備利益	12,000	
利息費用	(8,000)	20,000
稅前利益		$ 180,000
所得稅費用		45,000
非常損益前淨利		$ 135,000
非常損失——颱風損失（扣除所得稅節省$30,000後之淨額）		(90,000)
本期淨利		$ 45,000
每股盈餘：		
非常損益前每股盈餘		$ 1.35
非常損失——颱風損失		(0.90)
本期淨利		$ 0.45

2.永固建設公司從事於辦公大廈的興建業務，另外兼營一家建築材料行，由於材料行業務不佳，於2000 年9 月30 日決定出售2 千萬元，俟2000 年12 月1 日始完成；2000 年度二種部門的損益資料如下（單位：百萬元）：

	興建辦公大廈	經營建築材料
營業收入	$ 225.0	$ 100.0
營業費用	(113.0)	(105.0)
其他利益（損失）	8.0	(15.0)*
稅前淨利（損失）	$ 120.0	$ (20.0)
所得稅費用（節省）(20%)	24.0	(4.0)
本期淨利（淨損）	$ 96.0	$ 16.0

* 全部屬於出售停業部門的損失（成本$35，售價$20）。

停業部門2000 年度衡量日與處分日期間，營業收入及營業費用如下（單位：百萬元）：

	營業收入	營業費用
1/1～9/30	$75.0	$72.5
10/1～12/1	25.0	32.5

此外，永固建設公司2000 年度另發生下列事項：

⑴提早贖回未到期債券，發生債券提早贖回稅前利益 1 千萬元。

⑵折舊方法由加倍遞減率法改變為直線法；2000 年度已按直線法提列折舊費用；以前年度如按直線法提列，其累積影響數將減少2.5 百萬元。

試為永固建設公司編製2000 年度包括每股盈餘之損益表，假定全年度在外流通普通股數為5 百萬股。

解

永固建設公司

損益表

2000 年度 （百萬元／每股盈餘除外）

營業收入		$225.0
營業費用		113.0
營業利益		$112.0
其他收入		8.0
繼續營業部門稅前利益		$120.0
所得稅費用：20%		24.0
繼續營業部門淨利		$ 96.0
停業部門損益：		
停業前營業利益（扣除所得稅費用$0.5 後之淨額）	$ 2.0*	
處分損失（扣除所得稅節省$4.5 後之淨額）	(18.0)**	(16.0)
非常損益及會計原則變更累積影響數前淨利		$ 80.0
非常損益 —— 債券提早贖回利益（扣除所得稅費用$2.0 後之淨額）		8.0
會計原則變更之累積影響數（扣除所得稅費用$1.0 後之淨額）		4.0
本期淨利		$ 92.0
每股盈餘（元）		
繼續營業部門利益		$ 19.2***
停業部門損失		(3.2)
非常損益 —— 債券提早贖回利益		1.6
會計原則變更之累積影響數		0.8
本期淨利		$ 18.4

*($75.0 − $72.5) × 20% = $0.5; $2.5 − $0.5 = $2.0

**[($32.5 − $25.0) + $15.0] × 20% = $4.5; $22.5 − $4.5 = $18.0

***$96.0 ÷ 5 = $19.2

第四章　財務報表分析的基本概念

二、選擇題

1.債權人分析財務報表之目的為何？　(A)評估借款企業償還本金及利息的能力　(B)評估借款企業的資本結構　(C)評估借款企業未來的獲益能力　(D)評估借款企業過去的獲益能力。

解　(A)

債權人分析財務報表之目的，在於評估借款企業償還本金及利息的能力。

2.投資人分析財務報表之目的為何？　(A)確定投資企業的風險性　(B)確定投資企業獲益能力的穩定性　(C)確定是否有必要改變以增進未來的績效　(D)確定一項投資是否可經由未來預計的盈餘加以擔保。

解　(D)

投資人分析財務報表之目的，在於確定一項投資是否可經由未來預計的盈餘加以擔保。

3.從事財務報表分析時，下列哪一（些）項資料沒有參考必要？　(A)會計師查帳報告　(B)管理者之檢討及分析　(C)現金流量表　(D)以上皆非。

解　(D)

從事財務報表分析時，會計師查帳報告、管理者之檢討及分析、現金流量表等，均有參考的必要。

4.M 公司20A 年度普通股每股盈餘$4.00，每股發放現金股利$1.00；已知市場上同類型證券的通行利率為8%；該公司過去每年盈餘、股利及股票價值平均成長率為4%，預期此項成長率將繼續維持下去。

M 公司普通股每股現值應為若干？　(A)$15.00　(B)$20.00　(C)$25.00

(D)$30.00。

解　(C)

$$V=\frac{bE(t)}{k-g}=\frac{25\%^{*}\times\$4.00}{8\%-4\%}=\$25.00$$

$^{*}\$1.00\div\$4.00=25\%$

5.N 公司20B 年度有關普通股的盈餘資料如下：

屬於普通股的淨利	$15,000,000
發放普通股股利	5,000,000
在外流通普通股股數	10,000,000
每年預期盈餘成長率	7.5%
投資人要求的投資報酬率	10.0%

另悉N 公司每年普通股股利發放比率，將隨盈餘成長率而增加。

N 公司普通股每股現值應為若干？　(A)$15.00　(B)$20.00　(C)$25.00　(D)$30.00。

解　(B)

$$\text{普通股每股盈餘}=\frac{\$15,000,000}{10,000,000}=\$1.50$$

$$\text{普通股每股股利}=\frac{\$5,000,000}{10,000,000}=\$0.50$$

$$\text{股利發放比率}=\$0.50\div\$1.50=33.3333\%$$

$$\text{普通股現值}=\frac{33.3333\%\times\$1.50}{10\%-7.5\%}=\$20.00$$

6.P 公司20A 年12 月31 日普通股有關資料如下：

屬於普通股的淨利	$60,000,000
在外流通普通股股數	10,000,000
普通股每股市價	$72.00

P 公司20A 年12 月31 日普通股本益比應為若干？　(A) 8　(B) 10　(C) 12　(D) 15。

解　(C)

$$普通股每股盈餘 = \frac{\$60,000,000}{10,000,000} = \$6.00$$

$$\textbf{本益比} = \frac{\textbf{普通股每股市價}}{\textbf{普通股每股盈餘}} = \frac{\$72.00}{\$6.00} = 12（倍）$$

7.Q 公司20A 年 12 月 31 日普通股有關資料如下：

屬於普通股的淨利	$20,000,000
發放普通股股利	8,000,000
在外流通普通股股數	10,000,000
每年預期盈餘成長率	8%
投資人要求的投資報酬率	12%

另悉Q 公司每年普通股股利發放比率，將隨盈餘成長率而增加。

Q 公司 20A 年 12 月 31 日普通股本益比應為若干？ (A) 8 (B) 9 (C) 10 (D) 12。

解 (C)

$$\frac{\boldsymbol{P}}{\boldsymbol{E}} = \frac{(\frac{\boldsymbol{D}}{\boldsymbol{k-g}})}{\boldsymbol{EPS}}$$

$$D = \frac{\$8,000,000}{10,000,000} = \$0.80$$

$$EPS = \frac{\$20,000,000}{10,000,000} = \$2.00$$

$$\frac{P}{E} = \frac{\frac{\$0.80}{12\% - 8\%}}{\$2.00} = 10（倍）$$

8.R 公司20A 年度含有下列各項比率：

本益比	12
股利發放比率	0.60

R 公司 20A 年度的股利孳生率應為若干？ (A) 5.0% (B) 7.2% (C) 7.5% (D) 10.8%。

解 (A)

設 D = 股利

P = 股票市價

$$\frac{P}{E}=\frac{P}{EPS}=12; P=12EPS$$

$$\text{股利發放比率}=\frac{D}{EPS}=0.6; D=0.6EPS$$

$$\text{股利孳生率}=\frac{D}{P}=\frac{0.6EPS}{12EPS}=5.0\%$$

9.S 公司20A 年度股利發放比率為 50%；翌年，20B 年度盈餘增加 20%，股利發放比率提高 15%。

S 公司 20B 年度股利發放比率應為若干？ (A) 75.0% (B) 52.3% (C) 47.9% (D) 41.7%。

解 (C)

20A 年度股利發放比率為 50%，假定盈餘為$100，則股利發放金額為$50 (50%)；20B 年度股利增加 20%，盈餘合計數$120，股利發放比率提高 15%，由 100% 提高為 115%，則股利發放數為$57.50 ($50 × 115%)，股利發放比率應為47.9% ($57.50÷$120)。

10.理論上，本益比高表示什麼？ (A)公司將來的股利或盈餘成長率低 (B)公司的資本成本太高 (C)投資人預期將來的投資報酬率高 (D)股票價格在最近的將來極可能下跌。

解 (C)

理論上，本益比高表示投資人預期將來的投資報酬率高。

11.T 公司為一無負債公司，且一向將其每年全部盈餘以現金股利方式發放出去，公司過去每年的每股盈餘均為$10，其本益比為 12，近年來並未發行新股；T 公司的資金成本率應為若干？ (A) 0 (B) 8.33% (C) 10% (D)以上皆非。

解 (B)

$$資金成本率=\frac{每股盈餘}{每股市價^{*}}=\frac{\$10}{\$120}=8.33\%^{**}$$

$$^{*}本益比=\frac{每股市價}{每股盈餘}=\frac{每股市價}{\$10}=12=每股市價=\$120$$

** 資金成本率也可根據下列公式求得：

$$資金成本率=\frac{1}{本益比}=\frac{1}{12}=8.33\%$$

12.沿用11題的資料，另假定明年度預期每股盈餘為\$13，本益比也預期將提高為13；T 公司預期盈餘及股利之成長率應為若干？ (A)1.0% (B) 0.77% (C) 0.64% (D) 0。

解 (C)

$$本益比=\frac{b}{k-g}$$

（b= 股利發放比率；k= 資金成本率；g= 預期盈餘及股利平均成長率）

$$13=\frac{1}{8.33\%-g}$$

$$g=0.64\%$$

三、綜合題

1.可口可樂公司僅發行普通股一種，1995 年度至 1999 年度簡明損益表及有關資料列示如下：

可口可樂公司
簡明損益表
1995 年度至 1999 年度　（百萬美元／股價除外）

	1995	1996	1997	1998	1999
銷貨收入	$18,127	$18,673	$18,868	$18,813	$19,805
銷貨成本	6,940	6,738	6,015	5,562	6,009
銷貨毛利	$11,187	$11,935	$12,853	$13,251	$13,796
營業費用	7,161	8,020	7,852	8,284	9,814
營業淨利	$ 4,026	$ 3,915	$ 5,001	$ 4,967	$ 3,982
營業外利益	228	251	751	277	651
所得稅前淨利	$ 4,254	$ 4,166	$ 5,752	$ 5,244	$ 4,633
所得稅費用	1,319	1,001	1,830	1,680	1,684
本期淨利	$ 2,935	$ 3,165	$ 3,922	$ 3,564	$ 2,949
普通股股利	$1,110	$1,247	$1,387	$1,480	$1,580
普通股在外流通加權平均股數	2,525	2,494	2,477	2,467	2,469
年度終了日股票市價（美元）	$35.37	$50.67	$64.79	$65.64	$57.66

試求：(a)每股盈餘。

(b)每股盈餘成長率；已知 1994 年度每股盈餘$1.98。

(c)股利發放比率。

(d)本益比。

(e)股利孳生率。

解

(a)每股盈餘：

$$EPS = \frac{\text{屬於普通股淨利}}{\text{普通股在外流通加權平均股數}}$$

可口可樂公司

每股盈餘計算表

1995 年度至 1999 年度

（百萬美元／百萬股／股價除外）

	1995	1996	1997	1998	1999
本期淨利* (a)	$2,935	$3,165	$3,922	$3,564	$2,949
普通股在外流通加權平均股數 (b)	2,525	2,494	2,477	2,467	2,469
每股盈餘（美元）$(a \div b)$	$1.16	$1.27	$1.58	$1.44	$1.19

*可口可樂公司無特別股，故全部淨利屬普通股。

(b)每股盈餘成長率：

$$\text{每股盈餘成長率} = \frac{\text{當年度每股盈餘} - \text{前年度每股盈餘}}{\text{前年度每股盈餘}}$$

可口可樂公司

每股盈餘成長率計算表

1995 年度至 1999 年度

	1995	1996	1997	1998	1999
每股盈餘（美元）	$1.16	$1.27	$1.58	$1.44	$1.19
每股盈餘成長率*	−41.4%	9.5%	24.4%	−8.87%	−17.4%

$* \ \frac{\$1.16 - \$1.98}{\$1.98} = -41.4\%$；以下類推之。

(c)股利發放比率 (dividend payout ratio)：

$$\text{股利發放比率} = \frac{\text{每股股利}}{\text{每股盈餘}}$$

可口可樂公司

股利發放比率計算表

1995 年度至1999 年度

（百萬美元／百萬股／每股股利及盈餘除外）

	1995	1996	1997	1998	1999
普通股股利 (a)	$1,110	$1,247	$1,387	$1,480	$1,580
普通股在外流通加權平均股數 (b)	2,525	2,494	2,477	2,467	2,469
每股股利 $(c = a \div b)$ （美元）	$0.44	$0.50	$0.56	$0.60	$0.64
每股盈餘 (d)（美元）	$1.16	$1.27	$1.58	$1.44	$1.19
股利發放比率 $(c \div d)$	37.93%	39.37%	35.44%	41.67%	53.78%

(d)本益比 (price-earnings ratio)：

$$\text{本益比} = \frac{\text{每股市價}}{\text{每股盈餘}}$$

可口可樂公司

本益比計算表

1995 年至1999 年12 月31 日 （美元）

	1995	1996	1997	1998	1999
普通股每股市價 (a)	$35.37	$50.67	$64.79	$65.64	$57.66
普通股每股盈餘 (b)	1.16	1.27	1.58	1.44	1.19
本益比 $(a \div b)$（倍）	30.50	39.90	41.00	45.58	48.45

(e)股利孳生率 (dividend yield)：

$$\text{股利孳生率} = \frac{\text{每股股利}}{\text{每股市價}}$$

可口可樂公司
股利孳生率計算表
1995 年至1999 年之12 月31 日　　（美元）

	1995	1996	1997	1998	1999
普通股每股市價 (a)	\$35.37	\$50.67	\$64.79	\$65.64	\$57.66
普通股每股股利 (b)	0.44	0.50	0.56	0.60	0.64
股利孳生率 $(b \div a)$	1.24%	0.99%	0.86%	0.91%	1.11%

2.臺端擬購入麗新股份有限公司的普通股票，預定持有一年後再予出售；已知該公司 20A 年度普通股每股盈餘\$7.60，每股發放股利\$4；另悉該公司過去多年來的盈餘、股利及股票價格之平均成長率為 4%，市場上同類型證券的通行利率為 9%。試根據上列資料，計算該公司普通股每股現值應為若干？

解

設普通股現值 $= V$

$$\boldsymbol{V = \frac{bE(t)}{k - g}}$$

$t =$ 年度

$E(t) = t$ 年度每股盈餘

$b =$ 股利發放比率

$k =$ 市場上同類型證券的通行利率

$g =$ 預期未來每年盈餘、股利及股票價格的平均成長率

$$V = \frac{\$4^*}{9\% - 4\%} = \$80$$

$$^*\frac{\$4.0}{\$7.6} = 52.63\%;\ 52.63\% \times \$7.60 = \$4.0$$

3.新光股份有限公司 20A 年度稅後淨利為\$3,000,000；該公司普通股經政府核准發行的股份計 1,250,000 股，已發行並流通在外的股份為 1,000,000 股。

試求：(a)請計算該公司普通股之每股盈餘。

(b)設投資者的預期投資報酬率為15%；另悉上年度每股發放股利$1；試按下列各種不同的盈餘、股利及股票價格之平均成長率，計算每一普通股的現值：

(i)−5%

(ii)0%

(iii)5%

(c)根據(b)題中的各種情況，分別計算此種股票應按何種本益比(price-earning ratio) 出售？

解

(a)普通股每股盈餘 (EPS)：

$$\boldsymbol{EPS} = \frac{\text{稅後淨利}}{\text{流通在外股數}} = \frac{\$3{,}000{,}000}{1{,}000{,}000} = \$3$$

(b) (i)$V = \dfrac{\$1.00 - \$0.05}{15\% - (-5\%)} = \dfrac{\$0.95}{20\%} = \$4.75$

(ii)$V = \dfrac{\$1.00}{15\%} = \$6.67$

(iii)$V = \dfrac{\$1.00 + \$0.05}{15\% - 5\%} = \$10.50$

(c) (i)−5% 下之本益比 ($\dfrac{P}{E}$)：

$$\frac{\boldsymbol{P}}{\boldsymbol{E}} = \frac{\boldsymbol{b}}{\boldsymbol{k - g}} = \frac{\dfrac{\$1.00 - \$0.05}{\$3.00}}{15\% - (-5\%)} = \frac{\dfrac{\$0.95}{\$3.00}}{20\%} = 1.58\text{（倍）}$$

(ii)0% 下之本益比：

$$\frac{P}{E} = \frac{\dfrac{\$1.00}{\$3.00}}{15\% - 0\%} = 2.22\text{（倍）}$$

(iii)5% 下之本益比：

$$\frac{P}{E} = \frac{\dfrac{\$1.00 + \$0.05}{\$3.00}}{15\% - 5\%} = \frac{\dfrac{\$1.05}{\$3.00}}{10\%} = 3.5\text{（倍）}$$

4.王君擬於 20B 年初購入中華電機股份有限公司的普通股，並計畫長久持有該項股票。

中華電機股份有限公司 20A 年度，每一普通股發放股利$2.83，目前每股市價僅$60，王君認為此項價格偏低；蓋按照王君預測，該公司的盈餘及股利，將按照 6% 長期間持續成長。

試按上列資料，回答下列各問題：

(a)如王君的預期投資報酬率為 10%，則購買中華電機股份有限公司的普通股，究竟是否為一項有利的投資？

(b)王君為獲得 10% 的投資報酬率，購入該公司普通股的最高價格應為若干？

解

(a)王君購買中華電機股份有限公司的普通股票，係一項有利的投資；蓋如按預期投資報酬率 10% 計算該項普通股票之現值為$75（請參閱(b)），惟目前每股市價僅為$60。

(b)購入中華電機股份有限公司普通股的最高價格應為$75。

設 V_0 = 基期之普通股現值

D_0 = 基期股利

D_1 = 第一年股利

$$\boldsymbol{V_0} = \frac{\boldsymbol{D_1}}{\boldsymbol{k-g}} = \frac{\boldsymbol{D_0(1+g)}}{\boldsymbol{k-g}} = \frac{\$2.83(1+0.06)}{4\%} = \$75$$

5.張君於2000 年12 月31 日，購入國華股份有限公司普通股一股面額$100，擬持有 5 年，預期該公司每年股利分配持續成長，預測未來每年股利如下：

年 度	預期股利
2000	$10
2001	12
2002	14
2003	16
2004	19
2005	23

另悉市場上同類型證券的通行利率為10%，此亦為張君的預期投資報酬率。

試問張君應按何種價格購入國華股份有限公司的普通股票？

解

張君應按每股$133.72 的價格購入，其計算如下：

國華股份有限公司

普通股價值計算表

年 度 (t)	預期股利及到期本金 (D_t)	每元現值 $[\frac{1}{(1+10\%)^t}]$	預期股利及股票到期現值 $[\frac{D_t}{(1+10\%)}]$
0	$ 10	$1.00	$ 10.00
1	12	0.91	10.92
2	14	0.83	11.62
3	16	0.75	12.00
4	19	0.68	12.92
5	23	0.62	14.26
5	100	0.62	62.00
合 計			$133.72

第五章　財務報表分析的方法㈠

二、選擇題

1.財務報表分析的第一項步驟為何？ (A)查閱會計師查帳報告 (B)查閱有關財務資訊 (C)確定財務報表分析的目標 (D)進行共同比分析。

解 (C)

財務報表分析的第一項步驟，乃在於確定財務報表分析的目標。

2.下列哪一項非為財務報表分析的方法？ (A)共同比財務分析 (B)趨勢分析 (C)同業間比較分析 (D)隨機抽樣分析。

解 (D)

隨機抽樣分析非為財務報表分析的方法。

3.下列哪一項對測度企業的短期償債能力比較不具重要性？ (A)速動比率 (B)流動比率 (C)負債比率 (D)來自營業活動之淨現金流量。

解 (C)

負債比率對測度企業短期償債能力比較不具重要性；蓋負債比率通常係用於衡量企業的長期償債能力。

4.就股東的立場而言，下列哪一項與股東的關係比較不具重要性？ (A)總資產投資報酬率連續數年大於同業 (B)股東投資報酬率過去五年均呈現遞增趨勢 (C)淨利大於營運資金 (D)總資產投資報酬率大於公司支付給債權人的借款利率。

解 (C)

就股東的立場而言，淨利大於營運資金的資訊，與其他三項資訊相比，對股東的關係比較不具重要性。

5.對財務分析者而言，預測下列哪一項比較困難？ (A)公司半年內的償

債能力 (B)公司次年度的獲利能力 (C)公司在外流通股數的增減 (D)公司股票市價的上漲或下跌。

解 (D)

對財務分析者而言，預測公司股票市價上漲或下跌比較困難。

6.R 公司20A 年度的財務報告含有下列各項：

流動資產	$ 240,000
平均總資產	1,000,000
平均股東權益總額	400,000
流動負債	150,000
稅前淨利	120,000
稅後淨利	40,000

下列哪一項為正確的敘述？ (A)股東權益投資報酬率大於稅前總資產投資報酬率 (B)流動比率為 0.625 : 1 (C)營運資金為$600,000 (D)以上皆非。

解 (D)

(A)股東權益投資報酬率 $= \frac{\$40,000}{\$400,000} = 10\%$

稅前總資產投資報酬率 $= \frac{\$120,000}{\$1,000,000} = 12\%$

股東權益投資報酬率小於稅前總資產投資報酬率，故(A)不正確。

(B)流動比率 $= \frac{\$240,000}{\$150,000} = 1.6 : 1$

流動比率為 1.60 : 1，故(B)不正確。

(C)營運資金 =$240,000−$150,000=$90,000；故(C)不正確。

7.S 公司於 20A 年 12 月 31 日沖銷存貨中的損壞品$100,000；此項沖銷將使下列哪一項比率減少？ (A)流動比率及速動比率均減少 (B)只有流動比率減少 (C)只有速動比率減少 (D)流動比率及速動比率均不減少。

解 (B)

沖銷存貨中的損壞品$100,000，將使流動比率減少；其原因在於存貨為流動資產的項目之一，存貨減少也使流動資產減少，則流動比率（流動資產 ÷ 流動負債）隨而減少。

8.T 公司20A 年 12 月 31 日收到某一大客戶還來應收帳款；此一交易事項將使下列哪一項比率增加？ (A)存貨週轉率 (B)應收帳款週轉率 (C)流動比率 (D)速動比率。

解 (B)

應收帳款收現將使應收帳款減少及現金增加，導致應收帳款週轉率增加；蓋應收帳款週轉率乃銷貨成本與平均應收帳款的比率關係〔銷貨淨額 $\div \frac{1}{2}$（期初應收帳款+ 期末應收帳款）〕，期末應收帳款減少，使平均存貨減少，則在銷貨淨額不變前提之下，應收帳款週轉率將因而增加。

9.應用增減百分率分析時，有哪些限制（無法計算）？ (A)基期金額為零或負數時 (B)比較年度金額為負數時 (C)比較年度金額為零時 (D)上列(A)與(B)。

解 (D)

當基期金額為零、負數或比較年度金額為負數時，應用增減百分率分析時，將無法計算，或計算的結果毫無意義。

10.下列敘述何者有誤？ (A)前後期會計原則或政策不一致，趨勢分析就失去意義 (B)物價水準變動，有損趨勢分析之意義 (C)流動資產減少，乃不利趨勢 (D)趨勢分析時，比率與絕對數字應並重。

解 (C)

流動資產減少，如其減少的程度小於流動負債減少的程度時，乃有利趨勢；因此，流動資產減少，並非絕對不利趨勢。

三、綜合題

1.試完成下列愛王公司20A 年度至20C 年度之比較性簡明損益表：

愛王股份有限公司
比較性簡明損益表
20A 年度至 20C 年度　　（新臺幣千元）

	20A 年度	20B 年度	20C 年度	累計金額	每年平均金額
銷貨（淨額）	$39,960	$45,600			
銷貨成本			$40,000		$38,400
銷貨毛利		6,000			6,540
營業費用					5,600
稅前淨利	400	500	1,920		
備繳所得稅	90	115	612		
稅後淨利					

解

愛王股份有限公司
比較性簡明損益表
20A 年度至 20C 年度　　（新臺幣千元）

	20A 年度	20B 年度	20C 年度	累計金額	每年平均金額
銷貨（淨額）	$39,960	$45,600	$49,260	$134,820	$44,940
銷貨成本	35,600(e)	39,600(a)	40,000	115,200(d)	38,400
銷貨毛利	4,360	6,000	9,260	19,620	6,540
營業費用	3,960	5,500(b)	7,340	16,800	5,600
稅前淨利	400	500	1,920	2,820	940
備繳所得稅	90	115	612	817	272*
稅後淨利	310	385(c)	1,308	2,003	668*

*四捨五入。

(a) 45,600−6,000=39,600

(b) 6,000−500=5,500

(c) 500−115=385

(d) 38,400× 3=115,200

(e) 115,200−40,000−39,600=35,600

餘類推之。

2.下列為美加美公司20A 年度及20B 年度趨勢與共同比簡明損益表：

	20A 年度	20B 年度
趨勢百分比：		
銷貨（淨額）	100%	120%
銷貨成本	100	–
銷貨毛利	100	–
營業費用	100	–
淨利（稅前）	100	–
共同比：		
銷貨（淨額）	100	100
銷貨成本	–	–
銷貨毛利	–	45
營業費用	30%	27.5%
淨利（稅前）	10%	–

試求：(a)假定美加美公司20A 年度淨利為$100,000；請計算下列二項：

(i) 20B 年度淨利。

(ii) 列示20A 年度及20B 年度簡明損益表。

(b)計算題目中各項目趨勢百分比及共同比。

解

(a) (i)20A 年度淨利：

$\$100,000 \div 10\% = \$1,000,000$	20A 年度銷貨收入
$\$1,000,000 \times 120\% = \$1,200,000$	20B 年度銷貨收入
$\$1,200,000 \times (45\% - 27.5\%) = \$210,000$	20B 年度淨利

(ii)簡明損益表：

簡明損益表

	20A 年度	20B 年度
銷貨收入	$1,000,000	$1,200,000
銷貨成本	600,000	660,000**
銷貨毛利	$ 400,000	$ 540,000*
營業費用	300,000	330,000***
淨利（稅前）	$ 100,000	$ 210,000

*$\$1,200,000 \times 45\% = \$540,000$

**$\$1,200,000 - \$540,000 = \$660,000$

*** $\$1,200,000 \times 27.5\% = \$330,000$

餘類推之。

(b)趨勢百分比及共同比：括弧部份即為本題所求的數字：

	20A 年度	20B 年度
趨勢百分比：		
銷貨（淨額）	100%	120%
銷貨成本	100	(110)*
銷貨毛利	100	(135)**
營業費用	100	(110)
淨利（稅前）	100	(210)
共同比：		
銷貨（淨額）	100	100
銷貨成本	(60)	(55)
銷貨毛利	(40)	45
營業費用	30%	27.5%
淨利（稅前）	10%	(11.5%)

*$660,000÷$600,000=110%

**$540,000÷$400,000=135%

餘類推之。

3.下列為華華公司20A 年度及20B 年度的簡明共同比損益表：

華華公司
簡明共同比損益表
20A 年度及20B 年度

	20A 年度	20B 年度
銷貨收入	100%	100%
銷貨成本	75	60
銷貨毛利	25%	40%
營業費用	15	22
淨利（稅前）	10%	18%

另悉銷貨收入之趨勢百分比如下：

20A 年度　　100%

20B 年度　　150%

試求：(a)以 20A 年度為基期，列示 20B 年度損益表內各項目趨勢百分比。

(b)假定華華公司 20A 年度稅後淨利為$190,000；已知所得稅係按現行營利事業所得稅率計算（附註）；請列示 20A 年度及 20B 年度損益表。

附註：

課稅所得（新臺幣元）	稅　率	累進差額
50,000 以下	免　稅	—
50,001～100,000	15%	應納稅額不得超過營利事業所得額超過 5 萬元以上部份之半數*
100,001～500,000	25%	10,000
500,000以上	35%	60,000

*所得額在$71,428.56 以下時：

$(\text{所得額} - \$50,000) \times \frac{1}{2} = \text{應繳稅款}$

所得額在$71,428.56 以上時：

所得額 ×15% ＝ 應繳稅款

解

(a)趨勢百分比：

	20A 年度	20B 年度	
銷貨（淨額）	100%	150%	
銷貨成本	100	120	(150% × 60% ÷ 75%)
銷貨毛利	100	240	(150% × 40% ÷ 25%)
營業費用	100	220	(150% × 22% ÷ 15%)
稅前淨利	100	270	(150% × 18% ÷ 10%)

(b)依現行營利事業所得稅稅率表得知，所得額之組距在$100,000 以上，$500,000 以下者，按下列公式計算所得稅：

所得稅 = 所得額（稅前淨利）×25% − $10, 000

稅後淨利 = 所得額 − 所得稅

茲將華華公司之資料，代入上列公式，得

$190,000= 所得額 −（所得額× 25%−$10,000）

所得額 =$240,000

華華公司

損益表

20A 年度及 20B 年度　　　（新臺幣元）

	20A 年度	20B 年度
銷貨（淨額）	$2,400,000	$3,600,000
銷貨成本	1,800,000	2,160,000
銷貨毛利	$ 600,000	$1,440,000
營業費用	360,000	792,000
淨利（稅前）	$ 240,000	$ 648,000
備繳所得稅	50,000	166,800*
淨利（稅後）	$ 190,000	$ 481,200

*$648,000× 35%−$60,000=$166,800

4.雅虎公司 (Yahoo, Inc.) 1998 年及 1999 年 12 月31 日的比較性資產負債表列示如下：

雅虎公司
比較性資產負債表
1998 年及1999 年12 月31 日　　（百萬美元）

	1998 年 12 月 31 日	1999 年 12 月 31 日	增（減）金　額	增（減）百分比（%）
資　產：				
流動資產：				
現金及約當現金	$231	$ 234	$ 3	1.3
短期投資	342	639	297	86.8
應收帳款	34	54	20	58.8
預付費用	11	19	8	72.7
流動資產合計	$618	$ 946	$328	53.1
廠產設備（淨額）	31	58	27	87.1
長期投資	132	466	334	253.0
資產總額	$781	$1,470	$689	88.2
負　債：				
流動負債：				
應付帳款	$ 10	$ 13	$ 3	30.0
應付費用	46	88	42	91.3
其他流動負債	40	91	51	127.5
流動負債合計	$ 96	$ 192	$ 96	100.0
其他負債	8	17	9	112.5
負債總額	$104	$ 209	$105	101.0
股東權益：				
普通股本	$ 1	$ 1	$-0-	-0-
資本公積	748	1,272	524	70.1
保留盈餘（累積虧損）	(72)	(12)	60	83.3
股東權益總額	$677	$1,261	$584	86.3
負債及股東權益總額	$781	$1,470	$689	88.2

試求：(a)請比較雅虎公司上列比較性資產負債表的各項資料，並說明

其增減變動趨勢。

(b)財務分析者是否另需損益表及現金流量表？何故？

解

(a) (i)雅虎公司1998 年底及 1999 年底的財務結構，均極為穩固，故乃將鉅額的資金，從事於短期及長期投資，對於穩定財務及增加收入，均具有重大貢獻；就短期及長期投資的增減趨勢而言，1999 年底顯然比1998 年底增加 88.2%，而且所增加的資產之中，高達 91.6%用於長短期投資方面；茲列示其比較如下：

雅虎公司
資產增加與資金來源比較表
1998 年及1999 年12 月31 日　　（百萬美元）

	金　額	百分比
負債增加	$105	15.1%
股東權益增加	584	84.9
資金來源合計	$689	100.0%
短期投資增加	$297	
長期投資增加	334	
投資增加合計	$631	91.6%
其他各項資產增加	58	8.4
資產增加合計	$689	100.0%

(ii)雅虎公司在 1998 年及 1999 年期間，總資產中自有資本所佔比率頗高，就財務穩固的觀點而言，這是一項難得的好現象；從絕對數字看來，似乎 1999 年底比 1998 年更為穩固，惟從比率分析始得知 1998 年底比 1999 年底略勝一籌；茲列示其計算如下：

（百萬美元）

	1998 年底	1999 年底
股東權益（淨值）(c)	$677	$1,261
資產總額 (d)	781	1,470
淨資比率 $(c \div d)$	86.7%	85.8%

(b)財務分析者於分析某一企業的財務變動趨勢時，雖然以資產負債表為主要分析對象，惟仍需要配合損益表及現金流量表的趨勢分析，才能獲得比較準確的判斷。

5.萬萬公司 20A 年度未完成的損益表內，列有下列各項資料：

萬萬公司
損益表
20A 年度

銷貨收入		$248,000
銷貨成本		(a)
銷貨毛利		$ (b)
營業費用：		
銷管費用	$60,000	
研究及發展成本	13,000	
營業費用合計		73,000
營業淨利		$ (c)
營業外收入（支出）		
利息收入	$ 4,000	
利息費用	(d)	
出售廠產設備損失	(1,600)	
營業外收入（支出）淨額		(e)*
稅前淨利		$ 31,400
所得稅費用		(f)
本期淨利		$ (g)

* 負數。

另悉下列各項資料：

(1)存貨週轉率為 5.0（期初及期末存貨分別為$26,000 及$30,000）。

(2)純益率為 7.5%。

試求：(a)請計算損益表弧號內的英文字母所代表的金額。

(b)完成損益表的編製工作。

解

(a)存貨週轉率 $= \frac{\text{銷貨成本}}{\text{平均存貨}} = \frac{a}{\frac{1}{2}(\$26,000+\$30,000)} = 5.0$

銷貨成本 $(a) = \$140,000$

銷貨毛利 $(b) = \$248,000 - \$140,000$

$= \$108,000$

營業淨利 $(c) = \$108,000 - \$73,000$

$= \$35,000$

純益率 $= \frac{\text{本期淨利}}{\text{銷貨收入}} = \frac{g}{\$248,000} = 7.5\%$

本期淨利 $(g) = \$18,600$

所得稅費用 $(f) = \$31,400 - \$18,600$

$= \$12,800$

$\$35,000 - (e) = \$31,400$

$e = \$3,600$

$\$4,000 - (d) - \$1,600 = -\$3,600$

$d = -\$6,000$

(b)

萬萬公司
損益表
20A 年度

銷貨收入		$248,000
銷貨成本		140,000
銷貨毛利		$108,000
營業費用：		
銷管費用	$60,000	
研究及發展成本	13,000	
營業費用合計		73,000
營業淨利		$ 35,000
營業外收入（支出）		
利息收入	$ 4,000	
利息支出	(6,000)	
出售廠產設備損失	(1,600)	
營業外收入（支出）淨額		(3,600)
稅前淨利		$ 31,400
所得稅費用		12,800
本期淨利		$ 18,600

6.晶晶公司20B 年度簡明損益表、簡明現金流量表及20A 年與20B 年12月31 日的比較性資產負債表部份資料列示如下：

晶晶公司
簡明損益表
20B 年度

銷貨淨額	$569,440
銷貨成本	(*a*)
銷貨毛利	$ (*b*)
營業費用	224,880
營業外損失（利益）	17,620
稅前淨利	$ (*c*)
所得稅費用 (25%)	(*d*)
本期淨利	$ (*e*)

晶晶公司
比較性資產負債表
20A 年及 20B 年 12 月 31 日

	20A 年 12 月 31 日	20B 年 12 月 31 日
流動資產：		
現　金	$ 4,540	$ (f)
短期投資	31,480	23,140
應收帳款	37,660	41,020
存　貨	18,500	19,400
預付費用	10,000	(g)
流動資產合計	$102,180	$ (h)
廠產設備	371,940	394,400
資產總額	$474,120	$ (i)
流動負債	$131,500	$105,400
長期負債	215,840	(j)
負債總額	$347,340	$ (k)
股東權益總額	$126,780	$ (l)
負債及股東權益總額	$474,120	$ (m)

晶晶公司
簡明現金流量表
20B 年度

營業活動之淨現金流量	$ 74,320
投資活動之淨現金流量	(47,220)
理財活動之淨現金流量	(25,020)
現金流量淨額	$ (n)

另悉 20B 年 12 月 31 日有下列各項補充資訊：

⑴流動比率為 1.20。

⑵存貨週轉率為 14.0。

⑶負債比率為 0.75。

試求：請將晶晶公司 20A 年度簡明損益表、簡明現金流量表及 20B 年 12 月 31 日比較性資產負債表內英文字母所代表的金額，分別予以計算後，再據以完成上列三項財務報表。

解

$$\textbf{流動比率}=\frac{\textbf{流動資產}(h)}{\textbf{流動負債}}=\frac{\text{流動資產}(h)}{\$105,400}=1.20$$

流動資產 (h) =$126,480

資產總額 (i) =$126,480+$394,400=$520,880

現金流量淨額 (n) =$74,320−$47,220−$25,020=$2,080

現金 (f) =$4,540+$2,080=$6,620

預付費用 (g) =$126,480−$6,620−$23,140−$41,020−$19,400=$36,300

$$\text{負債比率}=\frac{\text{負債總額}(k)}{\$520,880}=0.75;\ \text{負債總額}(k)=\$390,660$$

股東權益總額 (l) =$520,880−$390,660=$130,220

長期負債 (j) =$390,660−$105,400−$285,260

$$\text{存貨週轉率}=\frac{\text{銷貨成本}(a)}{\frac{1}{2}(\$18,500+\$19,400)}=14.0;\ \text{銷貨成本}(a)=\$265,300$$

銷貨毛利 (b) =$569,440−$265,300=$304,140

稅前淨利 (c) =$304,140−$224,880−$17,620=$61,640

所得稅費用 (d) =$61,640× 25%=$15,410

本期淨利 (e) =$61,640−$15,410=$46,230

負債及股東權益總額 (m) =$390,660+$130,220=$520,880

晶晶公司
簡明損益表
20B 年度

銷貨淨額	$569,440
銷貨成本	265,300
銷貨毛利	$304,140
營業費用	224,880
營業外損失（利益）	17,620
稅前淨利	$ 61,640
所得稅費用 (25%)	15,410
本期淨利	$ 46,230

晶晶公司
比較性資產負債表
20B 年 12 月 31 日

流動資產：	
現　金	$ 6,620
短期投資	23,140
應收帳款	41,020
存　貨	19,400
預付費用	36,300
流動資產合計	$126,480
廠產設備	394,400
資產總額	$520,880
流動負債	$105,400
長期負債	285,260
負債總額	$390,660
股東權益總額	$130,220
負債及股東權益總額	$520,880

晶晶公司
簡明現金流量表
20B 年度

營業活動之淨現金流量	$ 74,320
投資活動之淨現金流量	(47,220)
理財活動之淨現金流量	(25,020)
現金流量淨額	$ 2,080

第六章　財務報表分析的方法(二)

二、選擇題

1.財務比率的最大缺陷為何？　(A)僅提供為偵測問題所在的一項工具而已　(B)財務比率本身就是目的，可以解決有關問題　(C)財務比率具有預測未來的功能　(D)財務比率僅能指出企業所隱藏的各項弱點而非優點。

解　(A)

財務比率的最大缺陷，即在於僅提供為偵測問題所在的一項工具而已。

2.下列哪一項比率最普遍被應用於測度企業的短期償債能力？　(A)速動比率　(B)流動比率　(C)存貨週轉率　(D)負債比率。

解　(B)

流動比率最普遍被應用於測度企業的短期償債能力。

3.測度企業長期償債能力大小的財務比率有下列哪一項？　(A)總資產週轉率　(B)股利發放比率　(C)存貨週轉率　(D)純益為利息倍數。

解　(D)

純益為利息倍數乃測度企業長期償債能力的財務比率之一。

4.何以在運用上速動比率比流動比率更為嚴峻？　(A)因為速動比率僅包括現金及短期證券投資當為流動資產　(B)因為速動比率計算公式的分母包括預付費用　(C)因為速動比率計算公式的分子包括預付費用　(D)因為速動比率計算公式的分子不包括存貨。

解　(D)

在應用上速動比率比流動比率更為嚴峻，因為速動比率計算公式的分子不包括存貨。

5.如負債對股東權益比率增加，則下列哪一項比率也隨而增加？ (A)純益為利息倍數 (B)負債對總資產比率 (C)股東權益投資報酬率 (D)流動比率。

解 (B)

如負債對股東權益比率增加，則負債對總資產比率也隨而增加。

6.當計算一項比率時，如資產負債表的數字與損益表的數字同時有關聯時，應如何處理？ (A)資產負債表的數字應採用期初與期末數字的平均數 (B)損益表的數字應採用期初與期末數字的平均數 (C)資產負債表及損益表的數字均採用市價 (D)資產負債表及損益表的數字都不必採用期初與期末數字的平均數。

解 (A)

當計算一項比率時，如資產負債表的數字與損益表的數字同時有關聯時，資產負債表的數字應採用期初與期末數字的平均數。

7.T 公司20A 年及 20B 年前後兩個年度終了日的有關資料如下：

速動比率 (12/31/20B)	3.0
流動比率 (12/31/20B)	3.5
流動負債 (12/31/20B)	$600,000
存貨(12/31/20A)	500,000
存貨週轉率 (12/31/20B)	8.0

T 公司20B 年度銷貨成本應為若干？ (A)$1,600,000 (B)$2,400,000 (C)$3,200,000 (D)$6,400,000。

解 (C)

$$\text{流動比率} = \frac{\text{流動資產}}{\text{流動負債}} = \frac{\text{流動資產}}{\$600,000} = 3.5$$

$$\text{速動比率} = \frac{\text{流動資產} - \text{存貨}}{\text{流動負債}} = \frac{\text{流動資產} - \text{存貨}}{\$600,000} = 3.0$$

存貨 = $300,000 (12/31/20B)

$$存貨週轉率 = \frac{銷貨成本}{\frac{1}{2}(期初存貨+期末存貨)} = \frac{銷貨成本}{\frac{1}{2}(\$500,000+\$300,000)}$$

$$= \frac{銷貨成本}{\frac{1}{2}(\$500,000+\$300,000)} = 8.0$$

銷貨成本 = $3,200,000

8.V 公司20A 年度終了日有關資料如下：

流動比率	2.0
速動比率	1.5
流動負債	$120,000
存貨週轉率	8.0
毛利率	40%

另悉 V 公司 20A 年期間，存貨水準均維持不變；V 公司 20A 年度銷貨淨額應為若干？ (A)$240,000 (B)$480,000 (C)$800,000 (D)$1,200,000。

解 (C)

$$流動比率 = \frac{流動資產}{\$120,000} = 2.0;\ 流動資產 = \$240,000$$

$$速動比率 = \frac{\$240,000-存貨}{\$120,000} = 1.5;\ 存貨 = \$60,000$$

$$存貨週轉率 = \frac{銷貨成本}{\frac{1}{2}(\$60,000+\$60,000)} = 8.0;\ 銷貨成本 = \$480,000$$

設 S = 銷貨淨額

$$銷貨毛利 = \frac{S-\$480,000}{S} = 40\%;\ S = \$800,000$$

9.W 公司20A 年 12 月 31 日會計年度終了日普通股每股盈餘$4.80；當年度在外流通股數包括普通股 1,000,000 股及 10% 特別股20,000 股，每股面值 $100；翌年 (20B) 1 月 31 日，普通股每股分割為 3 股，並贖回 50% 在外流通特別股；20B 年 12 月 31 日之會計年度終了日，淨利比 20A 年度增加 10%。

W 公司20B 年度每股盈餘應為若干？ (A)$1.76 (B)$1.80 (C)$3.00 (D)$3.60。

解 (B)

20A 年度淨利：	普通股：$4.80×1,000,000	$4,800,000	(屬普通股盈餘)
	特別股：$100 × 20,000 × 10%	200,000	(股利)
	合　　計	$5,000,000	
20B 年度淨利：	$5,000,000×110%	$5,500,000	
	特別股：$2,000,000×50% × 10%	100,000	(股利)
	餘　　額	$5,400,000	(屬普通股盈餘)
普通股每股盈餘：	$5,400,000÷3,000,000	$1.80	

10.下列何者非為靜態分析？ (A)同一報表科目與類目的比較 (B)不同期間報表科目互相比較 (C)結構分析 (D)不同報表類目與類目的比較。

解 (B)

不同期間報表科目互相比較，屬於動態分析，非為靜態分析。

11.比較兩家營業規模相差數倍的公司，採用下列何種方法最佳？ (A)水平分析 (B)趨勢分析 (C)共同比財務報表分析 (D)比較性財務報表分析。

解 (C)

比較兩家營業規模相差數倍的公司，採用共同比財務報表分析最佳；蓋兩家規模相差數倍的公司，基礎不一樣，一般比較將失去意義；如採用共同比財務報表分析的方法，使兩家公司均基於100% 的共同基礎之上，以代替絕對數字之比較，可協助分析者辨別兩家公司各組合因素的不同結構或分配情形；例如比較兩家公司的共同比資產負債表，可辨別兩者的財務結構及各項資產的分配情形，非常簡潔而又醒目。

三、綜合題

1.新港公司 (Newport Corp.) 1999 年度損益表及 1999 年 12 月 31 日的資

產負債表，分別列示如下：

新港公司
損益表
1999 年度　　（千美元）

銷貨收入		$141,900
銷貨成本		80,100
銷貨毛利		$ 61,800
營業費用：		
銷管費用	$35,600	
研究及發展成本	13,300	
營業費用合計		48,900
營業淨利		$ 12,900
利息費用		1,600
稅前淨利		$ 11,300
所得稅費用		3,000
本期淨利		$ 8,300

新港公司
資產負債表
1999 年 12 月 31 日　　（千美元）

現　金	$ 2,700	應付帳款	$ 6,800
應收帳款	32,900	短期借款	12,700
存　貨	36,400	一年內到期長期負債	4,700
預付費用	5,100	其他流動負債	6,800
流動資產合計	$ 77,100	流動負債合計	$ 31,000
廠產設備（淨額）	25,700	長期負債	14,100
長期投資	8,500	負債總額	$ 45,100
商　譽	11,000	普通股本	$ 3,200
		資本公積	2,400
		保留盈餘	71,600
		股東權益總額	$ 77,200
資產總額	$122,300	負債及股東權益總額	$122,300

其他補充資料：

⑴1998 年 12 月 31 日資產總額、長期負債及股東權益總額分別為 69.1 百萬元、17.5 百萬元及 71.0 百萬元。

⑵利息費用 60% 屬長期負債利息。

⑶所得稅率 25%。

試求：⒜流動比率。

⒝速動比率。

⒞營運資金。

⒟負債比率。

⒠負債對股東權益比率。

⒡純益為利息倍數。

⒢長期資金對廠產設備比率。

⒣總資產投資報酬率。

⒤長期資金投資報酬率。

⒥股東權益投資報酬率。

解

⒜流動比率：

$$流動比率 = \frac{\$77,100,000}{\$31,000,000} = 248.7\%$$

⒝速動比率：

$$速動比率 = \frac{\$2,700,000+\$32,900,000}{\$31,000,000} = 114.8\%$$

⒞營運資金：

$$營運資金 = \$77,100,000-\$31,000,000=\$46,100,000$$

⒟負債比率：

$$負債比率 = \frac{\$45,100,000}{\$122,300,000} = 36.9\%$$

⒠負債對股東權益比率：

$$\text{負債對股東權益比率} = \frac{\$45,100,000}{\$77,200,000} = 58.4\%$$

(f)純益為利息倍數：

$$\textbf{純益為利息倍數} = \frac{\textbf{稅前淨利＋利息費用}}{\textbf{利息費用}}$$

$$= \frac{\$11,300,000+\$1,600,000}{\$1,600,000}$$

$$=8.1\text{（倍）}$$

(g)長期資金對廠產設備比率：

$$\textbf{長期資金對廠產設備比率} = \frac{\textbf{股東權益＋長期負債}}{\textbf{廠產設備}}$$

$$= \frac{\$77,200,000+\$14,100,000}{\$25,700,000}$$

$$=355.3\%$$

(h)總資產投資報酬率：

$$\textbf{總資產投資報酬率} = \frac{\textbf{稅後淨利＋利息費用(1－稅率)}}{\textbf{平均總資產}}$$

$$= \frac{\$8,300,000+\$1,600,000(1-25\%)}{\frac{1}{2}(\$69,100,000+\$122,300,000)}$$

$$=9.9\%$$

(i)長期資金投資報酬率：

$$\textbf{長期資金投資報酬率} = \frac{\textbf{稅後淨利＋長期負債利息(1－25\%)}}{\textbf{平均長期負債＋平均股東權益}}$$

$$= \frac{\$8,300,000+\$960,000\times(1-25\%)}{\frac{1}{2}\left[\frac{1}{2}(\$17,500,000+\$14,100,000)+\frac{1}{2}(\$71,000,000+\$77,200,000)\right]}$$

$$=20.1\%$$

(j)股東權益投資報酬率：

$$股東權益投資報酬率=\frac{稅後淨利}{平均股東權益}=\frac{\$8,300,000}{\frac{1}{2}(\$71,000,000+\$77,200,000)}$$

$$=11.2\%$$

2.下列為淡水公司20A 年 12 月 31 日的資產負債表：

淡水公司

資產負債表

20A 年 12 月 31 日

資　產		負債及股東權益	
現　金	$ 25,000	應付帳款	?
應收帳款（淨額）	?	應付所得稅（本期）	$ 25,000
存　貨	?	長期負債	?
廠房資產（淨額）	294,000	普通股，$1 面值	300,000
		保留盈餘（虧絀）	?
資產合計	$432,000	負債及業主權益合計	$432,000

另有下列資料：

20A 年底之流動比率	1.5 : 1
20A 年底之負債對股東權益比率	0.8
20A 年期末時存貨週轉率（以銷貨為基礎）	15 次
20A 年期末時存貨週轉率（以銷貨成本為基礎）	10.5 次
20A 年度銷貨毛利	$315,000

試求：請計算 20A 年 12 月 31 日下列各項金額：

(a)存貨。

(b)應收帳款（淨額）。

(c)應付帳款。

(d)保留盈餘。

(e)長期負債。

解

(a)因期末時存貨週轉率的計算，以銷貨基礎為 15 次，以銷貨成本基礎為 10.5 次；故銷貨成本為銷貨之 70% (10.5 ÷ 15)。又銷貨毛利為 30% (1–70%)，故銷貨為$1,050,000 ($315,000÷30%)。則期末存貨可予計算如下：

銷　貨	$1,050,000
以銷貨為計算基礎之期末存貨週轉率	15 次
期末存貨 =$1,050,000÷ 15	$70,000

(b)應收帳款之計算：

總資產		$432,000
減：現　金	$ 25,000	
存貨(a)	70,000	
廠房資產	294,000	389,000
應收帳款（淨額）		$ 43,000

(c)應付帳款之計算：

流動資產 ($25,000 + $70,000 + $43,000)	$138,000
流動比率	1.5 : 1.0
流動負債 ($138,000 ÷ 1.5)	$92,000
減：應付所得稅	25,000
應付帳款	$67,000

(d)設 $x=$ 股東權益總額

$0.8x=$ 負債總額

$1.8x=\$432,000$

$x=\$240,000$（股東權益總額）

$240,000 × 0.8 =$192,000（負債總額）

保留盈餘（虧絀）($240,000–$300,000)　　$(60,000)

(e)長期負債：($192,000–$67,000)–$25,000=$100,000

3.聯華公司 20A 年 12 月 31 日之資產負債表及當年度損益表內，含有下列各項資料：

⑴毛利率	40%
⑵稅後淨利對銷貨收入比率	10%
⑶銷貨費用對銷貨收入比率	12%
⑷應收帳款週轉率	12 次（每年）
⑸備抵折舊與固定資產（成本）比率	0.375 : 1
⑹流動比率	2 : 1
⑺應收帳款與現金比率	2.5 : 1
⑻存貨與應收帳款比率	1.8 : 1
⑼總資產週轉率（銷貨與總資產比率）	1.5 次（每年）
⑽總資產與無形資產比率	10 : 1
⑾短期應付票據與應付帳款比率	1 : 1.5
⑿股東權益總額與負債總額比率	1.5 : 1
⒀純益為利息倍數	16

該公司 20A 年度稅後淨利為$150,000；每股盈餘（稅後淨利 ÷ 普通股流通在外股數）為$15。另悉下列各項資料：

⑴該公司僅發行普通股一種，每股面額$10，按每股$30 發行，全部流通在外。

⑵ 20A 年 1 月1 日，保留盈餘為$150,000。

⑶所有進貨與銷貨均為賒帳交易。

⑷平均所得稅率為 50%。

⑸短期應付票據利率 10%；截至 20A 年底已發行半年。

⑹應付公司債利率 8%，利息費用按全年計算。

試求：根據上列資料，請為聯華公司編製 20A 年度損益表及當年底之資產負債表（註：資產負債表內各項目僅以題目所提示者為限）。

解

⑴設銷貨收入為 x

$10\%x =$ \$150,000; $x =$ \$1,500,000

(2)毛利率 = 40%x; 毛利 = \$600,000

(3)銷貨成本 = \$1,500,000 − \$600,000 = \$900,000

(4)銷售費用 = \$1,500,000 ×12% = \$180,000

管理費用 = \$300,000 − \$180,000 − \$20,000（參閱(10)）= \$100,000

(5)所得稅 = \$1,500,000 ×10% = \$150,000

(6)\$1,500,000 ÷ 總資產 = 1.5; 總資產 = \$1,000,000

(7)\$1,500,000 ÷ 應收帳款 = 12; 應收帳款 = \$125,000

(8)\$125,000：現金 = 2.5 : 1; 現金 = \$50,000

(9)存貨 : \$125,000 = 1.8 : 1; 存貨 = \$225,000

(10) (\$300,000 + 利息費用) ÷ 利息費用 = 16

利息費用 = \$20,000（參閱(18)）

(11)\$400,000：流動負債 = 2 : 1; 流動負債 = \$200,000

(12)短期應付票據 = $\$200,000 \times \frac{1}{2.5} = \$80,000$

應付帳款 = $\$200,000 \times \frac{1.5}{2.5} = \$120,000$

(13)負債總額 = $\$1,000,000 \times \frac{1}{2.5} = \$400,000$

應付公司債 = \$400,000 − \$200,000 = \$200,000

(14)股東權益總額 = $\$1,000,000 \times \frac{1.5}{2.5} = \$600,000$

(15)股本 = \$10 × (\$150,000 ÷ \$15) = \$100,000

(16)資本公積 = \$30 × 10,000 − \$100,000 = \$200,000

(17)保留盈餘 = \$600,000 − \$100,000 − \$200,000 = \$300,000

(18) $(\$80,000 \times \frac{10}{100} \times \frac{1}{2}) + (\$200,000 \times \frac{8}{100} \times 1) = \$20,000$

聯華公司
損益表
20A 年度 （新臺幣元）

銷貨收入		$1,500,000
減：銷貨成本		900,000
毛　利		$ 600,000
減：營業費用：		
銷售費用	$180,000	
管理費用	100,000	280,000
營業淨利		$ 320,000
減：利息費用		20,000
稅前淨利		$ 300,000
減：所得稅：50%		150,000
稅後淨利		$ 150,000

聯華公司
資產負債表
20A 年 12 月 31 日 （新臺幣元）

流動資產：		流動負債：	
現　金	$ 50,000	應付帳款	$ 120,000
應收帳款	125,000	短期應付票據	80,000
存　貨	225,000	流動負債合計	$ 200,000
流動資產合計	$ 400,000	長期負債（應付公司債）	200,000
固定資產（淨額）	500,000	負債總額	$ 400,000
無形資產	100,000	股　本	$ 100,000
		資本公積	200,000
		保留盈餘	300,000
		股東權益總額	$ 600,000
資產總額	$1,000,000	負債及股東權益總額	$1,000,000

4.德州儀器公司 (Texas Instruments, Inc.) 1995 年度至 1999 年度比較性損益表及各年底比較性資產負債表分別列示如下：

德州儀器公司

比較性損益表

1995 年度至 1999 年度　　　　（百萬美元）

	1995	1996	1997	1998	1999
銷貨收入	$11,409	$9,940	$9,972	$8,617	$9,468
銷貨成本	7,401	7,146	6,179	5,479	4,931
銷貨毛利	$ 4,008	$2,794	$3,793	$3,138	$4,537
營業費用：					
銷管費用	$ 1,727	$1,639	$1,571	$1,501	$1,508
研究及發展成本	842	1,181	1,556	1,225	1,333
營業費用合計	$ 2,569	$2,820	$3,127	$2,726	$2,841
營業淨利（損失）	$ 1,439	$ (26)	$ 666	$ 412	$1,696
營業外收入（費用）：					
投資收入	79	76	199	295	398
利息支出	(48)	(73)	(94)	(75)	(75)
稅前淨利	$ 1,470	$ (23)	$ 771	$ 632	$2,019
所得稅	474	23	432	216	613
繼續營業部門利益（損失）	$ 996	$ (46)	$ 339	$ 416	$1,406
停業部門利益	92	109	1,503	–	–
本期淨利	$ 1,088	$ 63	$1,842	$ 416	$1,406

德州儀器公司

比較性資產負債表

1995 年至1999 年　　（百萬美元）

	12 月 31 日				
	1995	1996	1997	1998	1999
流動資產：					
現金及約當現金	$1,364	$ 964	$ 1,015	$ 632	$ 662
短期投資	189	14	2,005	1,709	2,000
應收帳款	2,079	1,799	1,705	1,373	1,843
存　貨	978	703	742	618	845
其他流動資產	835	974	636	667	705
流動資產合計	$5,445	$4,454	$ 6,103	$ 4,999	$ 6,055
廠產設備（淨額）	2,894	4,162	4,180	3,622	4,338
長期投資	409	744	566	2,869	4,635
資產總額	$8,748	$9,360	$10,849	$11,490	$15,028
流動負債：					
短期借款	$ 197	$ 477	$ 225	$ 464	$ 572
應付帳款	2,682	2,009	2,271	1,759	2,056
流動負債合計	$2,879	$2,486	$ 2,496	$ 2,223	$ 2,628
長期負債	804	1,697	1,286	1,027	1,097
其他負債	970	1,080	1,153	1,504	2,048
負債總額	$4,653	$5,263	$ 4,935	$ 4,754	$ 5,773
普通股本	$ 190	$ 190	$ 390	$ 400	$ 814
資本公積	1,081	1,116	1,183	1,248	822
保留盈餘	2,824	2,791	4,341	5,088	7,619
股東權益總額	$4,095	$4,097	$ 5,914	$ 6,736	$ 9,255
負債及股東權益總額	$8,748	$9,360	$10,849	$11,490	$15,028

試求：(a)請將上列德州儀器公司1995 年度至1999 年度比較性損益表改編為共同比損益表，評估及解釋其經營績效。

(b)1995 年至1999 年12 月31 日比較性資產負債表改編為共同比資產負債表，評估及解釋其財務狀況。

解

(a)(1)共同比損益表：

德州儀器公司
共同比損益表
1995 年度至 1999 年度　(%)

	1995	1996	1997	1998	1999
銷貨收入	100.0	100.0	100.0	100.0	100.0
銷貨成本	64.9	71.9	62.0	63.6	52.1
銷貨毛利	35.1	28.1	38.0	36.4	47.9
營業費用：					
銷管費用	15.1	16.5	15.8	17.4	15.9
研究及發展成本	7.4	11.9	15.6	14.2	14.1
營業費用合計	22.5	28.4	31.4	31.6	30.0
營業淨利（損失）	12.6	(0.3)	6.6	4.8	17.9
營業外收入（費用）：					
投資收入	0.7	0.8	2.0	3.4	4.2
利息費用	(0.4)	(0.7)	(0.9)	(0.9)	(0.8)
稅前淨利	12.9	(0.2)	7.7	7.3	21.3
所得稅	4.2	0.3	4.3	2.5	6.4
繼續營業部門利益（損失）	8.7	(0.5)	3.4	4.8	14.9
停業部門利益	0.8	1.1	15.1	–	–
本期淨利	9.5	0.6	18.5	4.8	14.9

(2)評估及解釋其經營績效：

(i)德州儀器公司 1997 年度及 1999 年度純益率分別為 18.5%及 14.9%，表現最佳，其原因在於該公司主要產品中，數據信號處理器 (digital signal processors，簡稱 DSP) 銷貨旺盛，以及動態隨機存取記憶體 (dynamic random access memories，簡稱 DRAM) 價格上升，使銷貨毛利分別上升為 38.0%及 47.9%；自 1995 年第四季至 1996 年全年度期間，DRAM 價格下跌深達 80%，使當年度銷貨毛利劇降為 28.1%，並發生營業虧損26 百萬美元，幸好出售停業部門利益 1.09 億美元，勉強獲利 63 百萬美元，最後僅維持 0.6% 的純益率。

(ii)1996 年度及.1998 年度的銷管費用分別為16.5%及 17.4%，顯示企業管理者未能有效控制銷售費用及管理費用，以配合銷貨收入的成長，因而侵蝕鉅額的銷貨毛利，使 1996 年度發生營業淨損的不尋常現象，1998 年度的營業淨利率也劇減為 4.8%。

(b)(1)共同比資產負債表：

德州儀器公司

共同比資產負債表

1995 年至1999 年 (%)

	12 月 31 日				
	1995	1996	1997	1998	1999
流動資產：					
現金及約當現金	15.6	10.3	9.4	5.5	4.4
短期投資	2.1	0.2	18.5	14.9	13.3
應收帳款	23.8	19.2	15.7	11.9	12.3
存　貨	11.2	7.5	6.8	5.4	5.6
其他流動資產	9.5	10.4	5.9	5.8	4.7
流動資產合計	62.2	47.6	56.3	43.5	40.3
廠產設備（淨額）	33.1	44.5	38.5	31.5	28.9
長期投資	4.7	7.9	5.2	25.0	30.8
資產總額	100.0	100.0	100.0	100.0	100.0
流動負債：					
短期借款	2.3	5.1	2.1	4.1	3.8
應付帳款	30.6	21.5	20.9	15.3	13.7
流動負債合計	32.9	26.6	23.0	19.4	17.5
長期負債	9.2	18.1	11.9	8.9	7.3
其他負債	11.1	11.5	10.6	13.1	13.6
負債總額	53.2	56.2	45.5	41.4	38.4
普通股本	2.2	2.0	3.6	3.5	5.4
資本公積	12.3	11.9	10.9	10.8	5.5
保留盈餘	32.3	29.9	40.0	44.3	50.7
股東權益總額	46.8	43.8	54.5	58.6	61.6
負債及股東權益總額	100.0	100.0	100.0	100.0	100.0

(2)評估及解釋其財務狀況：

(i)德州儀器公司自1995年至1999年期間，雖然現金逐年減少，惟短期投資及長期投資均呈現巨幅增加的趨勢，並獲得可觀的投資收入，顯示該公司頗能有效運用休閒營業資金及長期資金，對公司財務具有穩定的作用。

(ii)德州儀器公司自1995年至1999年期間，資產總額逐年遞增，負債比率除1996年外，其餘各年則相對遞減，顯示該公司股東權益比率逐年提高，資本結構漸入佳境。

(iii)測度短期償債能力及長期償債能力的流動比率及淨值比率，均呈現逐年改善的趨勢，不但顯示德州儀器公司短期及長期償債能力極為堅強外，而且也說明該公司管理者的理財能力頗佳。

	1995	1996	1997	1998	1999
流動比率	189.1%	179.2%	244.5%	224.9%	230.4%
淨值比率	46.8	43.8	54.5	58.6	61.6

5.愛玉寶石公司係由張三等人最近向他人頂讓而得，並敦聘臺端審查該公司的資產負債表及損益表；臺端審查時發現下列資料：

淨資產	$1,200,000
負債對股東權益比率	1 : 4
流動比率	3 : 1
銷貨收入	$1,350,000
帳款收回平均日數	60天（以360天為計算標準）
毛利率	10%
存貨週轉率	8.1次
按20年提存折舊	$37,500（每年）（採直線法；無殘值）

試求：根據上列資料，請為愛玉寶石公司完成下列之資產負債表：

愛玉寶石公司

資產負債表

20A 年 12 月 31 日 （新臺幣元）

資　產：		負　債：	
流動資產：		流動負債：	
現　金		應付帳款	$150,000
應收帳款		長期負債：	
存　貨		應付公司債	
流動資產合計		負債總額	
固定資產：		股東權益：	
房　屋		股　本	
土　地		保留盈餘	$300,000
固定資產合計		股東權益總額	
資產總額		負債及股東權益總額	

解

$\$150,000 \times 3 = \$450,000$　流動資產合計

$\dfrac{360\text{ 天}}{\text{應收帳款週轉率}} = 60\text{天}$；應收帳款週轉率 $= 6$

$\dfrac{\$1,350,000}{\text{應收帳款}} = 6$；應收帳款 $= \$225,000$

$\$1,350,000 - \text{銷貨成本} = 10\% \times \$1,350,000$

銷貨成本 $= \$1,215,000$

$\dfrac{\$1,215,000}{\text{存貨}} = 8.1$；存貨 $= \$150,000$

現金 $= \$450,000 - \$225,000 - \$150,000$

$= \$75,000$

房屋 $= \$37,500 \times 20 = \$750,000$

股本 $= \$1,200,000 - \$300,000 = \$900,000$

負債及股東權益總額(x)：

$$\frac{4}{5}x = \$1{,}200{,}000;\ x = \$1{,}500{,}000$$

負債總額 = \$1,500,000 − \$1,200,000
= \$300,000

應付公司債 = \$300,000 − \$150,000
= \$150,000

土地 = \$1,500,000 − \$450,000 − \$750,000
= \$300,000

愛玉寶石公司
資產負債表
20A 年 12 月 31 日　　(新臺幣元)

資　產：		負　債：	
流動資產：		流動負債：	
現　金	$ 75,000	應付帳款	$ 150,000
應收帳款	225,000	長期負債：	
存　貨	150,000	應付公司債	150,000
流動資產合計	$ 450,000	負債總額	$ 300,000
固定資產：		股東權益：	
房　屋	$ 750,000	股　本	$ 900,000
土　地	300,000	保留盈餘	300,000
固定資產合計	$1,050,000	股東權益總額	$1,200,000
資產總額	$1,500,000	負債及股東權益總額	$1,500,000

第七章　資產評價——分析資產的基礎

二、選擇題

1.A 公司於 2001 年 2 月 1 日購入機器一部，雙方約定當即支付$100,000，餘款分 4 期於 2002 年 2 月 1 日開始支付，每期均為$40,000；訂約時利率為 8%。A 公司購入機器時，應評估其價值若干？ (A)$260,000 (B)$232,485 (C)$132,485 (D)以上皆非。

解 (B)

設 $P=$ 購入機器之現值

$P=\$100{,}000+\$40{,}000\times P_{\overline{4}|0.08}=\$100{,}000+\$40{,}000\times 3.312127$

$=\$232{,}485$

2.B 公司擬於 2004 年 12 月 31 日償還到期債券$900,000，決定自 2001 年 12 月 31 日起，分 4 年，每年提撥定額基金至臺灣銀行，按 6% 生息，俾到期本利和作為償債之用；B 公司每年應提撥定額償債基金若干？ (A)$225,000 (B)$218,376 (C)$205,736 (D)以上皆非。

解 (C)

$$P=\frac{\$900{,}000}{S_{\overline{4}|0.06}}=\frac{\$900{,}000}{4.374616}=\$205{,}736$$

3.C 公司面臨自購或租賃辦公大樓的抉擇；如為自購，對方要求一次付清價款$2,000,000；如改為租賃方式，租期 20 年，每年租金 $200,000，即日起付款，租賃隱含利率 8%；C 公司自購與租賃，孰者有利？ (A)自購有利 (B)租賃有利 (C)兩者相同 (D)以上皆非。

解 (A)

自購比租賃辦公大樓有利；其比較如下：

⑴自購：支付辦公大樓價款的現值\$2,000,000。

⑵租賃：設 $P=$ 支付辦公大樓租金現值

$$
\begin{aligned}
P &= \$200,000 \times (1 + P\overline{20-1}|0.08) \\
&= \$200,000 \times (1 + 9.603599) \\
&= \$2,120,720
\end{aligned}
$$

4.下列哪一項非為一般會計上對資產的評價基礎？ (A)產出價值 (B)投入價值 (C)成本與市價孰低價值 (D)以上皆非。

解 (D)

產出價值、投入價值及成本與市價孰低價值三者，均為會計上對資產評價的基礎。

5.下列哪一項非為產出價值？ (A)未來收入折現價值 (B)現時市場價值 (C)淨變現價值 (D)重置成本。

解 (D)

產出價值通常有未來收入折現價值、現時市場價值、淨變現價值及清算價值等；至於重置成本係屬投入價值的一種，並非產出價值。

6.下列哪一項非為投入價值？ (A)歷史成本 (B)重置成本 (C)標準成本 (D)清算價值。

解 (D)

歷史成本、重置成本及標準成本等，均為投入價值；清算價值屬於產出價值的一種，並非投入價值。

7.諾貝爾經濟學獎得主 James Tobin 曾將企業資本證券市場價值總額與其所擁有財務資產重置成本總額之比率關係，稱為 q 比率；以下敘述何者最恰當？ (A)當 q 比率小於 1 時，公司往往會想要投資 (B)當 q 比率大於 1 時，公司透過合併取得資產較購買新資產便宜 (C)競爭力愈強的公司，q 比率愈高 (D) q 比率較高的公司所在之行業競爭程度高，且有萎縮的現象。

解 (C)

競爭力愈強的公司，q 比率愈高，合併公司所要購買的代價也要相對提高。相反的情形，當 q 比率較低，而且有萎縮的現象時，公司所要購買的代價將相對降低，合併公司可取得比自己去購買更便宜的資產；故有意擴充的公司，便會很想要購買。

8.下列敘述何者有誤？ (A)淨現值（淨變現價值）如為正數，表示投資方案之報酬率大於折現率 (B)淨現值指數 ≥ 1，表示投資方案可以接受 (C)內部報酬率如大於資金成本率，表示投資方案應予接受 (D)效益年數如大於還本期間，表示投資方案可以接受。

解 (D)

效益年數如大於還本期間時，不一定為有利的投資方案。例如某項投資方案之投入資金$100，預期其效益年數為 4 年，每年現金流入量如下：

	每年現金流入	現金流入累積數	期間（年）
#1	$30	$ 30	1
#2	30	60	1
#3	40	100	1 = 3 年（還本期間）
#4	5	105	1 = 4 年（效益年數）

上述簡單實例中，還本期間 3 年，效益年數 4 年，效益年數雖大於還本期間，惟總效益雖為$105，如考慮其時間價值，不一定有利。

三、綜合題

1.嘉華公司於 2000 年 12 月 31 日以現金購入一塊土地之成本計$200,000；當時重置成本亦為$200,000。2001 年底該公司繼續持有該項土地，惟當時重置成本為$260,000。2002 年 10 月 31 日，該公司出售該項土地，計得現金$340,000。一般物價指數如下：

2000 年12 月31 日	100
2001 年12 月31 日	110
2002 年10 月31 日	120

試求：請完成下列表格：

土地在資產負債表內之評價

	歷史成本法	一般物價水準法	重置成本法
2000 年12 月31 日	$	$	$
2001 年12 月31 日			

保留盈餘表內之土地出售盈餘

	歷史成本法	一般物價水準法	重置成本法
2000 年	$	$	$
2001 年			
2002 年			
合　　計	$	$	$

解

土地在資產負債表內之評價

	歷史成本法	一般物價水準法	重置成本法
2000 年12 月31 日	$200,000	$200,000	$200,000
2001 年12 月31 日	200,000	220,000(1)	260,000

保留盈餘表內之土地出售盈餘

	歷史成本法	一般物價水準法	重置成本
2000 年	–	–	–
2001 年	–	–	$ 60,000(3)
2002 年	$140,000	$100,000(2)	80,000(4)
合　　計	$140,000	$100,000	$140,000(5)

(1) $\$200,000 \times \frac{110}{100} = \$220,000$

(2) $\$200,000 \times \frac{120}{100} = \$240,000$

$\$340,000 - \$240,000 = \$100,000$

(3)\$260,000－\$200,000＝\$60,000

(4)\$340,000－\$260,000＝\$80,000

(5)在重置成本法之下，土地的利益總額為\$140,000，與歷史成本法所列示的利益相同，但列報利益的時間則不同。在歷史成本法之下，土地的利益均全部列報於出售年度(2002)；惟在重置成本法之下，則將未實現持有利益\$60,000，列報於2001 年度。

2.中聯製造公司之管理人員，正在評估一項購置新機器以更換舊機器的計畫。新機器成本為\$350,000，搬移舊機器費用\$10,000。已知舊機器的帳面價值為\$200,000，尚可使用 10 年。由於新技術改良，倘再繼續使用舊機器，將產生不經濟；目前舊機器出售價值僅為\$80,000。其他補充資料如下：

(1)管理人員所提供有關新舊機器每年生產成本及營業成本比較如下：

	舊機器	新機器
每年產量（單位）	40,000	50,000
每年營業成本：		
人工成本	\$ 60,000	\$ 50,000
折舊（為資產帳面價值之 10%）	20,000	35,000
其他成本	96,000	40,000
合　　計	\$176,000	\$125,000

(2)管理人員認為，如現在不予重置，舊機器必須再使用 7 年，才符合經濟原則。

(3)新舊機器於第 10 年底的殘值，均極微小。

(4)管理人員要求購置新機器的稅前投資報酬率為 15%。

(5)一元利率 15% 10 年期年金現值為 5.018769。

試求：(a)請列示下列各項計算：

(i) 稅前現金投資淨額。

(ii) 稅前現金投資淨額現值的餘額（請計算至元位）。

⒝你是否贊成重置新機器？理由何在？

解

⒜稅前現金投資淨額現值之餘額：

(i)稅前現金投資淨額：

新機器成本	$350,000	
遷移舊機器費用	10,000	
減：舊機器出售價值	(80,000)	$280,000

(ii)稅前現金投資淨額現值：

舊機器每年營業成本（不包括折舊）		$156,000
新機器每年營業成本（不包括折舊）		90,000
每年稅前的現金節省		$ 66,000
現金節省的現值：		
$66,000× 5.018769	$331,239	
稅前現金投資淨額現值的餘額	280,000	$ 51,239

⒝該公司應購置新機器比較有利；蓋稅前現金投資淨額 $280,000 的投資報酬率，顯然超過稅前投資報酬率的最低限 15%。

第八章　現金流量表分析

二、選擇題

1.編製現金流量表的主要目的在於提供下列哪一項資訊？ (A)說明淨利與相對應現金收支差異的原因 (B)預測企業未來產生淨現金流動的能力 (C)揭露企業在某期間內現金收入與現金支出的有關訊息 (D)顯示企業支持營業上所需現金的能力。

解 (C)

編製現金流量表的主要目的，在於揭露企業在某期間內現金收入與現金支出的有關訊息。

2.編製現金流量表時，是否應包括下列項目？

	長期負債轉換為普通股	特別股轉換為普通股
(A)	非	非
(B)	非	是
(C)	是	是
(D)	是	非

解 (C)

編製現金流量表時，對於長期負債或特別股轉換為普通股的交易事項，雖非為現金收入或支出事項，惟對未來現金流量可能有重大的影響；因此，應將這些項目包括於現金流量表項下的分開部份。

3.出售設備的利益，在現金流量表投資活動現金流量項下所列報的金額，應等於設備的帳面價值 (A)加出售設備利益 (B)加出售設備利益減所得稅後淨額 (C)不加也不減 (D)以上皆非。

解 (A)

出售設備的現金流入金額，應按設備的帳面價值加出售設備利益，列報於現金流量表投資活動現金流量項下。

4.P 公司購入辦公大樓一幢，支付部份現金，餘款以房屋為抵押借款，並另開具本票抵付；此一交易事項在現金流量表內投資活動現金流量項下，應列報哪一項金額？ (A)現金付款部份 (B)全部購價 (C)零 (D)抵押借款部份。

解 (A)

根據財務會計準則聲明書 (FASB Statement No.95, Par.16)，凡購入房屋、廠產設備及其他生產性資產的交易事項，屬於投資活動，通常於支付現金時，僅就支付現金的部份，列入現金流量表內投資活動現金流出量項下。

5.沿前題實例，P 公司於編製現金流量表時，理財活動現金流量項下，應列報哪一項金額？ (A)現金付款部份 (B)全部購價 (C)零 (D)抵押借款部份。

解 (C)

根據財務會計準則聲明書 (FASB Statement No.95, Par.32)，非現金投資及理財活動的交易事項，例如債券或特別股轉換為普通股、購買房屋或廠產設備承擔負債及資本租賃等，雖非現金交易事項，惟對未來現金流量可能有重大影響，應分開列報於現金流量表項下的分開部份。若干上述交易事項涉及部份現金與部份非現金，僅就現金部份列報於現金流量表的現金流量項下；惟現金與非現金事項，皆應作成交易全貌的補充揭露。

6.Q 公司20A 年底及 20B 年底的應付債券帳戶餘額，分別為$564,000 及 $600,000；Q 公司另於 20B 年12 月間，發行應付債券$240,000 以交換設備資產；已知該公司於 20B 年期間，並無任何有關債券折價或溢價之攤銷。

Q 公司 20B 年度現金流量表內應列報應付債券贖回金額若干？ (A)$36,000 (B)$204,000 (C)$360,000 (D)$276,000。

解 (B)

20B 年度現金流量表內應列報應付債券贖回$204,000，其計算如下：

應付債券

20B 年期間贖回	x	20A.12.31 餘額	564,000
		20B 年12 月發行	240,000
		20B.12.31 餘額	600,000

$\$564,000+\$240,000-x=\$600,000$

$x=\$204,000$

7.當現金流量表採用間接法編製時，出售廠產設備利益的現金流量，應如何列報於現金流量表內？ (A)列入投資活動項下，當為出售廠產設備現金收入的減項 (B)列入投資活動項下，當為現金流出項目 (C)列入營業活動項下，當為淨利的減項 (D)列入營業活動項下，當為淨利的加項。

解 (C)

按間接法編製現金流量表時，出售廠產設備的現金收入總額（廠產設備帳面價值加出售利益），全部列入投資活動的現金流入項下；因此，為避免重覆（蓋出售廠產設備利益已包括於淨利之中），必須將出售廠產設備利益，列入營業活動項下，當為淨利的減項，俾正確表達營業活動之現金流量。

8.當現金流量表採用間接法編製時，下列哪一項不應揭露於現金流量表內？ (A)扣除資本化部份的利息支出 (B)所得稅付現 (C)每股現金流量 (D)特別股利付現。

解 (C)

根據財務會計準則聲明書 (FASB Statement No.95, Par.33)，每股現金流量不予列入現金流量表內，以避免誤導為對盈餘衡量的標準。

9.R 公司20A 年度發生虧損$50,000；會計記錄另提供下列各項資料：

折舊費用	$60,000
專利權攤銷	3,000
應付債券折價攤銷	2,000
應付薪資增加	5,000
應收帳款減少	20,000
存貨增加	23,000

R公司20A年度營業活動淨現金流量應為若干？ (A)$15,000 (B)$17,000 (C)$20,000 (D)$43,000。

解 (B)

營業活動淨現金流量為$17,000；其計算如下：

本期淨損	$(50,000)
加：折舊費用	60,000
專利權攤銷	3,000
應付債券攤銷	2,000
應付薪資增加	5,000
應收帳款減少	20,000
減：存貨增加	(23,000)
營業活動淨現金流量	$ 17,000

三、綜合題

1.亞洲科技公司20A年度損益表及直接法現金流量表內，本期淨利與營業活動現金流量之調節資料，分別列示如下：

亞洲科技公司

損益表

20A 年度　（百萬美元）

銷貨收入		$3,660
銷貨成本		2,220
銷貨毛利		$1,440
營業費用：		
員工薪資	$492	
保險費	228	
折舊費用	132	852
營業淨利		$ 588
營業外費用（利益）：		
利息費用	$125	
出售廠產設備利益	(25)	100
稅前淨利		$ 488
所得稅費用 (25%)		122
本期淨利		$ 366

亞洲科技公司

本期淨利與營業活動現金流量之調節

（直接法）　20A 年度　（百萬美元）

本期淨利		$366
調節項目：		
折舊費用	$ 132	
出售廠產設備利益	(25)	
應收帳款減少	72	
存貨增加	(156)	
應付帳款減少	(96)	
應付薪資增加	60	
預付保險費減少	108	
應付所得稅增加	80	175
營業活動淨現金流量		$541

試求：(a)請用分錄方法，列示各項營業活動發生現金流量的金額。

(b)編製現金流量表營業活動現金流量的部份。

解

(a)各項營業活動發生現金流量的分錄：

(i)現銷及應收帳款收現：

科目	借	貸
現　金	3,732	
應收帳款		72
銷貨收入		3,660

(ii)進貨及應付帳款付現：

科目	借	貸
銷貨成本	2,220	
存　貨	156	
應付帳款	96	
現　金		2,472

(iii)員工薪資付現：

科目	借	貸
員工薪資	492	
應付薪資		60
現　金		432

(iv)保險費付現：

科目	借	貸
保險費	228	
預付保險費		108
現　金		120

(v)利息費用付現：

科目	借	貸
利息費用	125	
現　金		125

(vi)所得稅費用付現：

所得稅費用	122	
應付所得稅		80
現　金		42

附註：

⑴折舊為非現金費用。

⑵出售廠產設備利益的現金流入量，已隨廠產設備帳面價值的現金流入量，列入投資活動現金流入量項下；為避免重覆，乃將其利益部份，從本期淨利項下抵減。

(b)現金流量表營業活動現金流量的部份：

亞洲科技公司
部份現金流量表
（直接法）　20A 年度　（百萬美元）

營業活動之現金流量：		
現銷及應收帳款收現		$ 3,732
進貨及應付帳款付現	$2,472	
員工薪資付現	432	
保險費付現	120	
利息費用付現	125	
所得稅費用付現	42	(3,191)
營業活動淨現金流量		$ 541

2.太平洋公司20A 年度損益表及營業活動現金流量部份的現金流量表，分別列示如下：

太平洋公司

損益表

20A 年度		(百萬美元)
銷貨收入		$ 2,808
銷貨成本		(1,692)
銷貨毛利		$ 1,116
營業費用：		
員工薪資	$269	
研究及發展成本	100	
保險費	198	
折　舊	99	
折　耗	45	(711)
營業淨利		$ 405
營業外利益（損失）：		
利息費用	$(90)	
出售設備利益	225	
出售土地損失	(72)	63
稅前淨利		$ 468
所得稅費用(25%)		(117)
本期淨利		$ 351

太平洋公司

部份現金流量表

(直接法)　20A 年度		(百萬美元)
營業活動之現金流量：		
現銷及應收帳款收現		$2,322
進貨及應付帳款付現	$1,575	
員工薪資付現	233	
研究及發展成本付現	100	
保險費付現	144	
利息費用付現	81	
所得稅費用付現	67	(2,200)
營業活動淨現金流量		$ 122

另悉存貨帳戶期初及期末餘額均未改變。

試求：(a)請用分錄方法，列示各項營業活動引起流動項目的增減變動。

(b)編製現金流量表項下本期淨利與營業活動現金流量之調節部份。

解

(a)各項營業活動引起流動項目變動的分錄：

(i) 現銷及應收帳款收現：

現　金	2,322	
應收帳款	486	
銷貨收入		2,808

(ii) 進貨及應付帳款付現：

銷貨成本	1,692	
應付帳款		117
現　金		1,575

(iii) 員工薪資付現：

員工薪資	269	
應付薪資		36
現　金		233

(iv) 研究及發展成本付現：

研究及發展成本	100	
現　金		100

(v) 保險費付現：

保險費	198	
預付保險費		54
現　金		144

(vi) 利息費用付現：

利息費用	90	
應付利息		9
現　金		81

(vii)所得稅費用付現：

所得稅費用	117	
應付所得稅		50
現　金		67

附註：

⑴折舊及折耗均屬於現金費用。

⑵出售設備利益及出售土地損失的現金流量，已加入設備帳面價值及抵減土地帳面價值的現金流量，並列報於投資活動現金流量項下；為避免重覆，故其利益應自淨利項下扣除或其損失應加入淨利之內。

⒝現金流量表項下本期淨利與營業活動現金流量之調節：

太平洋公司
本期淨利與營業活動現金流量之調節
（直接法）　20A 年度　（百萬美元）

本期淨利		$ 351
調節項目：		
折　舊	$ 99	
折　耗	45	
出售設備利益	(225)	
出售土地損失	72	
應收帳款增加	(486)	
應付帳款增加	117	
應付薪資增加	36	
存貨增加（減少）	–0–	
預付保險費減少	54	
應付利息增加	9	
應付所得稅增加	50	(229)
營業活動淨現金流量		$ 122

3.五洲公司 20A 年度編製現金流量表之前，已求得當年度各項現金交易事項的彙總資料如下：

現金流入：

現銷及應收帳款收現	$990,000
應收票據利息收現	18,000
出售投資收現	30,000
應收票據到期收現	150,000
出售廠產設備收現	60,000
發行普通股收現	300,000

現金流出：

取得投資付現（約當現金以外）	150,000
應付票據利息付現	27,000
購入設備付現	180,000
營業費用付現	660,000
應付票據到期付現	225,000
發放現金股利	45,000

另悉 20A 年 1 月1 日及 12 月 31 日的現金及約當現金餘額分別為 $195,000 及$456,000。

試求：請按直接法為五洲公司編製 20A 年度現金流量表。

解

五洲公司
現金流量表
（直接法）　20A 年度　（千美元）

營業活動之現金流量：		
現銷及應收帳款收現	$ 990	
應收票據利息收現	18	
應付票據利息付現	(27)	
營業費用付現	(660)	
營業活動淨現金流量		$ 321
投資活動之現金流量：		
取得投資付現	$(150)	
出售投資收現	30	
購入設備付現	(180)	
出售廠產設備收現	60	
投資活動淨現金流量		(240)
理財活動之現金流量：		
應收票據到期收現	$ 150	
應付票據到期付現	(225)	
發行普通股收現	300	
發放現金股利	(45)	
理財活動淨現金流量		180
本期現金及約當現金增加		$ 261
期初現金及約當現金餘額		195
期末現金及約當現金餘額		$ 456

4.世華公司 20B 年度損益表及 20A 年底與 20B 年底比較性資產負債表，分別列示如下：

世華公司
損益表
20B 年度

收入及利益：		
銷貨收入	$317,400	
出售土地利益	10,800	$328,200
費用及損失：		
銷貨成本	$ 72,000	
折舊——建築物	3,600	
折舊——設備	37,800	
出售設備損失	1,800	
商譽攤銷	36,000	
銷管費用	60,000	211,200
本期淨利		$117,000

世華公司
比較性資產負債表
20A 年及 20B 年 12 月 31 日

	20A 年	20B 年	增（減）數
資　產：			
現　金	$ 45,000	$ 72,000	$ 27,000
應收帳款	54,000	72,000	18,000
存　貨	63,000	108,000	45,000
土　地	72,000	81,000	9,000
建築物	108,000	108,000	–0–
減：備抵折舊	(32,400)	(36,000)	(3,600)
設　備	270,000	342,000	72,000
減：備抵折舊	(57,600)	(63,000)	(5,400)
商　譽	180,000	144,000	(36,000)
資產總額	$702,000	$828,000	$126,000
負　債：			
應付帳款	$ 54,000	$ 90,000	$ 36,000
應付費用	27,000	36,000	9,000
應付租賃款——土地	–0–	18,000	18,000
負債總額	$ 81,000	$144,000	$ 63,000
股東權益：			
普通股本	$360,000	$378,000	$ 18,000
資本公積	81,000	90,000	9,000
保留盈餘	180,000	216,000	36,000
股東權益總額	$621,000	$684,000	$ 63,000
負債及股東權益總額	$702,000	$828,000	$126,000

其他補充資料如下：

⑴ 20B 年期間，出售一項設備成本$36,000（已提列折舊 90%）。

⑵股東權益變動表顯示股東權益減少$27,000，並分別發放股票股利及現金股利各$54,000。

試求：⒜作成世華公司 20B 年度各項活動發生現金流量的分錄。

⒝按直接法編製現金流量表。

⒞本期淨利及營業活動現金流量之調節。

解

⒜世華公司 20B 年度各項活動發生現金流量的分錄：

(i)現銷及應收帳款收現：

現　金(1)	299,400	
應收帳款	18,000	
銷貨收入		317,400

(ii)出售土地收現：

現　金(2)	19,800	
土　地		9,000
出售土地利益		10,800

(iii)進貨及應付帳款付現：

銷貨成本	72,000	
存　貨	45,000	
現　金(1)		81,000
應付帳款		36,000

(iv)出售設備收現：

現　金(2)	1,800	
備抵折舊	32,400	
出售設備損失	1,800	
設　備		36,000

(v)銷管費用付現：

銷管費用	60,000	
應付費用		9,000
現　金(1)		51,000

(vi)購買設備付現：

設　備	108,000	
現　金(2)		108,000

(vii)發放現金股利：

股　利	54,000	
現　金(3)		54,000

附註：營業活動之現金流量：現金(1)

投資活動之現金流量：現金(2)

理財活動之現金流量：現金(3)

(b)直接法現金流量表：

世華公司
現金流量表
20B 年度
（直接法）

營業活動之現金流量：		
現銷及應收帳款收現	$ 299,400	
進貨及應付帳款付現	(81,000)	
銷管費用付現	(51,000)	
營業活動淨現金流量		$167,400
投資活動之現金流量：		
出售土地收現	$ 19,800	
出售設備收現	1,800	
購買設備付現	(108,000)	
投資活動淨現金流量		(86,400)
理財活動之現金流量：		
發放現金股利	$ (54,000)	
理財活動淨現金流量		(54,000)
本期現金增加淨額		$ 27,000
期初現金餘額		45,000
期末現金餘額		$ 72,000
非現金之投資及理財活動：		
資本租賃取得土地		$ 18,000

(c)本期淨利及營業活動現金流量之調節：

世華公司

本期淨利及營業活動現金流量之調節

20B 年度

本期淨利		$117,000
調節項目：		
折舊——建築物	$ 3,600	
折舊——設備	37,800	
商譽攤銷	36,000	
出售設備損失	1,800	
出售土地利益	(10,800)	
應收帳款增加	(18,000)	
存貨增加	(45,000)	
應付帳款增加	36,000	
應付費用增加	9,000	50,400
營業活動淨現金流量		$167,400

附註：在直接法之下，本表列入現金流量表項下，作為補充說明之用。

5.沿用上述第 4 題所列舉世華公司 20A 年及 20B 年的各項資料。

試求：請按間接法為世華公司編製 20B 年度現金流量表。

解

世華公司
現金流量表
（間接法） 20B 年度

營業活動之現金流量：		
本期淨利		$117,000
調節項目：		
折舊——建築物	$ 3,600	
折舊——設備	37,800	
商譽攤銷	36,000	
出售設備損失	1,800	
出售土地利益	(10,800)	
應收帳款增加	(18,000)	
存貨增加	(45,000)	
應付帳款增加	36,000	
應付費用增加	9,000	50,400
營業活動淨現金流量		$167,400
投資活動之現金流量：		
出售土地收現	$ 19,800	
出售設備收現	1,800	
購買設備付現	(108,000)	
投資活動淨現金流量		(86,400)
理財活動之現金流量：		
發放現金股利	$ (54,000)	
理財活動淨現金流量		(54,000)
本期現金增加淨額		$ 27,000
期初現金餘額		45,000
期末現金餘額		$ 72,000
非現金之投資及理財活動：		
資本租賃取得土地		$ 18,000

6.根據下列資料，請計算下列各項：(a)來自營業之營運資金；(b)營業活

動現金流量：

交易事項		營運資金增（減）額	營業活動現金流量
現銷商品	$650,000	______	______
現購商品	190,000	______	______
應付薪資增加	75,000	______	______
應收帳款增加	100,000	______	______
存貨減少	150,000	______	______
租金費用付現	20,000	______	______
利息費用付現	10,000	______	______
所得稅付現	40,000	______	______
股利付現	30,000	______	______
購買設備付現	100,000	______	______

（高考會計師試題）

解

交易事項		營運資金增（減）額	營業活動現金流量
現銷商品	$650,000	$ 650,000	$ 650,000
現購商品	190,000	(190,000)	(190,000)
應付薪資增加	75,000	(75,000)	–
應收帳款增加	100,000	100,000	–
存貨減少	150,000	(150,000)	–
租金費用付現	20,000	(20,000)	(20,000)
利息費用付現	10,000	(10,000)	(10,000)
所得稅付現	40,000	(40,000)	(40,000)
股利付現	30,000	(30,000)	–*
購買設備付現	100,000	(100,000)	–**
合　　計		$ 135,000 (1)	$ 390,000 (2)

* 股利付現屬於理財活動現金流量。
** 購買設備屬於投資活動現金流量。

第九章　證券投資分析

二、選擇題

1.A 公司按折價購入債券作為投資對象，擬持有至到期日；A 公司應按下列哪一種會計方法記錄此項投資？ (A)成本法 (B)攤銷成本法 (C)公平價值法 (D)成本與市價孰低法。

解 (B)

根據財務會計準則聲明書 (FASB Statement No. 115)，凡持有待到期債券，應按攤銷成本法 (amortized cost method) 處理，即以購入成本列帳，續後年度再按有系統的方法，將債券折價攤銷，按期調整投資的帳面價值。此處順便提醒者，即購入債券如分類為備用證券投資（購入證券之目的在於需用時始予出售者）時，應按公平價值法評價，其持有損益屬其他總體利益之一，分開列報於資產負債表股東權益項下。

2.凡分類為待到期債券投資，下列哪一項金額應包含於當期損益表內？

Ⅰ.當期臨時性未實現損益。

Ⅱ.當期已實現損益。

Ⅲ.當期評價帳戶發生變動。

(A)Ⅲ (B)Ⅱ (C)Ⅰ，Ⅱ (D)Ⅰ，Ⅱ，Ⅲ。

解 (B)

根據一般公認會計原則，凡持有待到期債券投資，應按攤銷成本法處理，故僅限於當期已實現損益，始予認定並列報於當期損益表內。此外，持有待到期債券投資，對於未實現持有損益，不予認定。

3.B 公司購買若干其他公司所發行的權益證券，不擬於短期內出售；B

公司對於此項證券投資應如何分類？其未實現持有損益應如何列報？

	證券投資分類	未實現持有損益列報於財務報表內
(A)	短線證券	營業正常損益項目
(B)	備用證券	其他總體利益（分開列報於股東權益項下）
(C)	短線證券	其他總體利益（分開列報於股東權益項下）
(D)	備用證券	營業正常損益

解 (B)

B 公司的權益證券投資，不擬於短期內出售，故應予分類為備用證券；又根據一般公認會計原則，備用證券投資未實現持有損益，應予分開列報於資產負債表的股東權益項下，當為其他總體利益的因素之一。於此順便說明者，即對於短線證券的未實現持有損益，應予認定為發生當期的損益，並列報於當期損益表項下。

4.採用權益法記錄權益證券投資時，下列哪一（些）項會計事項會影響投資公司的投資收益帳戶？

	發放現金股利	攤銷購買日取得之商譽
(A)	是	是
(B)	是	非
(C)	非	非
(D)	非	是

解 (D)

在權益法之下，被投資公司年終報告利益時，投資公司應即按持有比率，借記投資帳戶，視為投資的增加，並貸記投資收益帳戶，俟收到被投資公司所發放的現金股利時，應視為投資減少，不影響投資利益。此外，在權益法之下，投資與投資收益帳戶，均受購買日已存在商譽攤銷的影響；換言之，被投資公司於攤銷上項商譽時，投資公司應借記投資收益，貸記投資帳戶，一方面視為投資的減少，另一方面應予抵減投資收益。

5.投資公司投資於權益證券所收到的股利金額，超過自投資日後被投資公司所獲得淨利時，投資公司下列哪一（些）項投資會受到上項股利的影響？

	備用證券投資	採用權益法之權益證券投資
(A)	沒有影響	沒有影響
(B)	減　少	沒有影響
(C)	沒有影響	減　少
(D)	減　少	減　少

解 (D)

投資公司收到股利的金額，超過自投資日後被投資公司所獲得淨利的部份，應視為投資收回；此外，根據會計原則委員會第十八號意見書 (APB Opinion No. 18, Par. 6b) 的規定，當投資公司收到被投資公司的股利時，應就上項超過的部份，抵減其投資帳戶的帳面價值，視為投資減少而非為投資收益。

6.C公司於 20A 年初購入 X 公司 35% 的股權，按當時的公平價值支付 $730,000；20A 年度 X 公司獲得淨利$200,000，發放現金股利$160,000。C 公司 20A 年度投資 X 公司的投資收益，以及 20A 年 12 月31 日對於 X 公司之投資帳戶帳面價值，各為若干？

	投資收益	投資——X 公司權益證券
(A)	$70,000	$800,000
(B)	56,000	800,000
(C)	56,000	744,000
(D)	70,000	744,000

解 (D)

凡投資於具有投票權的權益證券，其持有比率在20% 以上，50% 以下，對被投資公司的財務及營運決策，一般被認為具有重大影響力，應採用權益法會計處理。本題C 公司投資取得 X 公司 35% 股權，應採用權益法，對 X 公司的淨利，按持有比率認定為投資收益及投資帳戶的增加；收到 X 公司所發放的股利，視為投資之減少；其計算方法如下：

投資收益

	X 公司淨利： 200,000 × 35% = 70,000

投資——X 公司

20A 年初	730,000	收到股利	56,000*
X 公司淨利	70,000		
20A 年底	x		

$\$730,000+\$70,000-\$56,000=x$

$x=\$744,000$

*$160,000×35%=$56,000

下列資料用於解答第 7.至 9.題的根據：

D 公司於 20A 年1 月2 日，以成本$400,000 取得 Y 公司享有投票權的權益證券之 30%，對其營運及財務政策具有重大影響力；Y 公司 20A 年度淨利$160,000，發放現金股利$100,000；20B 年 6 月30 日的上半年期間，Y 公司獲利$200,000；20B 年 12 月 31 日的下半年期間，另獲利$250,000；D 公司於 20B 年 7 月 1 日，出售所持有Y 公司 50% 的股權，收到現金$300,000；20B 年 10 月 1 日，Y 公司發放現金股利$120,000。

7.D公司 20A 年度應列報投資於 Y 公司權益證券的投資收益為若干？

(A)$30,000 (B)$48,000 (C)$100,000 (D)$160,000。

解 (B)

D 公司投資於享有投票權 30% 之 Y 公司權益證券，對該公司的營運及財務政策具有重大影響力，應按權益法的會計處理；20A 年度 Y 公司獲利$160,000，D 公司應認定投資收益$48,000 ($160,000× 30%)。

8.D公司 20A 年 12 月 31 日之資產負債表內，應列報對 Y 公司的投資餘額為若干？ (A)$400,000 (B)$418,000 (C)$448,000 (D)$460,000。

解 (B)

D 公司取得 Y 公司享有投票權 30% 之 Y 公司權益證券，對 Y 公司具有重大影響力，採用權益法之投資帳戶內容列示如下：

投資——Y 公司權益證券

20A 年 1 月 20 日	400,000	20A 年度現金股利	30,000
20A 年度 Y 公司淨利	48,000		
20A 年 12 月 31 日	x		

$\$400,000+\$48,000-\$30,000=x$

$x=\$418,000$

9.D 公司 20B 年度應列報對 Y 公司權益證券投資之出售利益為若干？
(A)$49,000　(B)$61,000　(C)$70,000　(D)$91,000。

解　(B)

投資——Y 公司權益證券

20B 年 1 月 1 日期初餘額	418,000*	20B 年 7 月 1 日出售50%	239,000
20B 年 6 月 30 日 X 公司淨利	60,000		
20B 年 6 月 30 日期末餘額	478,000		

*參閱第 7 題。

出售投資利益之計算：

出售 50% 之售價	$300,000
投資帳面價值：50%× $478,000	239,000
出售投資利益	$ 61,000

10.F 公司購入 Z 公司所有在外流通之普通股，支付總價$1,000,000；Z 公司淨資產帳面價值為$650,000；除下列三項外，其餘各項資產的帳面價值均等於其公平價值：

	帳面價值	公平價值
應收帳款	$120,000	$114,000
廠產設備	408,000	448,000
無形資產	4,000	120,000

F公司支付商譽成本應為若干？ (A)$200,000 (B)$210,000 (C)$220,000 (D)$240,000。

解 (A)

F公司支付商譽成本為$200,000；其計算方法如下：

投資總成本		$1,000,000
減：淨資產公平價值：		
淨資產帳面價值	$650,000	
加（減）：公平價值超過（低於）帳面價值：		
廠產設備	40,000	
無形資產	116,000	
應收帳款	(6,000)	800,000
商譽成本		$ 200,000

11.G公司持有X公司超過40%之股權，假設X公司某年度獲利頗多，惟不擬發放股利；X公司獲利對G公司有何影響？ (A)使流動比率增加 (B)使每股盈餘增加 (C)使許多週轉率增加 (D)減低每股帳面價值。

解 (B)

G公司持有X公司40%以上之股權，其會計處理應採用權益法，當X公司獲利時，雖未分配股利，G公司仍應借記投資帳戶，貸記投資收益帳戶；因此，G公司當年度淨利將因投資收益之增加而增加，使每股盈餘隨而增加。

三、綜合題

1.大華公司成立於20A年1月1日，俟20A年12月31日，帳上列有下列各項投資：

	成　本	公平價值
短線證券：		
A 證券	$350,000	$360,000
B 證券	105,000	100,000
合　　計	$455,000	$460,000
備用證券：		
C 證券	$250,000	$280,000
D 證券	420,000	430,000
合　　計	$670,000	$710,000
待到期債券：		
E 證券	$480,000	$490,000
F 證券	406,000	404,000
合　　計	$886,000	$894,000

另悉大華公司20A 年期間，未曾出售任何證券投資；除D 證券及F 證券擬長期持有之外，其餘各項證券均考慮短期持有；所有證券投資的金額，均無持久性變動的情形存在。

試求：請計算大華公司20A 年12 月31 日之下列各項金額：

(a)屬於流動資產的證券投資。

(b)屬於非流動資產的證券投資。

(c)列入損益表內之未實現持有損益。

(d)列入資產負債表股東權益項下之未實現持有損益。

解

(a)流動資產之證券投資：

A 證券	$ 360,000
B 證券	100,000
C 證券	280,000
E 證券	490,000
合　　計	$1,230,000

(b)非流動資產之證券投資：

D 證券	$430,000
F 證券	404,000
合　計	$834,000

(c)未實現持有損益（列入損益表內）：

	成　本	公平價值	未實現持有利益（損失）
A 證券	$350,000	$360,000	$10,000
B 證券	105,000	100,000	(5,000)
合　計	$455,000	$460,000	$ 5,000

(d)未實現持有損益（列入資產負債表內股東權益項下）：

	成　本	公平價值	未實現持有利益（損失）
C 證券	$250,000	$280,000	$30,000
D 證券	420,000	430,000	10,000
合　計	$670,000	$710,000	$40,000

說明：

(1)短線證券投資應按公平價值評價，其未實現持有損益應予認定為當年度損益，並列入損益表內。

(2)備用證券投資應按公平價值評價，其未實現持有損益不予認定為當年度損益，分開列入資產負債表內股東權益項下；另一方面應列入股東權益變動表之總體利益項下。

(3)待到期債券投資應按成本評價，並於續後年度調整債券折價或溢價之攤銷，不予認定未實現持有損益。

2.美國環球公司於20A 年 1 月 3 日購入臺北公司 40% 股權，支付成本 $4,000,000；購買日臺北公司帳面淨資產$7,750,000；除下列二項資產的公平價值超過其帳面價值外，其餘各項目的帳面價值，皆與公平價值相符：

	帳面價值	公平價值
存　貨	$200,000	$250,000
廠產設備	600,000	800,000

已知廠產設備的預計使用年限為 8 年，無殘值；商譽攤銷年限預計為 10 年；所有存貨均於 20A 年度內出售。

臺北公司 20A 年度獲利$1,400,000；20A 年 12 月31 日發放現金股利 $300,000。

美國環球公司為擴展臺灣市場，擬長期持有臺北公司的股權，並按長期投資處理；為使問題單純化，假定本題係以新臺幣為貨幣單位，不考慮外幣兌換問題，環球公司也以新臺幣為衡量標準。

試求：請作成下列各項：

(a)計算環球公司投資臺北公司時，隱含商譽的價值。

(b)請以分錄方式，列示環球公司 20A 年度持有臺北公司股權的有關事項，並以 T 字形帳戶列示長期投資及投資收益的變動情形。

(c)環球公司 20A 年度長期投資變動表。

(d)環球公司 20A 年度投資收益計算表。

解

(a)商譽價值的計算：

	帳面價值	公平價值	差　異	環球公司持股 40%
存　貨	$ 200,000	$ 250,000	$ 50,000	$ 20,000
廠產設備	600,000	800,000	200,000	80,000
其他各項	6,950,000	6,950,000	–0–	–0–
	$7,750,000	$8,000,000	$250,000	
環球公司取得可辨認淨資產公平價值超過帳面價值				$100,000

商譽價值：

長期投資總成本	$4,000,000
取得可辨認淨資產帳面價值：$7,750,000 × 40%	3,100,000
溢付總成本	$ 900,000
可辨認淨資產公平價值超過帳面價值	100,000
商譽價值（不可辨認無形資產公平價值）	$ 800,000

(b)分錄及 T 字形帳戶之表達：

(i)20A 年 1 月 3 日：

長期投資——臺北公司普通股	4,000,000	
現　金		4,000,000

(ii)20A 年 12 月 31 日臺北公司獲利：

長期投資——臺北公司普通股	560,000	
投資利益		560,000

$1,400,000 × 40% = $560,000

(iii)20A 年12 月 31 日臺北公司發放現金股利：

現　金	120,000	
長期投資——臺北公司普通股		120,000

(iv)20A 年 12 月 31 日調整分錄：

投資利益	110,000	
長期投資——臺北公司普通股		110,000

包括下列三項：

存貨出售公平價值超過帳面價值已全部出售	$ 20,000
廠產設備公平價值超過帳面價值之折舊：$\$80,000 \times \frac{1}{8}$	10,000
商譽成本之攤銷：$\$800,000 \times \frac{1}{10}$	80,000
合　計	$110,000

長期投資——臺北公司普通股

20A 年 1 月 3 日	4,000,000	存貨出售	20,000
臺北公司淨利	560,000	廠產設備折舊	10,000
		商譽攤銷	80,000
		現金股利	120,000
20A 年 12 月 31 日	4,330,000		

投資收益

存貨出售	20,000	臺北公司淨利	560,000
廠產設備折舊	10,000		
商譽攤銷	80,000		
		20A 年 12 月 31 日	450,000

(c)環球公司 20A 年度長期投資變動表：

環球公司
長期投資變動表
20A 年度
（新臺幣千元）

	20A 年 1 月 3 日	增(減)變動	20A 年 12 月 31 日
40% 可辨認淨資產帳面價值	$3,100	$ -0-	$3,100
40% 可辨認資產公平價值超過帳面價值：			
存　貨	20	(20)	-0-
廠產設備	80	(10)	70
商　譽	800	(80)	720
臺北公司 20A 年度淨利		560	560
臺北公司 20A 年度現金股利		(120)	(120)
合　　計	$4,000	$ 330	$4,330

(d) 20A 年度投資收益計算表：

環球公司
投資收益計算表
20A 年度
（新臺幣千元）

20A 年度臺北公司獲利：$1,400× 40%	$560
可辨認資產公平價值超過帳面價值虛減成本的調整：	
存貨增加銷貨成本	(20)
廠產設備折舊	(10)
商譽成本攤銷	(80)
投資利益淨額	$450

3.美旗公司20A 年1 月1 日持有下列短線證券及備用證券：

證券投資分類	原始成本	帳面價值	未實現持有利益（損失）列入以前年度損益	未實現持有利益（損失）列入股東權益
短線證券：				
A 公司普通股 2,000 股	$ 400,000	$ 380,000	$(20,000)	$ –0–
B 公司債券：7 月 1 日到期	1,000,000	1,000,000		
備用證券：				
C 公司普通股 5,000 股	800,000	840,000	–0–	40,000

假定不考慮所得稅問題；20A 年度發生下列交易事項：

(1)2 月1 日：美旗公司購入D 公司所發行債券面值$600,000，附息8%，每年於6 月30 日及12 月31 日各付息一次；購入時按面值加應計利息付現，並予分類為備用證券。

(2)5 月30 日：收到A 公司普通股之現金股利，每股$15。

(3)6 月30 日：收到D 公司債券投資之利息。

(4)7 月1 日：B 公司按面值$1,080,000 贖回其全部債券；美旗公司隨即將全部款項用於購入E 公司普通股，並予以分類為短線證券。

(5)10 月1 日：將A 公司普通股投資由短線證券重新分類為備用證券，

當日每股市價$170。

(6)11 月 1 日：將C 公司普通股投資，由備用證券重新分類為短線證券；當日每股市價$220。

(7)12 月 31 日：收到D 公司債券投資之利息。

(8)12 月 31 日：各項證券投資的公平價值如下：

短線證券投資：	
C 公司普通股	$1,150,000
E 公司普通股	1,060,000
	$2,210,000
備用證券投資：	
A 公司普通股	$300,000
D 公司債券	630,000
	$930,000

試求：(a)編製美旗公司20A 年度證券投資工作底表。

(b)20A 年 10 月 1 日 A 公司普通股投資由短線證券重新分類為備用證券的分錄。

(c)20A 年 11 月 1 日 C 公司普通股投資由備用證券重新分類為短線證券的分錄。

(d)20A 年 12 月 31 日期末時證券投資的評價分錄。

(e)列示各項證券投資在20A 年度損益表內及20A 年 12 月 31 日資產負債表內的表達方法。

解

(a)證券投資工作底表：

美旗公司
證券投資工作底表
20A 年度

（千元）

	短線證券		備用證券		持有損（益）列入		
	原始成本	評價帳戶	原始成本	評價帳戶	損益表	股東權益	股利及利息收入
期初餘額	$ 1,400	$(20)	$ 800	$ 40	$ –0–	$(40)	$ –0–
2/1：購入 D 公司債券			600				
7/1：B 公司債券被贖回	(1,000)						(80)
購入 E 公司普通股	1,080						
10/1：A 公司普通股重新分類	(400)	20	340		40		
11/1：C 公司普通股重新分類	1,100		(800)	(40)	(300)	40	
期末評價：							
短線證券：							
C 公司普通股		50			(50)		
E 公司普通股		(20)			20		
備用證券：							
A 公司普通股				(40)		40	
D 公司債券				30		(30)	
其他投資收益：							
5/30：A 公司普通股股利：$\$15 \times 2,000$							(30)
6/30&12/30：D 公司債券利息：$\$600,000 \times 8\% \times \frac{11}{12}$							(44)
期末餘額	$ 2,180	$ 30	$ 940	$(10)	$(290)	$ 10	$(154)

(b)A 公司普通股投資由短線證券重新分類為備用證券之分錄：

科目	借方	貸方
證券投資——備用證券：A 公司普通股	340,000	
備抵評價——短線證券：A 公司普通股	20,000	
未實現持有損益——短線證券重新分類為備用證券	40,000	
證券投資——短線證券：A 公司普通股		400,000

(c)20A 年 11 月 1 日 C 公司普通股投資由備用證券重新分類為短線證券之分錄：

科目	借方	貸方
證券投資——短線證券：C 公司普通股	1,100,000	
累積未實現持有損益——備用證券：C 公司普通股	40,000	
證券投資——備用證券：C 公司普通股		800,000
備抵評價——備用證券：C 公司普通股		40,000
未實現持有損益——備用證券重新分類為短線證券		300,000

(d)期末證券投資評價分錄：

短線證券：

科目	借方	貸方
備抵評價——短線證券：C 公司普通股	50,000	
備抵評價——短線證券：C 公司普通股		20,000
未實現持有損益：短線證券		30,000

備用證券：

科目	借方	貸方
備抵評價——備用證券：D 公司債券	30,000	
累積未實現持有損益——備用證券	10,000	
備抵評價——備用證券：A 公司普通股		40,000

(e)證券投資有關事項在 20A 年度損益表內及 20A 年 12 月 31 日資產負債表內的表達方法：

損益表：

投資收益	$154,000	
未實現持有損益	290,000	
合　　計		$444,000

資產負債表：

流動資產：		
證券投資：		
短線證券	$2,180,000	
備抵評價	30,000	
短線證券公平價值		$2,210,000
非流動資產：		
證券投資：		
備用證券	$ 940,000	
備抵評價	(10,000)	
備用證券公平價值		$ 930,000
股東權益：		
累積未實現持有損益		$ 10,000

第十章　存貨分析

二、選擇題

1.下列哪一（些）項目會影響零售商的存貨成本？

	進貨運費	購買存貨的質押借款利息
(A)	增　加	不影響
(B)	增　加	增　加
(C)	不影響	增　加
(D)	不影響	不影響

解　(A)

根據會計研究公報(ARB 43, Ch. 4, Par. 4)，存貨成本應包括使存貨達到可銷售或可用於生產狀態及地點所發生的一切必要支出；因此，存貨成本應包括進貨運費在內。又根據財務會計準則聲明書(FASB Statement No. 34, Par. 34)，凡已提供營業上使用或準備於未來完成後使用於營業上盈利活動之資產，其所發生的利息費用，不得資本化；因此，購買存貨之質押借款利息，不得加入存貨成本。

2.計算存貨成本採用加權平均法時，可應用於下列哪一（些）種存貨盤存制度？

	定期盤存制度	永續盤存制度
(A)	是	是
(B)	是	非
(C)	非	是
(D)	非	非

解　(B)

加權平均法係將某一會計期間內每一次進貨總成本（包括期初存貨成本在內），再除以總數量，求得其加權平均單位成本，俾應用於計算領用存貨成本及期末盤點存貨成本之用，故適用於定期盤存制度（期末盤存制度）之用；至於永續盤存制度，必須於每一次進貨時，即重新計算平均單位成本，故乃將原來的加權平均成本法，演變為移動加權平均法。

3.某公司決定將存貨成本的計算方法，由先進先出法改變為後進先出法；此項改變對期末存貨及當期淨利將發生何種影響？

	期末存貨	淨　利
(A)	增　加	增　加
(B)	增　加	減　少
(C)	減　少	減　少
(D)	減　少	增　加

解 (C)

在物價上漲時期，由先進先出法改變為後進先出法的結果，期末存貨係以早期較低的成本為準，故期末存貨的成本將減少；另一方面，在後進先出法之下，銷貨成本係以最近較高的成本為準，故銷貨成本較高，淨利也相對減少。

4.一般而言，下列哪一（些）種存貨成本的計算方法，將使所求得的銷貨成本及期末存貨價值，比較接近現時成本？

	銷貨成本	期末存貨
(A)	後進先出法	先進先出法
(B)	後進先出法	後進先出法
(C)	先進先出法	先進先出法
(D)	先進先出法	後進先出法

解 (A)

在後進先出法之下，最後購入者最先列為銷貨成本，故其銷貨成本比較接近現時成本。在先進先出法之下，最後留下來的成本，均於期末時列為期末存貨的成本，故使期末存貨價值比較接近現時成本。

5.財務分析者於比較20A年度與20B年度的存貨週轉率時，雖然銷貨及存貨並無重大變動，惟存貨週轉率卻提高甚多；下列哪一項陳述可以說明存貨週轉率提高？ (A)銷貨成本減少 (B)應收帳款週轉率提高 (C)總資產週轉率提高 (D)毛利率降低。

解 (D)

存貨週轉率係以銷貨成本除平均存貨而求得，茲列示其計算公式如下：

$$\textbf{存貨週轉率} = \frac{\textbf{銷貨成本}}{\frac{1}{2}(\textbf{期初存貨} + \textbf{期末存貨})}$$

當毛利率下降時，如存貨及銷貨不變，則表示銷貨成本提高，存貨週轉率也隨而增加；此項推論可由下列公式看出：

$$\textbf{毛利率} = \frac{\textbf{銷貨毛利}}{\textbf{銷貨}} = \frac{\textbf{銷貨} - \textbf{銷貨成本}}{\textbf{銷貨}}$$

6.W公司20A年度存貨平均週轉日數為30（日），並已知其平均存貨為\$200,000。W公司20A年度銷貨成本應為若干？ (A)\$3,000,000 (B)\$2,800,000 (C)\$2,400,000 (D)\$2,000,000。

解 (C)

$$\text{平均存貨週轉日數} = \frac{360}{\text{存貨週轉率}} = 30$$

$$\text{存貨週轉率} = 12\text{（次）}$$

$$\text{存貨週轉率} = \frac{\text{銷貨成本}}{\text{平均存貨}} = \frac{\text{銷貨成本}}{\$200{,}000} = 12$$

$$\text{銷貨成本} = \$2{,}400{,}000$$

7.Y公司20A年度銷貨成本為\$900,000，存貨週轉率為6（次），期初存貨與期末存貨比例為2 : 3。

Y公司20A年度進貨應為若干？ (A)\$900,000 (B)\$960,000 (C)\$980,000 (D)\$1,200,000。

解 (B)

$$存貨週轉率=\frac{銷貨成本}{平均存貨}=\frac{\$900,000}{平均存貨}=6（次）$$

平均存貨 = \$150,000

$$\frac{1}{2}(0.4x+0.6x)=\$150,000$$

$0.5x = \$150,000$

$x = \$300,000$

$\$300,000 \times 0.4 = \$120,000$（期初存貨）

$\$300,000 \times 0.6 = \$180,000$（期末存貨）

\$120,000 + 進貨 − \$180,000 = \$900,000

進貨 = \$960,000

8.Z公司20A年12月31日未調整下列各項目之前，實際盤點存貨的價值為\$600,000：

(1)供應商於20A年12月30日按起運點交貨價格(f.o.b. shipping point)條件運出商品\$36,000，Z公司於20B年1月5日才收到，並即列帳。

(2)存放於裝貨房的商品計\$48,000，未計入存貨之內，蓋該項商品已於20A年12月30日，按起運點交貨價格的條件出售，惟延至20B年1月4日始予運出。

Z公司20A年12月31日資產負債表內應列報存貨若干？ (A)\$600,000 (B)\$636,000 (C)\$648,000 (D)\$684,000。

解 (B)

Z公司20B年1月5日才收到及列帳的商品\$36,000，係按起運點交貨條件購入，供應商於20A年12月30日已運出，雖屬運送中商品，其所有權已隸屬Z公司，應包含在20A年12月31日的存貨之內；至於存放裝貨房商品$48,000，已於20A 年12 月30 日按起運點交貨條件出售，所有權隨即移轉買方，雖於20B 年1 月4 日始予運出，Z 公司也不得計入20A 年12 月31 日的資產負債表內。綜上所述，Z 公司20A 年12 月31 日資產負債表內應列報存貨為$636,000 ($600,000 + $36,000)。

9.U 公司採用傳統零售價法計算存貨的價值；下列各項資料乃該公司20A 年度的營運記錄：

	平均	
	成本	零售價
期初存貨	$200,000	$300,000
進貨淨額	400,000	620,000
淨加價		40,000
淨減價		60,000
銷貨收入		780,000

U 公司20A 年度銷貨成本應為若干？ (A)$480,000 (B)$487,500 (C)$520,000 (D)$525,000。

解 (D)

銷貨成本為$525,000，其計算如下：

傳統零售價法

	成本	零售價
期初存貨	$200,000	$300,000
進貨淨額	400,000	620,000
淨加價		40,000
可銷商品總額	$600,000	$960,000
淨減價		60,000
減價後可銷商品總額		$900,000
銷貨收入		780,000
期末存貨（零售價）		$120,000
期末存貨（成本）：$120,000 × 62.5%* =	75,000	
銷貨成本	$525,000	

*成本率 $= \frac{\$600,000}{\$960,000} = 62.5\%$

10.P公司20A 年度有下列各項資料：

銷貨淨額	$900,000
進貨運費	22,500
進貨折扣	12,500
期末存貨	60,000

另悉毛利率為40%；P 公司20A 年度可銷售商品總額應為若干？ (A)$420,000 (B)$480,000 (C)$600,000 (D)$610,000。

解 (C)

P 公司20A 年度可銷商品總額為$600,000；其算法如下：

期初存貨＋進貨淨額－期末存貨＝銷貨成本

可銷商品總額－期末存貨＝銷貨淨額(1－毛利率)

可銷商品總額＝$900,000(1－40%)＋$60,000

＝$600,000

11.H公司20A 年度採用傳統零售價法評估其存貨價值之有關資料如下：

	成　本	零售價
期初存貨	$ 40,000	$ 70,000
進　貨	290,000	400,000
進貨運費	2,000	－
淨加價	－	3,000
淨減價	－	5,000
員工折扣		1,000
銷　貨		390,000

H 公司20A 年底根據傳統零售價法估計期末存貨價值應為若干？ (A)$54,000 (B)$72,000 (C)$77,000 (D)$53,900。

解 (D)

H 公司20A 年底期末存貨為$53,900，其算法如下：

	成　本	零售價
期初存貨	$ 40,000	$ 70,000
進　貨	290,000	400,000
進貨運費	1,100	–
淨加價	–	3,000
合　　計	$331,100	$ 473,000
淨減價		(5,000)
員工折扣		(1,000)
餘　額		$ 467,000
減：銷貨淨額		(390,000)
期末存貨（零售價）		$ 77,000
期末存貨（成本）＝$77,000 × 70%*		$ 53,900

* 成本率：$331,100 ÷ $473,000 = 70%

12.K公司 20A 年 12 月 31 日根據下列公式計算其速動比率

$$\text{速動比率} = \frac{\text{流動資產} - \text{存貨}}{\text{流動負債}}$$

另悉下列各項資料：

流動比率＝ 2.5

速動比率＝ 2.0

流動負債＝ $400,000

期初存貨＝ $300,000

存貨週轉率＝ 3 次

K 公司 20A 年度銷貨成本應為若干？ (A)$500,000 (B)$550,000 (C)$600,000 (D)$750,000。

解 (D)

K 公司 20A 年度銷貨成本為$600,000；其算法如下：

設 $x =$ 存貨

$$\frac{\text{流動資產} - x}{\$400,000} = 2.0;\ \text{流動資產} - x = \$800,000$$

$$\frac{\text{流動資產}}{\$400,000} = 2.5;\ \text{流動資產} = \$1,000,000$$

$$\$1,000,000 - x = \$800,000;\ x = \$200,000$$

$$\frac{\text{銷貨成本}}{\frac{1}{2}(\$300,000 + \$200,000)} = 3$$

$$\text{銷貨成本} = \$750,000$$

三、綜合題

1.九如公司於20A 年以存貨8,000 單位開始營業，每單位成本$20，對存貨採用定期盤存制度，並以後進先出法作為存貨成本的計價方法；該公司 20A 年度發生下列各交易事項：

(1)增購40,000 單位，每單位成本$22，付款條件：2/10，N/30；80% 貨款於10 天之內付款；該公司按總額法記錄進貨折扣；商品按起運點條件 (f.o.b. shipping point) 購入，每單位運費$2，由九如公司支付。

(2)20A 年度銷售46,000 件，每單位售價$40。

(3)20A 年12 月28 日，九如公司另按每單位$24 購入5,000 單位，其中包括每單位運費$2；進貨係按起運點交貨價格，付款條件為N/20，商品於翌年1 月4 日才收到。

(4)20A 年12 月31 日存貨庫存為2,000 單位。

試求：請列表計算下列各項：

(a)銷貨成本。

(b)期末存貨。

解

(a)銷貨成本：

期初存貨：$20 × 8,000		$ 160,000
進貨淨額：		
進貨：($22 + $2) × 40,000	$960,000	
減：進貨折扣：$22 × 40,000 × 80% × 2%	14,080	
	$945,920	
運送中商品：$24 × 5,000	120,000	1,065,920
可銷售商品總額		$1,225,920
減：期末存貨（參考(b)）		140,000
銷貨成本		$1,085,920

(b)期末存貨：

期末存貨：

(2,000 單位 + 5,000 單位) × $20* = $140,000

*在後進先出法之下，期末存貨 7,000 單位，未超過期初存貨 8,000 單位，仍按期初存貨單價$20 計算。

2.華夏公司採用零售價法估計期末存貨及銷貨成本；20A 年度有關存貨的資料如下：

	成　本	零售價
期初存貨	$210,000	$ 420,000
進　貨	630,000	1,035,000
進貨運費	24,000	–
進貨退出	18,000	27,000
淨加價		36,000
淨減價		39,000
經常性損壞品		11,000
非經常性損壞品		15,000
銷貨收入		1,050,000
銷貨退回		30,000
員工折扣		9,000

另悉該公司對於員工銷貨，係按扣除員工折扣後之淨額列帳。

試求：請分別按下列二種不同方法，為華夏公司估計20A 年度期末存貨及銷貨成本：

(a)平均成本零售價法。

(b)傳統零售價法。

解

(a)平均成本零售價法：

		成　本	零售價
期初存貨		$210,000	$　420,000
進　貨		630,000	1,035,000
進貨運費		24,000	–
進貨退出		(18,000)	(27,000)
淨加價		–	36,000
淨減價		–	(39,000)
非經常性損壞品		–	(15,000)
可銷售商品總額		$846,000	$ 1,410,000
經常性損壞品			(11,000)
銷貨收入：			
成本率 $= \dfrac{\$846,000}{\$1,410,000} = 60\%$			
銷貨淨額：$1,050,000 – $30,000 =	$1,020,000		
加：員工折扣	9,000		(1,029,000)
期末存貨（零售價）			$　370,000
期末存貨（成本）：$370,000 × 60%		222,000	
銷貨成本		$624,000	

(b)傳統零售價法：

		成　本	零售價
期初存貨		$210,000	$　420,000
進　貨		630,000	1,035,000
進貨運費		24,000	–
進貨退出		(18,000)	(27,000)
淨加價		–	36,000
非經常性損壞品		–	(15,000)
		$846,000	$ 1,449,000
淨減價			(39,000)
可銷售商品總額			$ 1,410,000
經常性損壞品			(11,000)
銷貨收入：			
銷貨淨額：$1,050,000 – $30,000 =	$1,020,000		
加：員工折扣	9,000		(1,029,000)
期末存貨（零售價）			$　370,000
期末存貨（成本）：$370,000 × 58.39%*		216,043	
銷貨成本		$629,957	

$$* \text{成本率} = \frac{\$846,000}{\$1,449,000} = 58.39\%$$

3.華府公司20A 年 12 月 31 日帳上列有下列各項資料：

期初存貨：20A 年 1 月 1 日	$200,000
進　貨	800,000
備抵存貨跌價：按 20A 年1 月 1 日成本與市價孰低法提列	16,000
期末存貨：20A 年 12 月 31 日	
成　本	164,000
市　價	182,000

另悉華府公司採用定期盤存制度，並按成本與市價孰低法評估存貨價值。

試求：(a)華府公司所購買的商品價格，在 20A 年度是上升或下降？

(b)華府公司 20A 年度的銷貨成本應為若干？

(c)華府公司 20A 年度是否應認定存貨跌價回升之利益？金額應為若干？

(d)華府公司20A 年1 月1 日及20A 年12 月31 日存貨應列報若干？

解

(a)華府公司所購買的商品價格，在20A 年度業已明顯上升，此可由期末存貨的市價大於成本即可看出；至於帳上列有備抵存貨跌價，此乃由於原來期初存貨的市價低於成本所致。

(b)華府公司20A 年度的銷貨成本為$936,000；其計算如下：

期初存貨	$ 200,000
進　貨	800,000
可銷售商品總額	$1,000,000
減：期末存貨（成本與市價孰低）	(164,000)
銷貨成本	$ 936,000

(c)華府公司應認定存貨下跌回升之利益$16,000，此項金額僅以「備抵存貨跌價」帳戶餘額為其極限；蓋此項金額於以前發生時，即已認定為損失，俟事後存貨價格回升時，再予沖回，並僅以上項金額為限，予以認定為利益。

(d) 20A 年1 月1 日：

期初存貨：		
成　本	$200,000	
減：備抵存貨跌價	16,000	$184,000

20A 年12 月31 日：

期末存貨	$164,000

4.美侖公司之管理部門擬將20B 年及20C 年的存貨計價方法，由先進先出法改變為後進先出法，並要求會計部門就此項改變對公司財務地位及財務報表的影響，提出說明。假定自20B 年1 月1 日起，正式改採

用後進先出法。

下列為 20B 年及 20C 年根據先進先出法所編製的財務報表資料：

財務狀況

	20A 年 12 月 31 日	20B 年 12 月 31 日	20C 年 12 月 31 日
現　金	$ 67,700	$121,300	$176,050
應收帳款	40,000	54,000	61,750
存　貨	69,000	75,000	84,000
其他資產	114,000	114,000	114,000
資產總額	$290,700	$364,300	$435,800
應付帳款	$ 23,000	$ 30,000	$ 36,400
其他負債	40,000	40,000	40,000
普通股本	140,000	140,000	140,000
保留盈餘	87,700	154,300	219,400
負債及股東權益合計	$290,700	$364,300	$435,800

經營成果

	20B 年度	20C 年度
銷貨收入	$540,000	$617,500
減：銷貨成本	$294,000	$355,000
其他費用	135,000	154,000
成本及費用合計	$429,000	$509,000
稅前淨利	$111,000	$108,500
減：所得稅 (40%)	44,400	43,400
本期淨利	$ 66,600	$ 65,100

其他補充資料：

(1) 20A 年 12 月 31 日之存貨 3,000 單位，@$2.30。

(2)銷貨（同一年度每單位售價均一致）：

20B 年： 120,000 單位，@$4.50

20C 年： 130,000 單位，@$4.75

(3)進貨（同一年度每單位購價均一致）：

20B 年：120,000 單位，@$2.50

20C 年：130,000 單位，@$2.80

⑷每年度所得稅率均為 40%；所得稅於每年底繳納。

試求：請你指出上述存貨計價方法的改變而影響該公司 20C 年財務報表內帳戶數字之變化。

解

存貨計價方法由先進先出法改變為後進先出法，使 20C 年財務報表內各帳戶數字發生變化如下：

各帳戶	20C 年改變後之數字*
⑴現金	$182,050（附表一(c)）
⑵存貨	69,000（附表一(b)）
⑶保留盈餘	210,400（附表一(d)）
⑷銷貨成本	364,000（附表一(b)）
⑸所得稅	39,800（附表一(a)）

*請參閱附表一。

(a)每年度淨利：

附表一

	後進先出法			
		20B 年度		20C 年度
銷　貨		$540,000		$617,500
減：銷貨成本	$300,000		$364,000	
其他費用	135,000	435,000	154,000	518,000
稅前淨利		$105,000		$ 99,500
減：所得稅 (40%)		42,000		39,800
本期淨利		$ 63,000		$ 59,700

(b)每年度銷貨成本及期末存貨：

期初存貨 (30,000 × $2.30)	$ 69,000	(30,000 × $2.30)	$ 69,000	(2)
進貨 (120,000 × $2.50)	300,000	(130,000 × $2.80)	364,000	
可銷商品總額	$369,000		$433,000	
減：期末存貨 (30,000 × $2.30)	69,000	(30,000 × $2.30)	69,000	
銷貨成本	$300,000		$364,000	(4)

(c)每年底現金數額：

先進先出法之所得稅	$ 44,400	$ 43,400	
後進先出法之所得稅	42,000	39,800	(5)
現金增加	$ 2,400	$ 3,600	
20B 年現金增加調整 20C 年現金餘額	–	2,400	
現金增加合計	$ 2,400	$ 6,000	
先進先出法之現金餘額	121,300	176,050	
後進先出法之現金餘額	$123,700	$182,050	(1)

(d)保留盈餘數額：

先進先出法之淨利	$ 66,600	$ 65,100	
後進先出法之淨利	63,000	59,700	
保留盈餘減少	$ 3,600	$ 5,400	
20B 年保留盈餘減少調整 20C 年保留盈餘之餘額	–	3,600	
保留盈餘減少合計	$ 3,600	$ 9,000	
先進先出法之保留盈餘	154,300	219,400	
後進先出法之保留盈餘	$150,700	$210,400	(3)

第十一章　長期性資產分析

二、選擇題

1.E 公司以舊機器換入新機器；舊機器帳面價值$200,000（原始成本$460,000 減備抵折舊 $260,000），其公平價值為 $160,000；E 公司支付總成本 $280,000。

E 公司此項機器交換損失應為若干？ (A)$20,000 (B)$40,000 (C)$60,000 (D)$80,000。

解 (B)

E 公司以舊機器交換新機器，為相同資產的交換，不認定利益，惟應認定損益；新機器按舊機器公平價值加現金支出之和 ($160,000 + $280,000 = $440,000) 為列帳基礎；茲列示其計算如下：

舊機器原始成本	$460,000
減：備抵折舊	260,000
舊機器帳面價值	$200,000
加：支付現金	280,000
合　　計	$480,000
新機器成本：$280,000 + $160,000	440,000
機器交換損失	$ 40,000

2.沿用上述第 1.題E 公司的資料，除舊機器的公平價值為$300,000 外，其餘各項資料均與上述相同。

E 公司對於新機器應記錄若干？ (A)$440,000 (B)$460,000 (C)$480,000 (D)$500,000。

解 (C)

E 公司以舊機器交換新機器，此為相同資產的交換，惟並不涉及現金收入，故僅認定交換損失，不認定交換利益；換言之，本題交換利益$100,000（舊機器公平價值$30,000 減帳面價值$200,000）不予記帳；新機器按舊機器帳面價值$200,000 加支付現金$280,000 列帳；其計算如下：

舊機器原始成本	$460,000
減：備抵壞帳	260,000
舊機器帳面價值	$200,000
加：支付現金	280,000
新機器成本	$480,000

3.F 公司20A 年度發生下列各項研究及發展成本：

研究實驗室薪資	$ 140,000
研究及發展計畫耗用材料	160,000
購買研發設備	36,000
委託外界執行研發計畫所支付款項	186,000
為研發產品申請專利權之法律費用	8,000
未完成之研究及發展成本（與購併其他公司有關）	480,000
合　計	$1,010,000

另悉設備雖可使用3 年，惟於20A 年度提供研發使用後，未來已無使用價值。F 公司20A 年度損益表內研究及發展費用項下，應列報若干？
(A)$1,010,000　(B)$530,000　(C)$522,000　(D)$344,000。

解 (C)

研究及發展費用為$522,000；其內容如下：

研究實驗室薪資	$140,000
研究及發展計畫耗用材料	160,000
購買研發設備	36,000
委託外界執行研發計畫所支付款項	186,000
研究及發展費用合計	$522,000

為研發產品申請專利權的法律費用，應予資本化，列為專利權成本；至於未完成的研究及發展成本，如金額鉅大時，應予分開，單獨列入損益表內。

4.G 公司於20A 年初，即進行開發一項電腦軟體產品，俾於完成後，供應市場需要；此項開發計畫完成於20A 年12 月，耗用成本$5,000,000，其中55% 係發生於建立軟體產品技術可行性之前；G 公司預計此項軟體可行銷3 年，預計總收入$10,000,000，20B 年度預計收入$2,500,000。G 公司20B 年度攤銷電腦軟體成本應為若干？ (A)$1,666,667 (B)$1,000,000 (C)$750,000 (D)$562,500。

解 (C)

根據財務會計準則聲明書 (FASB Statement No. 86) 的規定，在建立軟體技術可行性前的各項成本，應視同一般研究及發展費用一樣，於發生時，即列為費用；俟建立軟體技術可行性後的各項成本，始予資本化，列為電腦軟體成本；因此，本題G 公司於20A 年12 月前耗用$2,750,000 ($5,000,000 × 55%)，應列為研究及發展費用；其餘$2,250,000 ($5,000,000 × 45%)，始予列為電腦軟體成本。此外，根據第八十六號財務會計準則聲明書的規定，電腦軟體成本每年攤銷金額，應以收入法與直線法計算結果，孰者較大為準；因此，分別按二種方法計算如下：

$$\text{直線法：}\$2,250,000 \times \frac{1}{3} = \$750,000$$

$$\text{收入法：}\$2,250,000 \times \frac{\$2,500,000}{\$10,000,000} = \$562,500$$

G 公司20B 年度應攤銷電腦軟體成本為$750,000。

5.購買土地擬作為興建廠房之用；土地上面遺留房屋乙棟，必須先予拆除後始得興建廠房；出售房屋舊料獲得若干收入的款項，應作為 (A)抵減土地清除費用後的淨額，列為發生年度費用 (B)其他收入 (C)抵減土地成本 (D)以上皆非。

解 (C)

一般言之，凡為使土地達到可使用狀態之任何成本，包括土地清除費用，均應予以資本化，列為土地成本；本題拆除舊房屋出售舊料的收入，應作為抵減土地成本。

6.H 公司購入一塊土地成本$800,000，擬作為興建辦公大廈之用；土地上面遺留舊房屋乙棟，必須先予拆除，惟出售拆除後之廢料，獲得若干收入；下列為興建前所發生的各項費用及收入：

舊房屋拆除費用	$100,000
買賣契約及取得土地所有權之法律費用	20,000
產權保險	24,000
出售舊屋廢料收入	16,000

H 公司取得土地的成本應為若干？ (A)$928,000 (B)$920,000 (C)$884,000 (D)$844,000。

解 (A)

土地的取得成本為$928,000；其計算如下：

土地購價	$800,000
舊房屋拆除費用	100,000
買賣契約及取得土地所有權之法律費用	20,000
產權保險	24,000
出售舊屋廢料收入	(16,000)
合　計	$928,000

7.根據一般公認會計原則，長期性資產發生重創（資產價值瞬間劇減）時，對於資產受創損失與續後期間如再回升的部份，應如何認定？

	於資產受創時即予認定損失	續後期間回升即予認定利益
(A)	是	是
(B)	是	非
(C)	非	是
(D)	非	非

解　(B)

根據財務會計準則聲明書(FASB Statement No. 121)之規定，當一項長期性資產受創時，應將其帳面價值降低至公平價值水準，並認定為損失；如於續後期間，其公平價值再度回升時，在資產使用期間內，不予認定回升之利益，必須延至處分資產時，始予一併計算。

8.I 公司於 1997 年 8 月 31 日購入一項長期性資產成本$1,600,000，預計可使用 5 年，殘值$250,000，採用直線法提列折舊；俟2000 年12 月 31 日，該項資產公平價值劇減為$480,000，預計屆滿5年後無殘值；假定 I 公司已認定資產受創損失，並於認定資產受創時一併提列折舊費。I 公司應認定資產受創損失若干？2001 年 12 月 31 日，I 公司應提列折舊若干？

	認定資產受創損失	提列折舊費用
(A)	$200,000	$ 92,000
(B)	200,000	288,000
(C)	220,000	288,000
(D)	220,000	270,000

解　(C)

資產受創損失（2000 年 12 月 31 日）：

資產購價	$1,600,000
減：預計殘值	250,000
	$1,350,000
預計使用期限：12 × 5	÷ 60
每月折舊額	$ 22,500
截至 2000 年 12 月 31 日已提列折舊月數	40
累積折舊	$ 900,000
帳面價值	$ 700,000
公平價值	480,000
資產受創損失	$ 220,000

提列折舊費用（2000 年 12 月 31 日）：

($480,000 − 0) ÷ (60 − 40) × 12	$ 288,000

9.J公司20A 年12 月31 日廠產設備$800,000，已提存備抵折舊50%；已知期初廠產設備淨額為期末廠產設備淨額之150%；另悉J 公司20A 年度廠產設備週轉率為4.8 倍。J 公司20A 年度銷貨收入應為若干？(A)$2,000,000 (B)$2,200,000 (C)$2,400,000 (D)$3,000,000。

解 (C)

J 公司20A 年度銷貨收入為$2,400,000；其計算如下：

20A 年12 月31 日：	
廠產設備總額	$ 800,000
備抵折舊：$800,000 × 50%	400,000
廠產設備淨額	$ 400,000 (a)
20A 年1 月1 日：	
廠產設備淨額：$400,000 × 150%	600,000 (b)
($a+b$)	$1,000,000
平均廠產設備淨額	$ 500,000

$$\text{廠產設備週轉率} = \frac{\text{銷貨收入}}{\$500,000} = 4.8\text{（倍）}$$

$$\text{銷貨收入} = \$2,400,000$$

10.K 公司於20A 年初，購入一項長期性資產成本$240,000，預計可使用3 年，到期無殘值；3 年期間，使用該項資產可獲得現金收入依序為$108,800、$99,200、$89,600；已知該公司採用直線法提列折舊；如不考慮所得稅問題，K 公司3 年期間的資產報酬率應為若干？ (A) 9% (B) 10% (C) 11% (D) 12%。

解 (D)

K 公司自第1 年度起至第 3 年度止，3 年期間資產投資報酬率均為12%；其計算方法如下：

年　度	資產期初餘額	現金收入	折舊費用	淨　利	資產投資報酬率
1	$240,000	$108,800	$80,000	$28,800	12%
2	160,000	99,200	80,000	19,200	12
3	80,000	89,600	80,000	9,600	12

11.L 公司按折價$10,000 購入債券，後來又按溢價$14,000 出售該項債券；在投資期間，L 公司按攤銷成本法攤銷債券折價$2,000；L 公司在當年度損益表內應認定上項債券長期投資收益若干？　(A)$12,000　(B)$22,000　(C)$24,000　(D)$26,000。

解　(B)

出售債券投資收益的金額，乃溢價出售加折價購入扣除折價攤銷後的淨額；蓋債券係按折價$10,000 購入，於扣除債券折價攤銷$2,000後，使債券投資帳面價值低於面值$8,000；因此，L 公司出售債券投資收益為 $22,000 ($14,000 + $10,000 – $2,000)。

12.下列敘述何者為真？　(A)公司如採用加速折舊法，不一定會減少現金流量　(B)公司如採用加速折舊法，每年的折舊費用均大於直線法的折舊費用　(C)採用加速折舊法會使資本報酬率呈現遞減現象　(D)直線折舊法較能反映資產之生產力。

解　(A)

公司如採用加速折舊法，其折舊費用屬非現金費用，故於編製當年度現金流量表時，應予加入營業活動之現金流入量內；因此，採用加速折舊法不一定會減少現金流量。

三、綜合題

1.奇異公司 (General Electric Company) 1995 年至 1999 年 12 月 31 日，廠產設備、備抵折舊及其折舊費用列示如下：

（百萬美元）

	1995	1996	1997	1998	1999
廠產設備毛額	$45,946	$50,784	$55,657	$ 61,100	$ 68,359
備抵折舊	20,267	21,989	23,341	25,370	27,337
廠產設備淨額	25,679	28,795	32,316	35,730	41,022
折舊費用	3,594	3,785	4,082	4,377	4,908
銷貨收入	70,028	79,179	90,840	100,469	111,630

另悉1994 年廠產設備淨額為23,465 百萬美元。

試求：(a)請分別計算奇異公司1995 年至1999 年12 月31 日之下列各項，並予以彙編為廠產設備使用概況表：

(i) 廠產設備週轉率。

(ii) 備抵折舊對廠產設備比率。

(iii) 平均可折舊年數。

(iv) 平均已折舊年數。

(b)評論分析的結果。

解

(a)廠產設備使用概況表：

奇異公司

廠產設備使用概況表

1995 年至1999 年12 月31 日　　　　（百萬美元）

	1995	1996	1997	1998	1999
銷貨收入 (a)	\$70,028	\$79,179	\$90,840	\$100,469	\$111,630
廠產設備總額 (b)	\$45,946	\$50,784	\$55,657	\$ 61,100	\$ 68,359
減：備抵折舊 (c)	20,267	21,989	23,341	25,370	27,337
廠產設備淨額 (d)	\$25,679	\$28,795	\$32,316	\$ 35,730	\$ 41,022
平均廠產設備淨額 (e)*	24,572	27,237	30,556	34,023	38,376
折舊費用 (f)	3,594	3,785	4,082	4,377	4,908
廠產設備週轉率 $(a \div e)$	2.8 次	2.9 次	3.0 次	3.0 次	2.9 次
備抵折舊對廠產設備比率 $(c \div b)$	44.1%	43.3%	41.9%	41.5%	40.0%
平均可折舊年數 $(b \div f)$	12.8 年	13.4 年	13.6 年	14.0 年	13.9 年
平均已折舊年數 $(c \div f)$	5.6 年	5.8 年	5.7 年	5.8 年	5.6 年

*1994 年廠產設備淨額為 23,465 百萬美元。

(b)(i)奇異公司自 1995 年至 1999 年的廠產設備週轉率，除 1999 年度略為趨緩之外，其餘各年度均呈現穩定成長的趨勢，顯示該公司對於廠產設備運用效能極為穩定；其中除 1999 年略為減緩之外，其餘各年度均呈現逐年提高的趨勢；此一現象，也可由下列廠產設備對銷貨收入比率看出：

廠產設備對銷貨收入比率　　　　（百萬美元）

	1995	1996	1997	1998	1999
銷貨收入 (a)	\$70,028	\$79,179	\$90,840	\$100,469	\$111,630
廠產設備淨額 (b)	25,679	28,795	32,316	35,730	41,022
廠產設備對銷貨收入比率 $(b \div a)$	36.7%	36.4%	35.6%	35.6%	36.7%

(ii)奇異公司自 1995 年至 1999 年的備抵折舊對廠產設備比率逐年遞減，顯示該公司每年均在添購設備，達到汰舊換新之目的，使廠產設備的效率，維持在一定的水準，不致於影響生產能力。

(iii)平均可折舊年數在於測度廠產設備尚可使用的年數；奇異公司由

於每年汰舊換新，故廠產設備平均可折舊年數逐年提高，俟 1999 年始略為降低。

(iv)平均已折舊年數在於測度廠產設備過去業已提列折舊的平均年數；奇異公司對於廠產設備每年在一定範圍內，汰舊換新，故其平均已折舊年數十分穩定，並無重大變化。

2.聯華公司於20A 年1 月1 日，購入一項長期性資產成本$480,000，預計可使用3 年，到期無殘值；該項資產每年可產生現金收入$250,000；假定不考慮所得稅問題。

試求：請按照下列三種不同的折舊方法，分別列表計算每年淨利及資產投資報酬率：

(a)直線法。

(b)年數合計反比法。

(c)加倍定率餘額遞減法。

解

(a)直線法

年　度	資產期初餘額	現金收入	折舊費用	淨　利	資產投資報酬率
20A	$480,000	$250,000	$160,000	$ 90,000	18.8%
20B	320,000	250,000	160,000	90,000	28.1
20C	160,000	250,000	160,000	90,000	56.3
合　計		$750,000	$480,000	$270,000	

(b)年數合計反比法

年　度	資產期初餘額	現金收入	折舊費用	淨　利	資產投資報酬率
20A	$480,000	$250,000	$240,000	$ 10,000	2.1%
20B	240,000	250,000	160,000	90,000	37.5
20C	80,000	250,000	80,000	170,000	212.5
合　計		$750,000	$480,000	$270,000	

(c)加倍定率餘額遞減法

年　度	資產期初餘額	現金收入	折舊費用	淨　利	資產投資報酬率
20A	$480,000	$250,000	$320,000	$(70,000)	–14.6%
20B	160,000	250,000	106,667	143,333	89.6
20C	53,333	250,000	53,333	196,667	368.8
合　計		$750,000	$480,000	$270,000	

直線法：$D = \$480,000 \div 3 = \$160,000$

年數合計反比法：$D_1 = \$480,000 \times \dfrac{3}{6} = \$240,000$

$$D_2 = \$480,000 \times \frac{2}{6} = \$160,000$$

$$D_3 = \$480,000 \times \frac{1}{6} = \$80,000$$

加倍定率餘額遞減法：$D_1 = \$480,000 \times \dfrac{1}{3} \times 2 = \$320,000$

$$D_2 = (\$480,000 - \$320,000) \times \frac{1}{3} \times 2 = \$106,667$$

$$D_3 = \$480,000 - \$426,667 = \$53,333$$

3.亞美公司購入一項長期性資產的成本為$400,000，可使用5年，殘值$33,694，並假定設定利率為10%；此項長期性資產應用於專案投資計畫，每年獲得現金收入$100,000；該公司根據現值觀念提列折舊；假定不考慮所得稅問題。

試求：請按照下列二種方法，分別列表計算每年淨利及資產報酬率：

(a)償債基金法。

(b)年金法。

解

(a)償債基金法

（元）

年　度	資產期初餘額	現金收入	折舊費用	淨　利	資產投資報酬率
1	$400,000	$100,000	$ 60,000	$ 40,000	10%
2	340,000	100,000	66,000	34,000	10
3	274,000	100,000	72,600	27,400	10
4	201,400	100,000	79,860	20,140	10
5	121,540	100,000	87,846	12,154	10
6	33,694	–0–	–0–	–0–	–0–
合　計		$500,000	$366,306	$133,694	

(b)年金法

（元）

年　度	資產期初餘額	折舊費用	利息收入	現金收入	淨　利	資產投資報酬率
1	$400,000	$100,000	$ 40,000	$100,000	$ 40,000	10%
2	340,000	100,000	34,000	100,000	34,000	10
3	274,000	100,000	27,400	100,000	27,400	10
4	201,400	100,000	20,140	100,000	20,140	10
5	121,540	100,000	12,154	100,000	12,154	10
6	33,694	–0–	–0–	–0–	–0–	–0–
合　計		$500,000	$133,694	$500,000	$133,694	

償債基金法：$D_1 = (\$400{,}000 - \$33{,}694) \times \dfrac{1}{P\,\overline{5}|0.1}$

$= \$366{,}306 \times \dfrac{1}{6.1051} = \$60{,}000$

$D_2 = \$60{,}000 + \$60{,}000 \times 10\% = \$66{,}000$

$D_3 = \$60{,}000 + (\$60{,}000 + \$66{,}000) \times 10\% = \$72{,}600$

以下類推之。

年金法：$D = [\$400{,}000 - \$33{,}694(1+0.10)^{-5}] \times \dfrac{1}{P\,\overline{5}|0.1}$

$= [\$400{,}000 - (\$33{,}694 \times 0.620921)] \div 3.79079 = \$100{,}000$

$I_1 = \$400{,}000 \times 10\% = \$40{,}000$

$I_2 = \$340{,}000 \times 10\% = \$34{,}000$

以下類推之。

第十二章　負債分析(一)

二、選擇題

1.E 公司於編製20A 年12 月31 日財務報表時，其未調整前的應付帳款為$360,000；有關應付帳款的調整事項如下：

(1)20A 年12 月31 日，E 公司應付帳款明細分類帳中某一供應商帳戶內，發生借差$50,000，此一金額乃E 公司預付該供應商款項，要求其訂製特定規格的產品。

(2)E 公司於20A 年12 月29 日，簽發付款支票乙紙計$100,000，該項支票於20B 年1 月5 日始予寄出。

E 公司20A 年12 月31 日資產負債表內，應付帳款應列報若干？ (A)$510,000　(B)$410,000　(C)$310,000　(D)$210,000。

解　(A)

預付供應商訂製特定規格產品的款項，屬於E 公司的預付款項，應予歸類為流動資產；此外，E 公司20A 年12 月29 日簽發付款支票$100,000，於次(20B) 年1 月5 日始予寄出，必須於寄出後，才能從應付帳款項下扣除，故20A 年12 月31 日不得抵減應付帳款。E 公司20A 年12 月31 日資產負債表內應付帳款應列報$510,000，其計算如下：

調整前應付帳款	$360,000
預付供應商款項應予重新歸類	50,000
未寄出付款支票	100,000
期末應付帳款合計	$510,000

2.F 公司2000 年度損益表內列報利息費用$85,000，現金流量表項下列報支付利息$68,000；2000 年度內未發生預付利息，亦無利息資本化的情形；1999 年 12 月 31 日應付利息$15,000；F 公司2000 年 12 月 31 日資產負債表內，應列報應付利息為若干？ (A)$2,000 (B)$15,000 (C)$17,000 (D)$32,000。

解 (D)

F 公司2000 年 12 月 31 日資產負債表內，應付利息應列報$32,000；其計算方法如下：

應付利息

2000 年度支付利息	68,000	2000/1/1　期初餘額	15,000
		2000 年度利息費用	85,000
		2000/12/31　期末餘額	x

$\$15,000 + \$85,000 - \$68,000 = x$

$x = \$32,000$

3.G 公司接受訂單，為客戶製造特定用途的機器，必須要求客戶預付部份貨款，可用於抵付未來機器完成時的應付帳款，惟不得退還。2000 年度有關預付貨款的資料如下：

1999 年12 月 31 日預付款	$118,000
2000 年度預收貨款收入	184,000
2000 年度抵付已完成機器貨款	164,000
2000 年度預收貨款取銷部份	50,000

G 公司2000 年 12 月 31 日資產負債表內流動負債項下預收貨款帳戶，應列報若干？ (A)$–0– (B)$88,000 (C)$138,000 (D)$148,000。

解 (B)

G 公司2000 年 12 月 31 日資產負債表內，流動負債項下預收貨款帳戶餘額為$88,000；其計算如下：

預收貨款

2000 年度抵付機器貨款	164,000	2000/1/1　期初餘額	118,000
2000 年度取銷	50,000	2000 年度預收	184,000
		2000/12/31　期末餘額	x

$\$118,000 + \$184,000 - \$164,000 - \$50,000 = x$

$x = \$88,000$

4.H 公司2000 年12 月31 日試算表內包括下列各項帳戶餘額：

應付帳款	$ 60,000
應付債券：2001 年到期	100,000
債券折價：2001 年到期	12,000
應付股利：2001 年1 月31 日到期	32,000
應付票據：2002 年到期	80,000

H公司2000 年12 月31 日資產負債表內流動負債總額應為若干？ (A)$180,000 (B)$204,000 (C)$260,000 (D)$312,000。

解 (A)

H 公司2000 年12 月31 日資產負債表內流動負債總額應為$180,000；其計算如下：

應付帳款		$ 60,000
一年內到期之長期負債：		
應付債券面值	$100,000	
減：債券折價	(12,000)	88,000
應付股利		32,000
流動負債總額		$180,000

5.下列哪一項比率對衡量企業長期償債能力具有效率？

	流動比率	負債比率
(A)	是	非
(B)	是	是
(C)	非	是
(D)	非	非

解 (C)

負債比率係以負債總額對總資產的比率關係，用於測度企業的資本結構及使用外來資本的程度，能有效地用於衡量企業的長期償債能力。至於流動比率係以流動資產對流動負債的比率關係，用於衡量企業的短期償債能力。

6.I 公司20A 年12 月31 日的流動比率為2.0，營運資金為$400,000。I 公司20A 年12 月31 日的流動資產及流動負債各為若干？

	流動資產	流動負債
(A)	$ 400,000	$800,000
(B)	800,000	400,000
(C)	600,000	200,000
(D)	1,000,000	600,000

解 (B)

流動資產與流動負債分別為$800,000 及$400,000；其計算如下：

設 $x=$ 流動資產；$y=$ 流動負債

流動比率 $=\dfrac{x}{y}=2.0;\ x=2y$

營運資金 $=x-y=\$400{,}000$

$2y-y=\$400{,}000$

$y=\$400{,}000$

$x=\$800{,}000$

7.J 公司以前曾簽發一張$750,000 給銀行的應付票據，即將於 2001 年6 月15 日到期；J 公司另於2000 年12 月1 日，與銀行達成一項協議，雙方同意再度融資，最高額度仍為$750,000，期限延長至2002 年以後，融資金額以不超過擔保品的80% 為極限；當時 J 公司提供給銀行作為擔保品的價值，共計$900,000；J 公司 2000 年12 月31 日編製財務報表時，在資產負債表內，對於上項再度融資的應付票據，流動負債與長期負債各應列報若干？

	流動負債	長期負債
(A)	$750,000	$　–0–
(B)	150,000	600,000
(C)	30,000	720,000
(D)	–0–	750,000

解　(C)

凡即將於一年內到期的長期負債，應悉數轉列為流動負債；本題應付票據$750,000 即將於 2001 年 6 月 15 日到期，原則上應全部列為流動負債；然而，根據財務會計準則聲明書 (FASB Statement No. 6)，凡一項即將到期的長期負債，如債務人意圖按長期基礎再度融資，而且此一意圖具有支持之能力者，則該項即將到期的長期負債，仍可再度歸類為長期負債；惟再度歸類為長期負債的金額，不得超過雙方再度融資的協議金額；因此，本題 J 公司根據雙方再度融資協議的金額為 \$720,000 (\$900,000 × 80%)，仍可歸類為長期負債，超過金額\$30,000 (\$750,000 – \$720,000) 應予轉列為流動負債。

8.K 公司20A 年 12 月 31 日有關資料如下：

流動比率	2.5
速動比率	2.0
存貨	$360,000

已知速動比率係根據下列公式計算得來：

$$速動比率 = \frac{流動資產 - 存貨}{流動負債}$$

K 公司 20A 年 12 月 31 日流動資產與流動負債分別應為若干？

	流動資產	流動負債
(A)	$1,200,000	$480,000
(B)	1,560,000	624,000
(C)	1,600,000	640,000
(D)	1,800,000	720,000

解 (D)

K 公司20A 年12 月31 日流動資產與流動負債應分別為$1,800,000及$720,000；其計算如下：

設 $x=$ 流動資產；$y=$ 流動負債

$$流動比率=\frac{x}{y}=2.5$$

$$x=2.5y$$

$$速動比率=\frac{x-存貨}{y}=2.0$$

$$x-存貨=2y$$

$$2.5y-\$360{,}000=2y$$

$$0.5y=\$360{,}000;\ y=\$720{,}000$$

$$x=2.5y=\$1{,}800{,}000$$

9.L 公司2000 年12 月31 日資產負債表內的資本結構列示如下：

	金額（百萬元）	百分比
短期負債	$ 198	11%
長期負債	288	16
負債總額	$ 486	27%
股東權益總額	1,314	73
合　　計	$1,800	100%

另悉長期負債中，含有72 百萬元的五年期可轉換債券，其到期日為2002 年12 月31 日；根據可轉換債券發行條款的規定，自債券發行日後滿二年起，債券持有人可隨時將每張債券面值$100，按每股$50 轉換為L 公司發行的普通股2 股；2000 年12 月31 日，L公司普通股每股市價為$52。L 公司2000 年12 月31 日淨值比率應為若干？ (A) 73% (B) 76% (C) 77% (D) 79%。

解 (C)

L 公司可轉換債券72 百萬元於2000 年12 月31 日，發行已屆滿二年；根據該項債券發行條款的規定，持有人於發行後滿二年起，可隨時按每股$50 掉換該公司的普通股一股；已知當時普通股每股市價$52，顯然債券持有人隨時可行使轉換權利，故長期負債中的可轉換債券，應轉入股東權益項下，使淨值比率提高為77%；其計算如下：

$$(1{,}314\ 百萬元 + 72\ 百萬元) \div 1{,}800百萬元 = 77\%$$

三、綜合題

1.根據一般公認會計原則對於長期應付債券的發行價格，應等於債券存續期間內所支付利息的年金現值，加上債券到期值（即面值）的折現價值之和；茲假定某公司於20A 年1 月1 日，發行面值$100,000，3 年到期，每年於6 月30 日及12 月31 日兩次付息，並按下列三種情形發行：

(1)市場利率 $(i) = 10\%$；票面利率 $(r) = 10\%$。

(2)市場利率 $(i) = 12\%$；票面利率 $(r) = 10\%$。

(3)市場利率 $(i) = 8\%$；票面利率 $(r) = 10\%$。

試求：(a)請按上列三種不同情形，分別計算應付債券20A 年1 月1 日的發行價格。

(b)列示應付債券平價發行付息一覽表，及按利息法計算的債券折價與溢價攤銷表。

(c)列示20A 年12 月31 日年度終止日，債券在平價發行、折價發行及溢價發行之下，有關債券各項目於資產負債表、損益表及現金流量表內的列報金額。

解

(a)債券發行價格的計算：

(1)$i = 10\% \div 2 = 5\%; r = 10\% \div 2 = 5\%; n = 3 \times 2 = 6; i = r$ 平價發行

$$P = F \cdot r \cdot P_{\overline{n}|} i + M(1+i)^{-n}$$

$$= \$100{,}000 \times 5\% \times P_{\overline{6}|} 0.05 + \$100{,}000(1+0.05)^{-6}$$

$$= \$5{,}000 \times 5.0756 + \$100{,}000 \times 0.74622$$

$$= \$25{,}378 + \$74{,}622$$

$$= \$100{,}000$$

(2)$i = 12\% \div 2 = 6\%; r = 10\% \div 2 = 5\%; n = 3 \times 2 = 6; i > r$ 折價發行

$$P = F \cdot r \cdot P_{\overline{n}|} i + M(1+i)^{-n}$$

$$= \$100{,}000 \times 5\% \times P_{\overline{6}|} 0.06 + \$100{,}000(1+0.06)^{-6}$$

$$= \$5{,}000 \times 4.9173 + \$100{,}000 \times 0.70496$$

$$= \$24{,}587 + \$70{,}496$$

$$= \$95{,}083$$

(3)$i = 8\% \div 2 = 4\%; r = 10\% \div 2 = 5\%; n = 3 \times 2 = 6; i < r$ 溢價發行

$$P = F \cdot r \cdot P_{\overline{n}|} i + M(1+i)^{-n}$$

$$= \$100{,}000 \times 5\% \times P_{\overline{6}|} 0.04 + \$100{,}000(1+0.04)^{-6}$$

$$= \$5{,}000 \times 5.2421 + \$100{,}000 \times 0.79031$$

$$= \$26{,}211 + \$79{,}031$$

$$= \$105{,}242$$

(b)(1)債券平價發行付息一覽表：

債券平價發行付息一覽表
債券面值$100,000；3 年到期；每年付息一次
市場利率 10%；票面利率 10%

期　間	每期支付利息	利息費用	債券帳面價值
20A.1.1			$100,000
20A.6.30	$ 5,000	$ 5,000	100,000
20A.12.31	5,000	5,000	100,000
20B.6.30	5,000	5,000	100,000
20B.12.31	5,000	5,000	100,000
20C.6.30	5,000	5,000	100,000
20C.12.31	5,000	5,000	100,000
合　　計	$30,000	$30,000	

⑵債券折價攤銷表：

債券折價攤銷表——利息法
債券面值$100,000；3 年到期；每半年付息一次
市場利率 12%；票面利率 10%

期　間	每期支付利息	債券折價攤銷	利息費用	未攤銷折價	債券帳面價值
20A.1.1				$4,917	$ 95,083
20A.6.30	$ 5,000	$ 705	$ 5,705	4,212	95,788
20A.12.31	5,000	747	5,747	3,465	96,535
20B.6.30	5,000	792	5,792	2,673	97,327
20B.12.31	5,000	840	5,840	1,833	98,167
20C.6.30	5,000	890	5,890	943	99,057
20C.12.31	5,000	943	5,943	–0–	100,000
合　　計	$30,000	$4,917	$34,917		

⑶債券溢價攤銷表：

債券溢價攤銷表——利息法
債券面值$100,000；3 年到期；每半年付息一次
市場利率 8%；票面利率 10%

期　間	每期支付利息	債券溢價攤銷	利息費用	未攤銷溢價	債券帳面價值
20A.1.1				$5,242	$105,242
20A.6.30	$ 5,000	$ 790	$ 4,210	4,452	104,452
20A.12.31	5,000	822	4,178	3,630	103,630
20B.6.30	5,000	855	4,145	2,775	102,775
20B.12.31	5,000	889	4,111	1,886	101,886
20C.6.30	5,000	925	4,075	961	100,961
20C.12.31	5,000	961	4,039	–0–	100,000
合　計	$30,000	$5,242	$24,758		

(C) 20A 年 12 月 31 日債券各項目在財務報表內的列報金額：

	資產負債表	損益表	現金流量表
平價發行：			
應付債券帳面價值	$100,000		
利息費用		$10,000	
營業活動之現金流出量			$10,000
折價發行：			
應付債券帳面價值	96,535		
利息費用		11,452	
營業活動之現金流出量			10,000
溢價發行：			
應付債券帳面價值	103,630		
利息費用		8,388	
營業活動之現金流出量			10,000

2.美京公司於 1999 年 1 月 1 日按溢價發行5% 四年期債券$1,000,000，每張面值$1,000，每半年於 1 月1 日及 7 月 1 日各付息一次，當時市場利率 6%；另附有贖回條款，約定於發行屆滿二年後，美京公司得按每張$995 贖回；截至 2000 年 12 月 31 日，市場利率下降為 4%；市場利率

下降雖然對會計處理沒有影響，惟由於該項債券為可贖回債券，並已符合贖回的條件，就理財觀點而言，已具有經濟利益存在。

試求：(a) 1999 年1 月1 日應付債券發行時的價格。

(b)2000 年12 月31 日應付債券帳面價值。

(c)2000 年12 月31 日市場利率降低為4% 後，影響美京公司應付債券的真實價值。

(d)2000 年12 月31 日市場利率降低為4% 後，美京公司應付債券的經濟利益。

（附註：計算至元為單位）

解

(a)應付債券發行價格：

$$P = F \cdot r \cdot P_{\overline{n}|}i + M(1+i)^{-n}$$
$$= \$1,000,000 \times 0.025 \times P_{\overline{8}|}0.03 + \$1,000,000 \times (1+0.03)^{-8}$$
$$= \$25,000 \times 7.01969219 + \$1,000,000 \times 0.78940923$$
$$= \$175,493 + \$789,409$$
$$= \$964,902$$

(b) 2000 年12 月31 日應付債券帳面價值：

1999 年1 月1 日發行價格	\$964,902
加：1/1/99～12/3/00 折價攤銷：\$35,098 × $\frac{4}{8}$	17,549
應付債券帳面價值	\$982,451

(c) 2000 年市場利率降低後應付債券真實價值：

$$P = F \cdot r \cdot P_{\overline{n}|}i + M(1+i)^{-n}$$
$$= \$1,000,000 \times 0.025 \times P_{\overline{4}|}0.02 + M(1+0.02)^{-4}$$
$$= \$25,000 \times 3.80772870 + \$1,000,000 \times 0.92384543$$
$$= \$95,193 + \$923,846$$
$$= \$1,019,039$$

(d)應付債券經濟利益：

2000 年12 月31 日：

市場利率降低為4% 後應付債券真實價值	$1,019,039
債券贖回價格：$995 × 1,000	995,000
經濟利益 *	$ 24,039

*美京公司應付債券發行條款規定發行公司於發行屆滿二年後，得按每張$995 贖回；2000 年 12 月 31 日，債券市場利率降低為 4%，美京公司如予贖回，可減輕債券利息負擔；因此，應付債券真實價值與贖回價格的差異，就財務分析者的立場而言，應認定為美京公司的經濟利益 (economic gain)。

3.光華公司採用曆年制，於1998 年10 月1 日發行6% 應付債券面值$50,000；該項債券原訂於1998 年1 月1 日發行，後來遲延發行；債券利息每年於6 月30 日及12 月31 日各付息一次，市場利率4%，到期日為2007 年12 月31 日；另發生債券發行成本$2,000；該公司對於債券溢價攤銷係採用利息法。

俟2002 年5 月1 日，光華公司按債券票面之105% 予以提早贖回。

試求：(a) 1998 年10 月1 日債券發行價格。

(b) 1998 年10 月1 日債券發行分錄。

(c) 1998 年12 月31 日債券付息及調整分錄。

(d)截至2001 年12 月31 日債券溢價攤銷表。

(e) 2002 年債券贖回前的攤銷分錄。

(f) 2002 年債券提早贖回分錄。

解

(a) 1998 年10 月1 日債券發行價格：

(i)7/1/1998 債券價格：

$$P = F \cdot r \cdot P_{\overline{n}|}i + M(1+i)^{-n}$$

$$= \$50{,}000 \times 0.03 \times P_{\overline{19}|}0.02 + \$50{,}000(1+0.02)^{-19}$$

$$= \$1{,}500 \times 15.67846 + \$50{,}000 \times 0.68643$$

$$= \$23{,}518 + \$34{,}322 \qquad \$57{,}840$$

(ii)7/1/1998～10/1/1998 的債券溢價：

$$\$57{,}840 \times 4\% \times \frac{3}{12} \qquad 578$$

7/1/1998～10/1/1998 的應付利息：

$$\$50{,}000 \times 6\% \times \frac{3}{12} \qquad (750)$$

(iii)10/1/1998 債券發行價格　　$57,668

(b) 1998 年 10 月 1 日債券發行分錄：

	借	貸
現　金	58,418	
應付債券		50,000
債券溢價		7,668
應付利息		750
債券發行成本	2,000	
現　金		2,000

(c) 1998 年 12 月 31 日債券付息及調整分錄：

		借	貸
(i)	應付利息	750	
	利息費用	578	
	債券溢價	172	
	現　金		1,500
(ii)	債券發行費用	54	
	債券發行成本		54

$$\$2{,}000 \times \frac{3}{111^*} = \$54$$

$^*120 - 9 = 111$

(d)截至 2001 年 12 月 31 日債券溢價攤銷表：

債券溢價攤銷表——利息法

債券面值$50,000；10 年到期；每年付息 2 次

市場利率 6%；票面利率 4%

期　間	利息費用	支付利息	債券溢價攤銷	未攤銷溢價	債券帳面價值
10/1/1998				$7,667	$57,667
12/31/1998	$　578	$　750	$172	7,496	57,496
6/30/1999	1,150	1,500	350	7,146	57,146
12/31/1999	1,143	1,500	357	6,789	56,789
6/30/2000	1,136	1,500	364	6,425	56,425
12/31/2000	1,128	1,500	372	6,053	56,053
6/30/2001	1,121	1,500	379	5,674	55,674
12/31/2001	1,113	1,500	387	5,287	55,287
5/1/2002	737	1,000	263	5,024	55,024

12/31/2001 債券帳面價值	$55,287
1/1/2002～4/30/2002 債券溢價攤銷：	
$\$55,287 \times 4\% \times \frac{4}{12}$	737
1/1/2002～4/30/2002 應計利息：	
$\$50,000 \times 6\% \times \frac{4}{12}$	(1,000)
5/1/2002 帳面價值	$55,024

(e) 2002 年 5 月 1 日攤銷分錄：

		借	貸
(i)	利息費用	737	
	債券溢價	263	
	應付利息		1,000
(ii)	債券發行費用	72	
	債券發行成本		72

$\$2,000 \times \frac{4}{111} = \$72$

(f) 2002 年 5 月 1 日債券提早贖回分錄：

應付債券	50,000	
債券溢價	5,024	
應付利息	1,000	
債券發行成本		1,225*
非常利益——債券提早贖回利益		2,299
現　金		52,500***

*$\$2,000 \times \frac{68}{111} = \$1,225; 111 - 43^{**} = 68$

**10/1/1998～5/1/2002 = 43（個月）

***$\$50,000 \times 1.05 = \$52,500$

第十三章　負債分析(二)

二、選擇題

1.下列哪一項差異可產生未來應課稅金額？　(A)費用或損失於認定為稅前財務所得後，即予扣減　(B)費用或損失於認定為稅前財務所得前，即予扣減　(C)收入或收益於認定為稅前財務所得後，即予扣減　(D)收入或收益認定為稅前財務所得，惟不認定於課稅所得。

解　(B)

費用或損失於認定為稅前財務所得前，即予扣減，將產生未來應課稅金額之增加；例如一項廠產設備，為了抵減課稅所得目的而採用加速折舊法，惟於計算稅前財務所得時，仍然採用平均法或其他提列較少折舊費用的方法；未來年度抵減課稅所得的折舊費用，將少於抵減稅前財務所得的折舊費用。

2.下列哪一項暫時性差異會產生遞延所得稅負債？　(A)公債利息收入　(B)產品售後保證費用　(C)抵減課稅所得的折舊費用超過稅前財務所得的折舊費用　(D)預收訂購收入。

解　(C)

抵減課稅所得的折舊費用超過稅前財務所得的折舊費用，導致未來應課稅金額增加，將產生遞延所得稅負債；至於公債利息收入，為免稅所得，屬永久性差異；此外，產品售後保證費用及預收訂購收入，乃產生遞延所得稅資產的暫時性差異。

下列資料用於解答第3.至4.題：

M公司於20A年初開始營業；20A年度為編製所得稅申報書時，遂將稅前財務所得予以計算課稅所得如下：

稅前財務所得	$240,000
免稅公債利息收入	(7,500)
超過可抵減金額的應計長期損失	15,000
超過稅前財務所得的折舊費用	(37,500)
課稅所得	$210,000

另悉M 公司20A 年度法定稅率為40%。

3.M 公司20 A 年度損益表內當期所得稅費用應列報若干？ (A)$78,000 (B)$84,000 (C)$93,000 (D)$96,000。

解 (B)

根據財務會計準則聲明書 (FASB Statement No. 109)，所得稅費用必須列報為兩部份：當期應納所得稅額（當期部份）及暫時性差異所得稅影響數（遞延部份）；當期應納所得稅額，亦即當期所得稅費用，係將課稅所得乘以法定稅率而得之；其計算如下：

$$\$210,000 \times 40\% = \$84,000$$

4.M 公司20 A 年12 月31 日資產負債表內遞延所得稅負債應列報若干？ (A)$3,000 (B)$6,000 (C)$9,000 (D)$12,000。

解 (C)

遞延所得稅負債（資產）係由未來應課稅金額（可抵減金額）而產生；根據第一百零九號財務會計準則聲明書 (FASB Statement No. 109) 的規定，必須將流動遞延所得稅資產與流動遞延所得稅負債的淨額，及非流動遞延所得稅資產與非流動遞延所得稅負債的淨額，分別列報之；本題M 公司列有超過可抵減金額的應計長期損失，將產生非流動遞延所得稅資產$6,000 ($15,000 × 40%)；又超過稅前財務所得的折舊費用，為長期性的未來應課稅金額，將產生非流動遞延所得稅負債$15,000 ($37,500 × 40%)；以上兩者均屬非流動部份，應按其淨額$9,000 ($15,000 – $6,000) 列報為非流動遞延所得稅負債；至於免稅公債利息收入，係屬永久性差異，不會產生未來可抵減金額或應課稅金額，故無遞延所得稅資產或遞延所得稅負債的問題。

5.N 公司於 2001 年 6 月 15 日將一幢辦公大樓出租，當即收到一年份租金 $180,000，租賃期間自 2001 年 7 月 1 日起算，為期一年；N 公司 2001 年度的所得稅率為 30%，嗣後將提高為 40%；已知 N 公司並無其他永久性差異或暫時性差異，也不必提列任何備抵帳戶；N 公司 2001 年 12 月 31 日資產負債表內應列報遞延所得稅資產為若干？ (A)$27,000 (B)$36,000 (C)$54,000 (D)$72,000。

解 (B)

N 公司 2001 年 12 月 31 日財務會計的未實現租金收入為 $90,000 ($180,000 $\times \frac{1}{2}$)；課稅基礎的未實現租金所得為零；蓋根據稅法的規定，租金所得於收到時，即應全部視為課稅所得；此項暫時性差異 $90,000 將產生 2002 年度的可抵減金額，導致遞延所得稅資產 $36,000 ($90,000 × 40%)。根據第一百零九號財務會計準則聲明書 (FASB Statement No. 109) 的規定，遞延所得稅資產應按未來的法定稅率計算。

下列資料用於解答第 6.至 7.題：

P 公司 2000 年度編製所得稅申報書的工作底稿如下：

	2000 年度	2001 年度	2002 年度
稅前財務所得	$ 70,000		
暫時性差異：			
折舊費用	(40,000)	$(60,000)	$100,000
產品售後保證費用	20,000	(5,000)	(15,000)
課稅所得	$ 50,000		
法定稅率	30%	30%	25%
遞延所得稅：			
	資　產	負　債	
流動	$(1,500)*		
非流動（計算淨額之前）	(3,750)**	$7,000***	

*$(5,000) × 30% = $(1,500)

**$(15,000) × 25%=$(3,750)

***$100,000 × 25% − $60,000 × 30% = $7,000

已知 P 公司以前年度無任何遞延所得稅餘額。

6.P 公司2000 年度損益表內應列報當期所得稅費用若干？ (A)$21,000 (B)$17,500 (C)$15,000 (D)$–0–。

解 (C)

根據財務會計準則委員會第一百零九號聲明書 (FASB Statement No. 109) 的規定，所得稅費用應列報下列二部份：當期應納所得稅額（當期部份）及暫時性差異所得稅影響數（遞延部份）；當期應納所得稅額即當期所得稅費用，係將課稅所得乘以法定稅率而得之；其計算如下：

所得稅費用（當期部份）：$\$50{,}000 \times 30\% = \$15{,}000$

7.P 公司2000 年度損益表內應列報遞延所得稅費用若干？ (A)$17,500 (B)$15,000 (C)$6,000 (D)$1,750。

解 (D)

P 公司2000 年度損益表內應列報遞延所得稅費用$1,750，其計算如下：

	2000 年度	2001 年度	2002 年度
稅前財務所得	$ 70,000		
暫時性差異：			
折舊費用	(40,000)	$(60,000)	$100,000
產品售後保證費用	20,000	(5,000)	(15,000)
課稅所得	$ 50,000	–	–
暫時性差異合計		$(65,000)	$ 85,000
法定稅率	30%	30%	25%
所得稅費用（當期部份）	$ 15,000		
遞延所得稅資產（計算淨額之前）		$(19,500)	
遞延所得稅負債（計算淨額之前）			$ 21,250
所得稅費用（遞延部份）／遞延所得稅負債（計算淨額之後）		$ 1,750	

本題亦可按下列方法求得：

遞延所得稅：

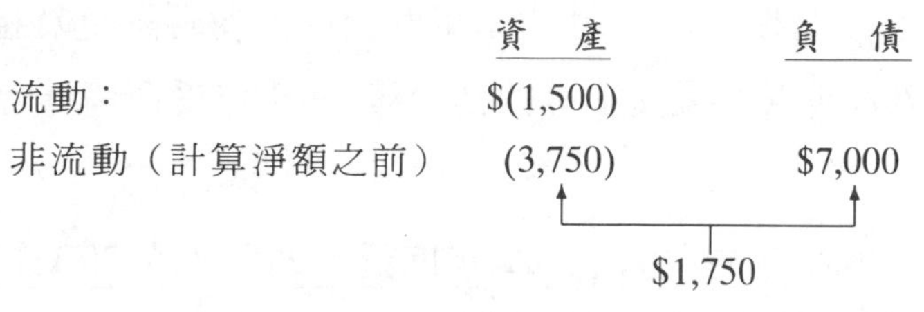

8.Q 公司於 20A 年 1 月 1 日與某租賃公司簽訂一項 7 年期租約，租入機器一部，預計可使用 10 年；每年租賃支付款的現值，等於機器公平價值之 80%；租約內既未約定於租期屆滿時，租賃資產的所有權即移轉為 Q 公司所有，也未約定 Q 公司享有優惠承購權。Q 公司 20A 年度損益表內應如何表達？ (A)按 20A 年支付款列為租金費用 (B)按 20A 年支付款減利息費用列為租金費用 (C)按機器公平價值十分之一攤銷並列為費用 (D)按機器公平價值 80% 分 7 年攤銷並列為費用。

解 (A)

承租人的一項租賃，必須於租賃開始日，即符合下列四項認定標準之一者，即屬於承租人的資本租賃：

(1)租期屆滿時，租賃資產的所有權即移轉為承租人所有。

(2)租約內約定承租人享有優惠承購權。

(3)租賃期間達租賃開始日資產剩餘耐用年數之 75% 或以上者。

(4)租賃開始日最低租賃支付款現值，等於租賃資產公平價值之 90% 或以上者。

Q 公司所簽訂的租約，未符合上列四項認定標準之一，故不得認定為資本租賃，應按營業租賃處理；Q 公司 20A 年度損益表內，應按當年度支付款列為租金費用，不得資本化。

9.R 公司於 20A 年 1 月1 日簽訂一項 8 年期租約，出租一項可使用 10 年的設備；每半年支付一次租金的現值，等於設備公平價值之 85%；租約內未約定R公司於租期屆滿時，即移轉租賃資產所有權給承租人；此外，R公司對於收取租金的可能性可合理預計，且應負擔未來成本，並無重大不確定性。R公司20A年度損益表內應認定為租金收入或利息收入？20A年度所認定的收入是否與20B年度所認定者相同或比較大？

	20A年度認定的收入	20A年度認定的收入與20B年度比較
(A)	租金收入	相　同
(B)	租金收入	較　大
(C)	利息收入	相　同
(D)	利息收入	較　大

解 (D)

根據財務會計準則委員會第十三號聲明書的規定，凡於租賃開始日，出租人的租賃即具備承租人認定資本租賃四項認定標準之一，並同時符合下列二項標準者，即屬於出租人的資本租賃：

(1)收取租金的可能性可合理預計。

(2)出租人應負擔的未來成本，並無重大不確定性。

本題R公司在租賃開始日租期已確定為8年，達可使用年數10年的80%，符合承租人下列四項認定為資本租賃的標準之第三項：(1)租期屆滿時，租賃資產所有權即移轉為承租人所有；(2)租約內約定承租人享有優惠承租權；(3)租賃期間達租賃開始日資產剩餘耐用年數之75%或以上者；(4)租賃開始日最低租賃支付款現值，等於租賃資產公平價值之90%或以上者；此外，R公司租賃也同時符合上列出租人認定資本租賃的兩個標準；因此，R公司的租賃符合資本租賃的條件；又出租人的資本租賃非銷售型租賃即直接融資租賃；由於銷售型租賃必須出租人於租賃開始日即可根據市場價值與成本的差額，認定損益；本題R公司無法於租賃開始日認定損益，故屬直接融資租賃。

在直接融資之下，出租人等於以貸款方式提供承租人資金，透過每期應收租賃款收回本金及利息收入；故R公司20A年度（及續後年度）均認定利息收入而非租金收入，此其一；又因未收回資本餘額逐期降低，根據未收回資本餘額計算的利息收入也逐期減少；故R公司20A年度所認定的利息收入，將比20B年度所認定的利息收入為大，此其二。

10.S公司於2001年1月1日租入一部機器，開具五張每年付款一次，每次$65,000的票據，2001年1月1日開始支付第一期款，至2005年1月1日為止；S公司保證機器殘值為$50,000；已知此項租賃屬S公司的資本租賃，其隱含利率為9%；9%數值如下：

9% 5年每元年金現值（租金於年初支付）	4.240
9% 5年每元年金現值（租金於年終支付）	3.890
9% 5年每元現值	0.650

S公司於2001年支付第一期款後，應認定資本租賃負債的金額為若干？ (A)$243,100 (B)$220,350 (C)$178,100 (D)$105,350。

解 (A)

S公司於2001年1月1日支付第一次款後的租賃負債為$243,100，其計算如下：

2001年1月1日應付租賃負債：	
$65,000 × 4.240	$275,600
$50,000 × 0.650	32,500
合　計	$308,100
2001年1月1日支付第一次款	(65,000)
2001年支付第一期款後的租賃負債	$243,100

11.T公司採用確定給付退休金計畫；2000年12月31日有關退休金的資料如下：

	（千元）
預計給付義務：	
期初餘額：1/1/2000	$28,800
服務成本	4,800
利息成本	2,880
支付退休金	(2,160)
期末餘額：12/31/2000	$34,320
退休基金資產：	
期初餘額：1/1/2000	$19,200
退休基金資產實際利益	2,160
2000 年度提存數	4,800
支付退休金	(2,160)
期末餘額：12/31/2000	$24,000

已知退休基金資產長期投資報酬率為 10%；其他並無未認列前期服務成本攤銷、未認列退休金損益攤銷及應計退休金成本餘額等。T 公司 2000 年度退休金費用及 2000 年 12 月 31 日應計退休金成本各應為若干？

	退休金費用（淨退休金成本）	應計退休金成本
(A)	$5,760	$ –0–
(B)	5,760	960
(C)	7,680	4,800
(D)	7,680	5,760

解 (B)

(1)退休金費用（淨退休金成本）構成因素：

	（千元）
服務成本	$ 4,800
利息成本	2,880
退休基金資產利益：$19,200 × 10%	(1,920)
未認列前期服務成本之攤銷	–0–
未認列退休金損益之攤銷	–0–
未認列過渡性淨資金或淨給付義務之攤銷	–0–
合　　計	$ 5,760

(2)應計退休金成本：

期初餘額：1/1/2000	$ –0–
2000 年度退休金費用	5,760
減：2000 年度退休基金提存數	4,800
期末餘額：12/31/2000	$ 960

以下非為本題要求，僅提供參考（千元）：

退休金費用	5,760	
現　金		4,800
應計退休金成本		960

三、綜合題

1.優必勝公司成立於2000 年1 月1 日，從事於媒體傳播事業，購入傳播機器一套成本$640,000，預計可使用4 年，無殘值，採用直線法提列折舊；惟基於報稅之目的，則採用年數合計反比法提列折舊。已知 2000 年度稅前財務所得為$480,000，包括免稅政府債券利息收入$60,000；所得稅率為25%。

試求：(a)計算優必勝公司2000 年度損益表內所列報的所得稅費用（分當期及遞延部份）。

(b)列示優必勝公司2000 年度有關所得稅跨年度分攤分錄。

(c)計算優必勝公司2000 年度稅後淨利。

解

(a)2000 年度損益表內所得稅費用為$105,000（分開為當期部份$87,000及遞延部份$18,000），其計算如下：

	2000 年度	預計回轉年度 2001 年度	 2002 年度	 2003 年度
稅前財務所得	$480,000			
永久性差異：				
免稅政府債券利息收入	(60,000)			
暫時性差異：				
折舊費用*	(72,000)	$24,000	$(24,000)	$(72,000)
課稅所得	$348,000	–	–	–
稅率：25%	25%	25%	25%	25%
所得稅費用（當期）／應付所得稅	$ 87,000			
遞延所得稅資產 (12/31/2000)		$ 6,000		
遞延所得稅負債 (12/31/2000)			$ (6,000)	$(18,000)
所得稅費用（遞延）／遞延所得稅負債（計算淨額之後）		$(18,000)		

*

	2000 年度	2001 年度	2002 年度	2003 年度
年數合計反比法：				
折舊比率	$\frac{4}{10}$	$\frac{3}{10}$	$\frac{2}{10}$	$\frac{1}{10}$
折舊費用	$192,000	$144,000	$ 96,000	$ 48,000
直線法：折舊費用	120,000	120,000	120,000	120,000
折舊費用暫時性差異	$ 72,000	$ 24,000	$(24,000)	$(72,000)

(b) 2000 年度有關所得稅跨年度分攤分錄：

所得稅費用（當期）	87,000	
所得稅費用（遞延）	18,000	
應付所得稅		87,000
遞延所得稅負債		18,000

(c) 2000 年度淨利：

稅前財務所得		$480,000
減：所得稅費用：		
當期部份	$87,000	
遞延部份	18,000	105,000
稅後淨利		$375,000

2.頂好公司於2000年12月31日報告財務損失$810,000，其中包括違反環保法罰款$30,000及預計或有損失$60,000；違反環保罰款已於2000年度內付訖；預計或有損失於次年支付時，可減除課稅所得。

頂好公司的適用稅率均為25%；2000年初沒有任何暫時性差異；2000年底除上述二項外，並無其他暫時性差異；以前二個年度的課稅所得如下：

1998年度　$460,000

1999年度　180,000

試求：(a)計算頂好公司下列各項：

(i) 1998年度及1999年度應收退稅款。

(ii) 2000年度遞延所得稅。

(b)列示頂好公司2000年度有關所得稅的跨年度分攤分錄。

(c)計算頂好公司2000年度的淨利（淨損）。

(d)假定頂好公司2001年度稅前財務所得為$360,000；除2000年度轉來的部份外，其他無任何永久性及暫時性差異；請為該公司計算2001年度的所得稅費用及其分攤分錄。

解

(a)計算以前年度應收退稅款及當年度遞延所得稅：

	以前年度		當年度	預計回轉年度
	1998	1999	2000	2001
稅前財務所得（損失）			$(810,000)	
永久性差異：				
罰款支出			30,000	
暫時性差異：				
或有損失			60,000	$ (60,000)
課稅所得（損失）			$(720,000)	
虧損遞轉過去年度	$(460,000)	$(180,000)	640,000	
虧損遞轉以後年度			80,000	(80,000)
			$ –0–	$(140,000)
稅　率	25%	25%	25%	25%
應收退稅款	$(115,000)	$ (45,000)	$ –0–	–
遞延所得稅資產				$ (35,000)

(b)跨年度所得稅分攤分錄：

應收退稅款	160,000	
遞延所得稅資產	35,000	
虧損扣抵所得稅利益		195,000

(c)計算 2000 年度淨利（損）：

稅前財務所得（損失）	$(810,000)
虧損扣抵所得稅利益	195,000
本期淨利（損）	$(615,000)

(d) (i)計算 2001 年度所得稅費用：

	2001 年度
稅前財務所得	$360,000
暫時性差異：	
或有損失	(60,000)
虧損遞轉	(80,000)
課稅所得	$220,000
稅　率	25%
所得稅費用（當期）／應付所得稅	$ 55,000

(ii) 列示 2001 年度所得稅分攤分錄：

	借	貸
所得稅費用（當期）	55,000	
所得稅費用（遞延）	35,000	
應付所得稅		55,000
遞延所得稅資產		35,000

3.富邦公司於 2001 年 1 月 1 日與某租賃公司訂立租賃契約，自即日起租用一項設備，有關條款如下：

⑴租賃期間 4 年，租約不可撤銷，每年底由承租人支付租金$100,000。

⑵設備公平價值$316,986，預計可使用 5 年，無殘值。

⑶租賃契約屆滿時，租賃資產的所有權即無條件移轉為承租人所有。

⑷出租人對該項租賃所設定的投資報酬率為 10%，此一事實已為承租人所知悉。

富邦公司的會計人員將上項租賃視為營業租賃，未予資本化。

試求：⒜評論富邦公司會計人員將上項租賃視為營業租賃，未予資本化的不當之處。

⒝假定富邦公司對租賃資產採用直線法折舊，請就下列三方面說明該公司會計人員不當處理對財務報表所產生的影響，並分別列表說明：

(i) 資產負債表。

(ii) 損益表。

(iii) 現金流量表。

解

(a)根據財務會計準則第十三號聲明書 (FASB Statement No. 13) 的規定，凡承租人的租賃符合下列四項認定標準之一者，即應予資本化，按資本租賃處理：

(i) 租賃期間屆滿時，租賃資產的所有權即移轉為承租人所有。

(ii) 租約內規定承租人享有優惠承購權。

(iii) 租賃期間達租賃開始日租賃資產耐用年數之 75% 或以上者。

(iv) 租賃開始日最低租賃支付款的現值，等於租賃資產公平價值之 90% 或以上者。

富邦公司所簽訂的租賃契約規定於租期屆滿時，租賃資產的所有權即無條件移轉為富邦公司所有，符合認定標準的第一項，此其一；租賃期間 4 年，達租賃開始日租賃資產耐用年數之 80%（4 年 ÷ 5 年），符合認定標準的第三項，此其二；租賃開始日最低租賃支付款的現值$316,986 ($100,000 × $P\overline{4}|0.1$)，等於租賃資產公平價值之 100% ($316,986 ÷ $316,986)，符合認定標準的第三項，此其三；因此，富邦公司的租賃符合認定為資本租賃四項標準之三項，應予資本化，而會計人員未予資本化是錯誤的。

(b)(i) 對資產負債表的影響：富邦公司會計人員未將資本租賃資本化，而逕視為營業租賃，將使 2001 年至 2003 年 12 月 31 日的租賃資產及應付租賃款（包括流動與非流動），發生虛減的現象；惟此種虛減金額，於租賃開始日最高，隨後由於租賃資產每期提列折舊及支付租賃款而逐期遞減，俟租期屆滿時，將消失迨盡；此種變化情形，可由下列一覽表顯示：

資本租賃未予資本化影響資產與負債一覽表

	1月1日	12月31日			
	2001	2001	2002	2003	2004
資產虛減：					
租賃資產——資本租賃	$316,986	$316,986	$316,986	$316,986	$316,986
備抵折舊	–0–	79,246	158,492	237,738	316,986
淨　額	$316,986	$237,740	$158,494	$ 79,248	$ –0–
負債虛減：					
流動負債：					
應付租賃款	$ 68,301	$ 75,131	$ 82,645	$ 90,909	$ –0–
非流動負債：					
應付租賃款	248,685	173,554	90,909	–0–	–0–
合　計	$316,986	$248,685	$173,554	$ 90,909	$ –0–

資本租賃應付租賃款攤銷表

（利息法）　4年期；利率10%

日　期	每年租金支付款	利息費用	應付租賃款減少	應付租賃款餘額
2001.1.1				$316,986
2001.12.31	$100,000	$31,699	$ 68,301	248,685
2002.12.31	100,000	24,869	75,131	173,554
2003.12.31	100,000	17,355	82,645	90,909
2004.12.31	100,000	9,091	90,909	–0–
合　計	$400,000	$83,014	$316,986	

此外，凡與資產與負債有關聯的各項財務比率，現金比率、流動比率、營業資產、總資產週轉率、廠產設備週轉率、淨值比率及財務槓桿指數等，均將受其影響。

(ii) 對損益表的影響：富邦公司會計人員誤將資本租賃當為營業租賃，使每年的租金費用自租賃開始日起，至租賃到期日止，均維持固定不變；反之，如按原來資本租賃處理時，早期所負擔的折舊費用及利息費用之和，將大於營業租賃的租金費用；反之，在資本租賃之下，後期所承擔折舊費用及利息費用之和，將小於營業租賃的租金費用；因此，富邦公司會計人員漏將資本租賃資本化的結果，因虛減營業費用，使淨利虛增；後期的營業費用因虛增，而使其淨利虛減；惟租賃期間整體利益而言，因前後期相互抵銷之後，並無差異；茲予以列示其不同影響如下：

資本租賃未予資本化影響損益一覽表

	營業租賃	資本租賃		
	租金費用	折舊費用	利息費用	費用合計
2001 年度	$100,000	$ 79,246	$31,699	$110,945
2002 年度	100,000	79,246	24,869	104,115
2003 年度	100,000	79,246	17,355	96,601
2004 年度	100,000	79,248	9,091	88,339
合　　計	$400,000	$316,986	$83,014	$400,000

凡與營業淨利及稅後淨利有關聯的財務比率，包括營業淨利率、純益率及投資報酬率等，由於會計人員的錯誤，將使早期營業租賃下的財務比率，高於資本租賃下的財務比率；後期的情形則剛好與前期的情形相反；此外，在營業租賃之下，由於未表達利息費用，故其純益為利息倍數也隨而提高。

(iii) 對現金流量表的影響：富邦公司會計人員未將資本租賃資本化，逕按營業租賃處理的結果，使營業活動現金流出量比資本租賃下的營業活動現金流出量更多，其差異即為資本租賃下的理財活動現金流出量，況且，此項差異將隨租期的經過而擴大；然而就現金總流出量而言，自租賃開始至租期屆滿止，並無不同；茲予以列示其詳細情形如下：

資本租賃未予資本化影響現金流量一覽表

	營業租賃	資本租賃		
	營業活動之現金流出	營業活動之現金流出	理財活動之現金流出	現金流出合　計
2001 年度	$100,000	$31,699	$ 68,301	$100,000
2002 年度	100,000	24,869	75,131	100,000
2003 年度	100,000	17,355	82,645	100,000
2004 年度	100,000	9,091	90,909	100,000
合　　計	$400,000	$83,014	$316,986	$400,000

4.新亞科技公司實施確定給付退休金計畫，規定每年退休金，係按下列公式計算：

每年退休金＝1.5%× 服務年資 × 最後服務年度薪資

張君於 1991 年初大學畢業服完兵役後，即服務於該公司，預期服務滿 40 年後，至 2030 年底退休，隨即於次年初起領取退休金 20 年；截至 2000 年底，張君年薪$400,000，根據該公司退休金精算公式計算結果，張君屆滿退休時最後一年薪資為$1,600,000；已知精算折現率為 6%；另悉該公司於 2000 年底提存退休基金$450,000 給退休基金管理人。

試求：(a)請按張君退休前最後年度薪資水準，計算截至2000 年服務滿10年後，已賺得未來退休時每年可獲得退休金給付金額。

(b)計算截至 2030 年張君屆滿退休時，上項已賺得未來每年退休金給付金額的現值。

(c)計算截至 2030 年張君每年可獲得退休金在2000 年的現值〔亦即雇主的預計給付義務 (PBO)〕。

(d)記錄 2000 年底新亞科技公司認定上項退休金費用及提存退休基金的分錄。

解

(a)截至 2000 年張君服務滿 10 年後已賺得未來退休時每年可獲得退

休金：

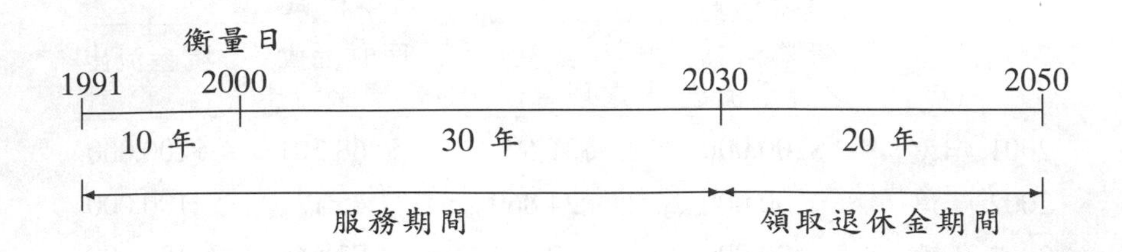

按最後服務年度薪資水準，截至 2000 年服務滿 10 年後，已賺得未來每年退休金給付金額：

$$1.5\% \times 10 \times \$1,600,000 = \$240,000$$

(b)截至 2030 年屆滿退休時，上項已賺得未來每年退休金給付金額的現值：

$$\$240,000 \times P_{\overline{20|}}0.06 = \$240,000 \times 11.46992$$
$$= \$2,752,781$$

(c)上項截至 2030 年每年可獲得退休金在 2000 年的現值〔亦即雇主預計給付義務 (PBO)〕：

$$\$2,752,781 \times (1+0.06)^{-30} = \$2,752,781 \times 0.17411$$
$$= \$479,287$$

(d)認定退休金費用及提存退休基金的分錄：

退休金費用	479,287	
現　金		450,000
應計退休金成本		29,287

第十四章　股東權益分析

二、選擇題

1.A 公司於2000 年12 月15 日宣告發放現金股利，並決定於 2001 年1月15 日正式發放；A 公司發放現金股利對下列各特定日的股東權益有何影響？

	2000 年12 月15 日	2000 年12 月31 日	2001 年1 月15 日
(A)	減　少	沒有影響	減　少
(B)	減　少	沒有影響	沒有影響
(C)	沒有影響	減　少	沒有影響
(D)	沒有影響	沒有影響	減　少

解 (B)

A 公司2000 年12 月15 日宣告發放現金股利時，應即作成分錄如下：

保留盈餘	×××	
應付股利		×××

俟2001 年1 月15 日正式發放現金時，應作分錄如下：

應付股利	×××	
現　金		×××

由上述分錄可知，2000 年12 月15 日股東權益將減少，2000 年12 月31 日及2001 年1 月15 日股東權益沒有影響。

2.B 公司宣告並發放清算股利；此項分配將對B 公司的資本公積及保留盈餘造成何種影響？

	資本公積	保留盈餘
(A)	沒有影響	沒有影響
(B)	減　少	減　少
(C)	沒有影響	減　少
(D)	減　少	沒有影響

解 (D)

B公司宣告發放清算股利時，實即退回資本，除應通知股東知悉外，並作成分錄如下：

資本公積	×××	
應付股利		×××

實際發放股利時，應作分錄如下：

應付股利	×××	
現　金		×××

由上述可知，B 公司發放清算股利時，資本公積將減少，惟保留盈餘不受影響。

3.公司發放股票股利或進行股票分割時，會影響公司的股東權益總額發生增減變動嗎？

	發放股票股利	股票分割
(A)	沒有影響	增　加
(B)	減　少	減　少
(C)	減　少	沒有影響
(D)	沒有影響	沒有影響

解 (D)

股票係指依股東持份比例，增發股票給各股東，作為股利分配的方式，一般稱為無償配股；當公司宣告發放股票股利時，應作分錄如下：

保留盈餘	×××	
普通股本		×××

公司為適應投資人需要，並加速股票的流通，往往將股票面值或設定價值較大的股票，予以分割為面值或設定價值較小者；股票分割無需作成任何分錄，僅註明股數增加即可。

由上述說明可知，不論股票股利或股票分割，均不影響公司的股東權益總額。

4.C 公司20A 年 12 月 31 日調整後試算表內列有下列各項帳戶：

普通股本	$300,000
資本公積	400,000
庫藏股票 —— 成本	25,000
未實現持有損失 —— 備用證券	10,000
保留盈餘 —— 指用盈餘	75,000
保留盈餘 —— 未指用盈餘	100,000

C 公司 20A 年 12 月 31 日資產負債表內股東權益總額應為若干？ (A)$840,000 (B)$860,000 (C)$890,000 (D)$910,000。

解 (A)

C 公司 20A 年 12 月 31 日股東權益總額為$840,000；其計算如下：

股東權益：		
普通股本		$300,000
資本公積		400,000
保留盈餘：		
指用盈餘	$ 75,000	
未指用盈餘	100,000	175,000
		$875,000
減：庫藏股票	$ 25,000	
未實現持有損失 —— 備用證券	10,000	(35,000)
股東權益總額		$840,000

5.D 公司20A 年12 月31 日，未包括股東行使認股權前的有關資料如下：

負債總額	$131,000
股東權益總額	500,000
在外流通普通股股數	10,000
本期淨利（稅後）	60,000

20A 年9 月30 日，持有認股權的股東行使認股權2,000 張，按每股$12認購每股面值$10 的普通股2,000 股，當時普通股每股市價$14。

D 公司將上項股東行使認股權涵蓋在內之後，對財務比率會發生何種影響？ (A)負債對權益比率下降為25% (B)每股盈餘增加$0.14 (C)總資產週轉率增加為8.6% (D)以上皆非。

解 (A)

股東行使認股權2,000 張，按每股$12 認購普通股2,000 股，其分錄如下：

	借	貸
現　金	24,000	
普通股本		20,000
資本公積——股本溢價		4,000

經上項分錄後，股東權益增加為$524,000，使負債對權益比率減少為25% ($131,000 ÷ $524,000)。此外，經上項改變後，每股盈餘不但沒有增加，反而減少$0.14，其計算如下：

每股盈餘：

$$\text{改變前：}\frac{\$30{,}000}{10{,}000} = \$3.00$$

$$\text{改變後：}\frac{\$30{,}000}{10{,}000 + 2{,}000 \times \frac{3}{12}} = \$2.86$$

至於總資產週轉率，係以銷貨收入除總資產，本題缺少銷貨收入的資料，無法計算。

6.E 公司2000 年12 月31 日及2001 年12 月31 日有關資料如下：

	2000 年 12 月 31 日	2001 年 12 月 31 日
特別股：8%，每股面值$100，不可轉換，非累積	$250,000	$250,000
普通股	600,000	800,000
保留盈餘	150,000	370,000
發放特別股股利	20,000	20,000
淨　利	120,000	212,000

E 公司2001 年度股東權益投資報酬率應為若干？ (A) 17% (B) 19% (C) 20% (D) 25%。

解 (C)

股東權益投資報酬率係按下列公式計算：

股東權益投資報酬率

$$= \frac{\textbf{淨利} - \textbf{特別股股利}}{\frac{1}{2}(\textbf{特別股以外之期初股東權益} + \textbf{特別股以外之期末股東權益})}$$

$$= \frac{\$212,000 - \$20,000}{\frac{1}{2}(\$750,000 + \$1,170,000)}$$

$$= 20\%$$

7.F 公司 20A 年 12 月 31 日資產負債表內列有下列股東權益：

特別股，5%，累積，每股面值$100，5,000 股發行並流通在外	$500,000
普通股，每股面值$5，140,000 股發行並流通在外	700,000
資本公積——普通股發行溢價	250,000
保留盈餘	600,000

特別股積欠股利$50,000；F 公司如辦理清算時，特別股得按面值加溢價$100,000 償還；F 公司20A 年 12 月 31 日普通股每股帳面價值應為若干？ (A)$7.00 (B)$7.50 (C)$9.00 (D)$10.00。

解 (D)

普通股每股帳面價值係指公司如辦理清算時，普通股每股可收到的現金；其計算如下：

	特別股	普通股
特別股，5%，累積	$500,000	
普通股		$ 700,000
資本公積 —— 普通股發行溢價		250,000
保留盈餘：		
特別股積欠股利	50,000	
特別股清算溢價	100,000	
保留盈餘屬於普通股部份		450,000
合　計	$650,000	$1,400,000
普通股流通在外股數		140,000
普通股每股帳面價值		$10

8.G 公司 20A 年 12 月 31 日股東權益總額$480,000；普通股發行總股數為 10,000 股，庫藏股票 2,000 股；此外，G 公司另發行 8% 累積特別股 5,000 股，每股面值$10；特別股發行條款中規定，如公司辦理清算時，特別股得按面值加$2 優先償還；截至 20A 年 12 月 31 日，特別股積欠股利，包括當年度在內共計 2 年。

G 公司 20A 年 12 月 31 日普通股每股帳面價值應為若干？ (A)$50.00 (B)$51.50 (C)$55.00 (D)$55.50。

解 (B)

G 公司 20A 年 12 月 31 日普通股每股帳面價值為$51.50；其計算方法如下：

	特別股	普通股
8%，累積，特別股：$10 × 5,000	$50,000	
特別股清算溢價：$2 × 5,000	10,000	
特別股積欠股利：$50,000 × 8% × 2	8,000	
特別股權益合計	$68,000	
普通股剩餘權益：$480,000 − $68,000		$412,000
普通股發行並流通在外總股數：		
10,000 股 − 2,000 股		÷ 8,000
普通股每股帳面價值		$ 51.50

三、綜合題

1.全美公司20A 年1 月1 日保留盈餘為$913,000；當年度帳上列有下列各項資料：

⑴4 月9 日，全美公司宣告發放現金股利，每股$0.90。

⑵9 月30 日，股東權益內容如下：

普通股，每股面值$5，核准發行股數800,000股	$ 600,000
資本公積——普通股發行溢價	380,000
保留盈餘	970,000
合　計	$1,950,000

⑶11 月9 日，全美公司購入庫藏股票6,000 股，支付$81,600，其中4,000 股於12 月21 日按每股$15 再予出售。

⑷12 月23 日另宣告發放現金股利，每股$0.90。

⑸第四季淨利$76,000。

試求：請為全美公司完成下列各項：

(a)計算20A 年全年度淨利數額。

(b)計算20A 年12 月31 日期末保留盈餘餘額。

(c)計算20A 年12 月31 日股東權益總額。

解

(a) 20A 年度淨利為$241,000；其計算如下：

保留盈餘：	
20A 年1 月1 日期初餘額	$ 913,000
減：20A 年4 月9 日發放股利：$0.90 × 120,000*	(108,000)
加：20A 年第一季至第三季淨利	x
20A 年9 月30 日（第三季末）餘額	$ 970,000
x =$165,000	
全年度淨利：	
第一季至第三季淨利	$165,000
第四季淨利	76,000
合　計	$241,000

*$600,000 ÷ $5 = 120,000（股）

(b) 20 A 年 12 月 31 日期末保留盈餘為$939,800；其計算如下：

20A 年 9 月 30 日保留盈餘	$ 970,000
減：20A 年 12 月 23 日發放股利：$0.90 × 118,000*	(106,200)
加：20A 年第四季淨利	76,000
	$ 939,800

*120,000 − 6,000 + 4,000 = 118,000

(c) 20A 年 12 月 31 日股東權益總額為$1,895,400；其計算如下：

普通股本	$ 600,000
資本公積 —— 普通股發行溢價	380,000
資本公積 —— 庫藏股票資本盈餘	2,800*
保留盈餘	939,800
減：庫藏股票	(27,200)**
股東權益總額	$1,895,400

*($15.00 − $13.60) × 4,000 = $2,800
**$13.60 × 2,000 = $27,200

2.先鋒公司 2001 年 1 月 1 日股東權益內容如下：

特別股，12%，非累積，非轉換，每股面值$100，發行並流通在外 5,000 股	$ 500,000
普通股，每股面值$1.00 核准發行 200,000 股，發行並流通在外 140,000 股	140,000
資本公積 —— 普通股發行溢價	870,000
保留盈餘	990,000
股東權益合計	$2,500,000

2001 年度稅前淨利$1,000,000；3 月間，發生非尋常性火災損失$300,000，按扣除所得稅節省後淨額，列報為非常損失；已知所得稅率為 40%。2001 年7 月 1 日先鋒公司購入 40,000 股，每股成本$15；12 月 31 日，全部庫藏股票按每股$18 出售；當年度普通股未發放股利；惟特別股股利正常發放，無任何積欠情形。

2001 年10 月，先鋒公司會計人員發現2000 年度的折舊費用$70,000 計算錯誤，此項錯誤使2000 年度淨利虛增$42,000。

試求：(a)計算先鋒公司2001 年度的淨利。

(b)列示2001 年度保留盈餘的計算過程及最後結果。

(c)列示2001 年12 月31 日資產負債表內股東權益的部份。

解

(a)先鋒公司2001 年度淨利：

非常損益前稅前淨利	$1,000,000
減：所得稅費用：40%	(400,000)
非常損益前稅後淨利	$ 600,000
減：非常損失：	
火災損失（扣除所得稅節省$120,000 後淨額）	(180,000)
本期淨利	$ 420,000
普通股每股盈餘：	
非常損益前淨利 [$600,000−($100×5,000×12%)]÷120,000*	$ 4.50
非常損益：$180,000 ÷ 120,000	(1.50)
本期淨利	$ 3.00

*普通股在外流通加權平均股數

$140,000 \times \frac{6}{12} =$ 70,000 股

$100,000 \times \frac{6}{12} =$ 50,000 股

合　計　120,000 股

(b) 2001 年度保留盈餘：

期初保留盈餘：20A 年1 月1 日	$ 990,000
減：前期損益調整（扣除所得稅$28,000 後淨額）	(42,000)
	$ 948,000
加：2001 年度淨利	420,000
減：特別股股利：$500,000 × 12%	(60,000)
期末保留盈餘：20A 年12 月31 日	$1,308,000

(c) 2001 年 12 月 31 日股東權益：

特別股，12%，非累積，非轉換，每股面值$100，發行並在外流通 5,000 股	$ 500,000
普通股，每股面值$1，核准發行 200,000 股，發行並在外流通 140,000 股	140,000
資本公積 —— 普通股發行溢價	870,000
資本公積 —— 庫藏股票資本盈餘*	120,000
保留盈餘	1,308,000
股東權益合計	$2,938,000

*($18 – $15) × 40,000 = $120,000

3.廣華公司2000 年 12 月31 日有關股東權益的資料如下：

特別股，6%，每股面值$100，發行並流通在外 16,000 股	$1,600,000
普通股，每股面值$100，發行並流通在外 32,000 股	3,200,000
資本公積 —— 普通股發行溢價	600,000
保留盈餘	600,000

試求：請根據下列不同假定，分別計算特別股及普通股每股帳面價值：

(a)特別股為累積並且無任何積欠股利。

(b)特別股為累積性質，自 1999 年度起，即未曾發放股利。

解

(a)特別股為累積並且無積欠股利：

	特別股	普通股
特別股，6%，累積，16,000 股 @$100	$1,600,000	
普通股，32,000 股 @$100：$6,000,000 – $1,600,000		$4,400,000
除：在外流通股數：		
特別股	16,000	
普通股		32,000
每股帳面價值：		
特別股	$100.00	
普通股		$137.50

(b)特別股為累積，積欠二年股利（含當年度）：

	特別股	普通股
特別股，6%，累積，16,000 股 @$100	$1,600,000	
加：積欠股利：$1,600,000 × 6% × 2	192,000	
特別股權益合計	$1,792,000	
普通股，32,000 股 @$100		$3,200,000
加：屬於普通股之其他權益：		
($6,000,000 – $1,792,000 – $32,000)		1,008,000
普通股權益合計		$4,208,000
除：在外流通股數：		
特別股	16,000	
普通股		32,000
每股帳面價值	$112.00	$131.50

4.廣和公司2000 年及2001 年12 月31 日有關股東權益資料如下：

	12 月 31 日	
	2000 年	2001 年
特別股：5%，10,000 股，每股面值$100，每股清算價值$110	$1,000,000	$1,000,000
普通股：2000 年：40,000 股；2001 年：60,000 股；每股面值$50	2,000,000	3,000,000
資本公積 —— 普通股發行溢價	400,000	600,000
保留盈餘	900,000	1,540,000
股東權益合計	$4,300,000	$6,140,000

試求：請分別按下列不同假定，計算廣和公司2000 年及2001 年12 月31 日特別股及普通股每股帳面價值：

(a)特別股為累積，並且無任何積欠股利（含當年度部份）。

(b)特別股為累積，自2000 年起即未曾發放股利（含當年度部份）。

解

(a)特別股為累積，無積欠股利：

	2000 年	2001 年
股東權益總額	$4,300,000	$6,140,000
減：特別股東權益：		
特別股清算價值 (a)	1,100,000	1,100,000
普通股東權益總額 (b)	$3,200,000	$5,040,000
流通在外股數：		
特別股 (c)	10,000 股	10,000 股
普通股 (d)	40,000 股	60,000 股
每股帳面價值：		
特別股 $(a \div c)$	$110	$110
普通股 $(b \div d)$	80	84

(b)特別股為累積，積欠二年股利（含當年度部份）：

	2000 年	2001 年
股東權益總額	$4,300,000	$6,140,000
減：特別股東權益：		
特別股清算價值	$1,100,000	$1,100,000
特別股積欠股利：		
$\$1,000,000 \times 6\% \times 2$	120,000	
$\$1,000,000 \times 6\% \times 3$		180,000
特別股東權益總額 (a)	$1,220,000	$1,280,000
普通股東權益總額 (b)	$3,080,000	$4,860,000
在外流通股數：		
特別股 (c)	10,000 股	10,000 股
普通股 (d)	40,000 股	60,000 股
每股帳面價值：		
特別股 $(a \div c)$	$122	$128
普通股 $(b \div d)$	77	81

5.廣達公司於2000 年度及2001 年度，均按時發放非累積特別股股利；惟2001 年度的普通股股利，並未發放；兩個年度股東權益內容如下：

	2000 年 12 月 31 日	2001 年 12 月 31 日
特別股：7%，非累積，每股$25，核准發行 93,200 股，全部發行在外，包括庫藏股——2000 年底為 21,508 股，2001 年底為 38,548 股	$ 2,330,000	$ 2,330,000
普通股：無面值，核准發行2,400,000股，已發行 1,831,400 股，包括庫藏股——2000 年底為 62,900 股，2001 年底為 34,380 股	14,943,700	14,943,700
保留盈餘	18,649,861	17,146,574
合　計	$35,923,561	$34,420,274
減：庫藏股票	2,616,583	2,707,499
業主權益總額	$33,306,978	$31,712,775

試求：請計算廣達公司2000 年底及2001 年底普通股及特別股每股帳面價值。

解

	2000 年	2001 年
特別股，7%，非累積，93,200 股 @$25	$ 2,330,000	$ 2,330,000
減：庫藏股票，21,508 股@$25	(537,700)	
38,548 股 @$25		(963,700)
特別股權益 (a)	$ 1,792,300	$ 1,366,300
普通股權益 (b)	31,514,678	30,346,475
股東權益合計	33,306,978	31,712,775
在外流通股數：		
特別股 (c)：93,200 股 − 21,508 股	71,692	
93,200 股 − 38,548 股		54,652
普通股 (d)：1,831,400 股 − 62,900 股	1,768,500	
1,831,400 股 − 34,380 股		1,797,020
每股帳面價值：		
特別股 $(a \div c)$	$25.00	$25.00
普通股 $(b \div d)$	17.82	16.89

第十五章　收入分析

二、選擇題

1.A 公司與其他公司簽訂二年期長期工程合約，建造橋樑一座，合約總價$1,000,000，二年期間施工成本及預計完工成本待發生數的有關資料如下：

	20A 年	20B 年	合　計
預計施工成本	$240,000	$360,000	$600,000
實際施工成本	240,000	380,000	620,000
施工成本待發生數	360,000	–0–	–
工程收益	x	y	380,000

已知 A 公司採用完工比率法認定收益；A 公司於工程進行中，20A 年度及 20B 年度各應認定工程收益若干？

	20A 年工程收益（x）	20B 年工程收益（y）
(A)	$152,000	$228,000
(B)	160,000	240,000
(C)	160,000	220,000
(D)	180,000	200,000

解 (C)

A 公司 20 A 年度及 20B 年度工程收益各為$160,000 及$220,000，其計算方法如下：

$$\text{工程收益} = \frac{\text{施工成本累積數}}{\text{預計施工成本}} \times \text{預計利益} - \text{以前年度工程收益}$$

$$20A\text{ 年度工程收益}=\frac{\$240,000}{\$600,000}\times\$400,000-0$$
$$=\$160,000$$
$$20B\text{ 年度工程收益}=\frac{\$620,000}{\$620,000}\times\$380,000-\$160,000$$
$$=\$220,000$$

2.B 公司於 2000 年 7 月 1 日，出售房屋一棟之總價$1,200,000，合約規定分 4 年平均攤還；已知房屋成本$840,000，該公司按收回成本法認定收入。

B 公司 2002 年度及 2003 年度各應認定出售房屋收益為若干？

	出售房屋收益	
	2002 年度	2003 年度
(A)	$ 90,000	$ 90,000
(B)	60,000	120,000
(C)	60,000	300,000
(D)	120,000	60,000

解 (C)

B 公司在收回成本法之下，2002 年度及 2003 年度各應認定出售房屋收益為$60,000 及$300,000；其計算方法如下：

日　期	現金收入	收回成本	成本餘額	出售房屋收益
2000 年7 月1 日	$300,000	$300,000	$540,000	$　–0–
2001 年7 月1 日	300,000	300,000	240,000	–0–
2002 年7 月1 日	300,000	240,000	–0–	60,000
2003 年7 月1 日	300,000	–0–	–0–	300,000

3.沿用上述第 2.題B 公司出售房屋的資料，並假定B 公司對於出售房屋收益係採用分期付款方法認定其已實現收益時，2002 年度及 2003 年度各應認定已實現收益若干？

	出售房屋已實現收益	
	2002 年度	2003 年度
(A)	$ 90,000	$ 90,000
(B)	60,000	120,000
(C)	60,000	300,000
(D)	120,000	60,000

解　(A)

在銷貨成本法之下，如不考慮利息因素，B 公司2002 年度及2003 年度均各認定已實現收益$90,000，其計算方法如下：

日　期	現金收入	分期付款銷貨成本 (70%)	分期付款遞延收益	已實現收益 (30%)
2000 年7 月1 日	$300,000	$210,000	$270,000	$90,000
2001 年7 月1 日	300,000	210,000	180,000	90,000
2002 年7 月1 日	300,000	210,000	90,000	90,000
2003 年7 月1 日	300,000	210,000	–0–	90,000

4.C 公司出售一項設備的收入$20,000，分3 年償還，利息按10% 計算，每年償還金額係按下列公式求得：

設 $x =$ 每年付款金額

$$= \$20{,}000 \times \frac{1}{P\,\overline{3}|0.1}$$

$= \$20{,}000 \div 2.48685 = \$8{,}042$（元以下不計）

已知設備成本為$16,000；C 公司第二年度及第三年度應認定收入各為若干？

	已實現收益	
	第二年度	第三年度
(A)	$1,333	$1,333
(B)	1,329	1,463
(C)	1,208	1,329
(D)	1,463	1,329

解　(B)

C 公司第二年度及第三年度各應認定已實現收益為$1,329 及$1,463，其計算方法如下：

毛利率＝($20,000 – $16,000) ÷ $20,000 = 20%

			應收帳款		
日　期	現金收入	利息收入	收　回	餘　額	已實現收益(20%)
				$20,000	
第1年	$ 8,042	$2,000	$ 6,042	13,958	$1,208
第2年	8,042	1,396	6,646	7,312	1,329
第3年	8,042	730	7,312	–0–	1,463
合　計	$24,126	$4,126	$20,000		$4,000

5.D 出版公司採用永續盤存制度，於2000 年9 月30 日，將1,000 本新書賣給某書商，每本售價$100，成本$60，約定30 天後付款，並附退貨條件，如有未售完部份，得於2001 年3 月31 日以前退還，並退回書款；已知該書商依約付清全部書款；假定D 出版公司對於可能被退回書本的數量無法預計，則於2000 年12 月31 日的會計年度終止日，D 出版公司應認定銷貨收入若干？ (A)$100,000 (B)$60,000 (C)$–0– (D)以上皆非。

解 (C)

根據第四十八號財務會計準則聲明書 (FASB Statement No. 48) 的規定，對於附退貨條件的銷貨收入，僅於符合下列全部條件之情況下，始得認定為收入：⑴銷貨時售價已固定或可合理預定者；⑵買方已付款或買方付款義務不受是否將貨品再予轉售之影響；⑶買方付款義務不因貨品遭竊、滅失、或毀損而改變；⑷買賣雙方均為獨立營業個體；⑸賣方於未來並無義務直接為買方推銷貨品；⑹未來退貨金額可合理加以預計者。本題D 出版公司於2000 年12 月31 日的會計年度終止日，對於可能被退回書本數量，無法預計，不能符合上述認定收入之第⑹項條件，故於年度終止日，不能認定為銷貨收入；其有關分錄（非本題要求，僅供參考）如下：

2000 年9 月30 日：

應收帳款	100,000	
存　貨		60,000
遞延銷貨毛利		40,000

2000 年10 月30 日：

現　金	100,000	
應收帳款		100,000

6.沿用上述第 5.題的資料，另假定D 出版公司對於此項交易頗為平常，於 2000 年度內，可合理預計可能被退回的書本為 10%；D 出版公司 2000 年度應認定銷貨淨額若干？ (A)$100,000 (B)$90,000 (C)$60,000 (D)$–0–。

解 (B)

根據財務會計準則聲明書 (FASB Statement No. 48) 在附退貨權銷貨之下，凡同時符合六項條件者（請參閱第 5.題），應予認定為收入；本題D 出版公司於 2000 年度，可合理預計可能被退回書本為 10%，已能同時符合六項條件，應認定該項附退貨權銷貨為 2000 年度的收入；其有關分錄（非本題要求，僅提供參考）如下：

2000 年9 月30 日：

應收帳款	100,000	
銷貨收入		100,000
銷貨成本	60,000	
存　貨		60,000

2000 年10 月30 日：

現　金	100,000	
應收帳款		100,000

2000 年12 月31 日：

預計銷貨退回	10,000	
銷貨成本		6,000
遞延毛利		4,000

經上列各項分錄後，2000 年度銷貨淨額為 \$90,000 (\$100,000 − \$10,000)。

7.E 公司於2000 年1 月1 日開始營業，採用分期付款銷貨認定收入的方法；2000 年度營業結果的有關資料如下：

分期付款銷貨收入	\$700,000
一般銷貨收入	420,000
分期付款銷貨成本	350,000
一般銷貨成本	210,000
銷售及管理費用	70,000
分期付款銷貨收現部份	140,000

E 公司2000 年12 月31 日資產負債表內遞延毛利應列報若干？ (A)\$350,000 (B)\$280,000 (C)\$224,000 (D)\$105,000。

解 (B)

在分期付款銷貨法之下，遞延銷貨毛利係於分期付款銷貨發生時，即予列帳，俟分期付款銷貨收現時，再就已實現的部份，轉入分期付款銷貨毛利；其計算方法，係以分期付款銷貨金額，乘分期付款銷貨毛利率得之；本題E 公司分期付款銷貨毛利率計算如下：

$$\text{分期付款銷貨毛利率} = \frac{\text{分期付款銷貨成本}}{\text{分期付款銷貨}} = \frac{\$350,000}{\$700,000} = 50\%$$

分期付款銷貨發生時，分期付款銷貨遞延毛利為 \$350,000 (\$700,000 × 50%)，其分錄如下：

應收帳款——分期付款銷貨	700,000	
分期付款銷貨收入		700,000
分期付款銷貨成本	350,000	
分期付款銷貨遞延毛利		350,000

俟收到現金時，應就已收現部份的遞延毛利 $70,000 ($140,000 × 50%) 轉入已實現毛利，其分錄如下：

現　金	140,000	
應收帳款——分期付款銷貨		140,000
分期付款銷貨遞延毛利	70,000	
分期付款銷貨毛利		70,000

一般銷貨收入及銷管費用與分期付款銷貨遞延毛利無關；故 2000 年 12 月 31 日的分期付款銷貨毛利餘額為 $280,000 ($350,000 – $70,000)。

8.F 公司於 2000 年 1 月 1 日與 X 公司簽訂一項合約，授權 X 公司使用其特許權三年，收到現金$60,000，並另收到票據三張，每張均為 $30,000，附息 10%，作為每年的附加服務收入；合約另規定F 公司必須於 2001 年 2 月1 日以前，為 X 公司設計一套營業制度，屆時 X 公司可順利開始營業。F 公司 2000 年 12 月 31 日會計年度終止日，應認定特許權收入及遞延特許權收入各為若干？

	特許權收入	遞延特許權收入
(A)	$　–0–	$134,606
(B)	60,000	90,000
(C)	90,000	60,000
(D)	150,000	–0–

解　(A)

根據第四十五號財務會計準則聲明書 (FASB Statement No. 45) 的規定，凡允許他人個別使用特許權的收入，通常於各項基本服務或與使用特許權有關聯的重要部份，業已履行或已獲得特許權人的確定時，始予認定；本題 F 公司 2000 年 1 月 1 日簽約收到現金$60,000 及三張

$30,000 應收票據現值$74,606 ($\$30,000 \times P_{\overline{3}|}0.1 = \$30,000 \times 2.486852$)合計$134,606，應予遞延至2001 年2 月1 日履行其設計營業制度的重要責任後，始得認定為特許權收入；故F 公司2000 年12 月31 日會計年度終止日，不能認定任何特許權收入，全部列為遞延特許權收入，其分錄如下：

2000 年1 月1 日：

現　金	60,000	
應收票據	90,000	
應收票據折價		15,394
遞延特許權收入		134,606

2001 年12 月31 日：

應收票據折價	7,461	
利息收入		7,461

$\$74,606 \times 10\% = \$7,461$

9.G 公司決定遷移其廠房至某城市郊區，並購買一塊土地公平市價$6,000,000，該轄區市政府為吸引G 公司前來設廠，俾增加市民就業機會及提高稅收來源，遂代付土地價款的20%，作為捐贈款項；G 公司取得土地時，僅支付剩餘款項80%；G 公司對於上項土地應記錄若干？對於市政府捐贈款項應記入收入若干？

	土地帳戶	捐贈收入
(A)	$6,000,000	$ –0–
(B)	6,000,000	1,200,000
(C)	4,800,000	–0–
(D)	4,800,000	1,200,000

解 (B)

根據財務會計準則聲明書第一百一十六號 (FASB Statement No. 116, Par. 8) 的規定，企業於收到外界捐贈資產時，應按捐贈資產的公平價值，並予認定為收訖期間的收入或利益；本題G 公司接受某市政府代付土地價款$1,200,000 ($\$6,000,000 \times 20\%$)，應按其公平價值認定為收入，貸記捐贈收入；至於土地公平價值$6,000,000，應於收到捐贈資產時借記土地帳戶。

三、綜合題

1.世紀公司於2000 年1 月1 日出售商品成本$210,000，售價 $406,095，當即收現金$50,000，餘款平均分5 次於每年12 月31 日收訖；已知該項商品的現銷價格為$350,000，分期付款係按6% 加計利息$56,095；另悉該公司會計年度採用曆年制。

試求：(a)列示2000 年1 月1 日世紀公司分期付款銷貨發生時的分錄。

(b)列示2000 年12 月31 日世紀公司收到分期付款銷貨應收帳款及其應有的調整分錄。

(c)作成分期付款銷貨還本付息計算表。

解

(a) 2000 年1 月1 日：

現　金	50,000	
應收帳款——分期付款銷貨	356,095	
分期付款銷貨收入		350,000
未實現利息收入		56,095
分期付款銷貨成本	210,000	
存　貨		210,000

設每年分期付款 $= P$; $P = \dfrac{\$300,000}{P\,\overline{5|}0.06} = \dfrac{\$300,000}{4.212364} = \$71,219$

(b) 2000 年12 月31 日分期付款有關分錄：

現　金	71,219	
應收帳款——分期付款銷貨		71,219
未實現利息收入	18,000	
利息收入		18,000

分期付款銷貨收入	350,000	
分期付款銷貨成本		210,000
分期付款銷貨遞延毛利		140,000
分期付款銷貨遞延毛利	41,288	
分期付款銷貨已實現毛利		41,288

($50,000 + $53,219) × 40% = $41,288

(c)分期付款銷貨還本付息計算表：

分期付款銷貨還本付息計算表

日　期	每期收現	利息收入	償還本金	本金餘額	應收票據
2000 年 1 月 1 日				$350,000	$406,095
2000 年12 月31 日	$ 50,000	$ –0–	$ 50,000	300,000	356,095
2001 年12 月31 日	71,219	18,000	53,219	246,781	284,876
2002 年12 月31 日	71,219	14,807	56,412	190,369	213,657
2003 年12 月31 日	71,219	11,422	59,797	130,572	142,438
2004 年12 月31 日	71,219	7,834	63,385	67,187	71,219
2005 年12 月31 日	71,219	4,032	67,187	–0–	–0–
合　計	$406,095	$56,095	$350,000		

2.世華公司 20A 年及 20B 年 12 月31 日會計年度終止日各項簡化後的資料如下：

	20A 年 12 月 31 日	20B 年 12 月 31 日
損益表資料：		
銷貨淨額	$450,000	$570,000
銷貨成本	294,000	405,000
淨　利	42,400	45,000
資產負債表資料：		
流動資產	$105,000	$110,000
廠產設備（淨額）	95,000	110,000
資產總額	$200,000	$220,000
流動負債	$ 45,000	$ 60,000
長期負債	75,000	75,000
負債總額	$120,000	$135,000
普通股本	$ 30,000	$ 30,000
資本公積——普通股發行溢價	10,000	12,000
保留盈餘	40,000	43,000
股東權益總額	$ 80,000	$ 85,000
負債及股東權益總額	$200,000	$220,000

另悉世華公司於20B 年度銷貨中，含有一筆附退貨條件的銷貨收入$50,000，允許買方於20C 年 2 月 1 日之前退貨；該項銷貨的成本為$30,000，貨款已付清，惟世華公司對於可能被退回的金額無法預計；已知該公司採用永續盤存制度，所得稅率為 40%。

試求：請為世華公司完成下列各項：

(a)計算比率前的必要調整分錄。

(b)毛利率。

(c)總資產報酬率。

(d)股東權益報酬率。

(e) 20B 年度股利發放數。

解

(a)計算比率前的必要調整分錄：

世華公司 20B 年度有一筆附退貨條件銷貨，由於無法合理預計其可能被退回的銷貨金額，不能同時符合附退貨權銷貨認定收入的六項條件，故不得認定為當年度的銷貨收入，使當年度產生下列四項影響：

(i) 銷貨收入虛增$50,000。

(ii) 銷貨成本虛增$30,000。

(iii) 淨利虛增 $12,000 ($20,000 × 60%)；股東權益虛增$12,000。

(iv) 遞延銷貨毛利（流動負債）虛減$20,000；應付所得稅虛增$8,000。

調整分錄：

銷貨收入	50,000	
銷貨成本		30,000
遞延銷貨毛利		20,000
應付所得稅	8,000	
所得稅費用		8,000

(b)毛利率：

$$\text{毛利率}=\frac{\text{銷貨毛利}}{\text{銷貨淨額}}=\frac{(\$570,000-\$50,000)-(\$405,000-\$30,000)}{\$570,000-\$50,000}$$

$$=\frac{\$145,000}{\$520,000}=27.9\%$$

(c)總資產報酬率：

$$\text{總資產報酬率}=\frac{\text{淨利}}{\text{銷貨淨額}}\times\frac{\text{銷貨淨額}}{\frac{1}{2}(\text{期初資產總額}+\text{期末資產總額})}$$

$$=\frac{\$45,000-\$12,000}{\$570,000-\$50,000}\times\frac{\$570,000-\$50,000}{\frac{1}{2}(\$200,000+\$220,000)}$$

$$=\frac{\$33,000}{\$520,000}\times\frac{\$520,000}{\$210,000}$$

$$=15.7\%$$

(d)股東權益投資報酬率：

$$\text{股東權益投資報酬率} = \frac{\text{淨利}}{\frac{1}{2}(\text{期初股東權益總額} + \text{期末股東權益總額})}$$

$$= \frac{\$45,000 - \$12,000}{\frac{1}{2}(\$80,000 + \$73,000^{*})}$$

$$= \frac{\$33,000}{\$76,500} = 43.1\%$$

*$85,000 − $12,000 = $73,000

(e) 20B 年度股利發放數：

保留盈餘：20B 年 1 月 1 日	$40,000
加：20B 年度淨利	45,000
減：股利發放數	x
保留盈餘：20B 年 12 月 31 日（調整前）	$43,000
減：調整數	12,000
保留盈餘：20B 年 12 月 31 日（調整後）	$31,000

x = $42,000（股利發放數）

3.華府公司於 2000 年度與客戶簽訂一項為期三年的重大工程，合約總價 $30,000,000；工程完成於2002 年，有關資料如下：

	2000 年	2001 年	2002 年
實際施工成本	$ 8,000,000	$ 9,600,000	$ 8,400,000
完工成本待發生數	16,000,000	8,000,000	−
工程款請領金額	7,000,000	10,000,000	13,000,000
實際收到工程款	5,600,000	11,200,000	13,200,000

已知華府公司採用完工比例法認定收入。

試求：請為華府公司計算三個年度應予認定的毛利。

解

	2000 年	2001 年	2002 年
合約總價	$30,000,000	$30,000,000	$30,000,000
累積施工成本 (a)	$ 8,000,000	$17,600,000	$26,000,000
完工成本待發生數	16,000,000	8,000,000	–0–
預計總成本 (b)	$24,000,000	$25,600,000	$26,000,000
預計毛利 (c)	$ 6,000,000	$ 4,400,000	$ 4,000,000
預計毛利率 $(d = a \div b)$	33.33%	68.75%	100.00%
應予認定的毛利：			
2000 年：$(e_1 = c \times d)$	$ 2,000,000		
2001 年：$(e_2 = c \times d - e_1)$		$ 1,025,000	
2002 年：$(e_3 = c \times d - e_1 - e_2)$			$ 975,000

4.利眾營造公司於2000 年承包一項重大工程，合約總價為$10,000,000；利眾營造公司會計部門預計工程總成本$9,000,000；合約另規定簽約時，客戶隨即支付$225,000；其他補充資料如下：

	2000 年	2001 年	2002 年
實際施工成本	$2,700,000	$4,500,000	$1,900,000
實際收到工程款	3,200,000*	4,800,000	2,000,000

*包括簽約時之$225,000。

已知該項工程於2003 年12 月 28 日完工。此外，利眾營造公司於 2000 年 12 月 1 日另出售一筆土地價款$4,000,000，雙方約定簽約時支付訂金30%，其餘自2001 年1 月 1 日起，分20 個月付清，不附利息；已知土地成本為$3,280,000。

試求：(a)計算利眾營造公司工程合約三年度毛利總額。

(b)按完工比例法認定各年度工程合約利益的金額。

(c)按分期付款銷貨法計算利眾營造各年度應予認定的出售土地利益。

解

(a)工程合約三年度毛利總額：

合約總價	$10,000,000
減：實際施工成本	9,100,000
毛利總額	$ 900,000

(b)按完工比例法分別認定 2000 年度至 2002 年度的毛利：

	實際施工成本	完工百分率	工程合約利益
2000 年度	$2,700,000	30%*	$300,000
2001 年度	4,500,000	50%**	500,000
2002 年度	1,900,000	餘數***	100,000
合　計	$9,100,000		$900,000

*$2,700,000÷$9,000,000 = 30%; ($10,000,000−$9,000,000)×30% = $300,000；以下類推。

**$4,500,000 ÷ $9,000,000 = 50%

***$900,000 − $300,000 − $500,000 = $100,000

(c)按分期付款銷貨法認定土地出售利益：

	收到現金	利益百分率	認定出售土地利益
2000 年度	$1,200,000*	18%****	$216,000
2001 年度	1,680,000**	18%	302,400
2002 年度	1,120,000***	18%	201,600
合　計	$4,000,000		$720,000

*$4,000,000 × 30% = $1,200,000

**($4,000,000 − $1,200,000) ÷ 20 = $140,000; $140,000 × 12 = $1,680,000

***$4,000,000 − $1,200,000 − $1,680,000 = $1,120,000

****$4,000,000 − $3,280,000 = $720,000; $720,000 ÷ $4,000,000 = 18%

5.國際公司於 2000 年 10 月 31 日出售商品$640,000，收到訂金$160,000，其餘分三年收到，自 2001 年 10 月 31 日開始，每年收到$160,000 外，另按未付款餘額加計利息10%；商品出售時帳面價值為$320,000；另悉國際公司的會計年度為曆年制，對存貨則採用永續盤存制度。

試求：(a)請分別按下列三種不同方法，列表計算四年期間認定毛利的金額：

(i) 銷貨點認定收入。

(ii) 分期付款銷貨法。

(iii) 收回成本法。

(b)列示在上述三種不同認定收入的方法之下，國際公司2000 年度分期付款銷貨應有的分錄。

解

(a)計算四年期間每年認定毛利的金額：

	2000 年度	2001 年度	2002 年度	2003 年度
收現金額	$160,000	$160,000	$160,000	$160,000
認定毛利金額：				
(i) 銷貨點：				
$640,000 × 50%*	$320,000	$ –0–	$ –0–	$ –0–
(ii) 分期付款銷貨法：				
$160,000 × 50%	80,000	80,000	80,000	80,000
(iii) 收回成本法：				
成本 $320,000	–0–	–0–	160,000	160,000

*毛利率：($640,000 − $320,000) ÷ $640,000 = 50%

(b) (i)銷貨點認定收入：

2000 年10 月31 日：

	借	貸
應收帳款 —— 分期付款銷貨	640,000	
銷貨收入		640,000
銷貨成本	320,000	
存　貨		320,000
現　金	160,000	
應收帳款 —— 分期付款銷貨		160,000

2000 年12 月31 日：

應收利息	8,000	
利息收入		8,000

$\$480,000 \times 10\% \times \frac{2}{12} = \$8,000$

(ii)分期付款銷貨法：

2000 年12 月31 日：

應收帳款——分期付款銷貨	640,000	
分期付款銷貨遞延毛利		320,000
存　貨		320,000
現　金	160,000	
應收帳款——分期付款銷貨		160,000

2000 年12 月31 日：

應收利息	8,000	
利息收入		8,000
分期付款銷貨遞延毛利	80,000	
分期付款銷貨已實現毛利		80,000

(iii)收回成本法：

2000 年10 月31 日：

應收帳款——分期付款銷貨	640,000	
存　貨		320,000
分期付款銷貨遞延毛利		320,000
現　金	160,000	
應收帳款——分期付款銷貨		160,000

2000 年12 月31 日：

應收利息	8,000	
利息收入		8,000

在收回成本法之下，要等到2002 年收回全部成本$320,000 以後，才能將上述遞延毛利轉為已實現毛利。

第十六章　成本與費用分析

二、選擇題

1.R公司20A 年及20B 年12 月31 日有下列各項資料：

	20A 年 12 月 31 日	20B 年 12 月 31 日
存　貨	$290,000	$260,000
應付帳款	50,000	75,000

另悉R 公司曾於20B 年12 月31 日支付應付帳款$490,000；R 公司20B 年度銷貨成本應為若干？ (A)$515,000 (B)$495,000 (C)$485,000 (D)$435,000。

解 (A)

R 公司20B 年度銷貨成本為$515,000；其計算方法如下：

應付帳款

20B 年 12 月 31 日付款	490,000	20B 年 1 月 1 日	50,000
		20B 年度進貨	x
		20B 年12 月 31 日	75,000

$\$50,000 + x - \$490,000 = \$75,000$

$x = \$515,000$

2.S公司於2000 年度為開發新產品，發生下列各項費用：

研究及發展實驗室人事費用	$5,000,000
研究用的原料及物料（當年度已耗用）	1,500,000
購買研究用設備成本	2,500,000
申請專利權的法律費用	100,000
委託其他公司進行研究活動的支出	600,000
合　　計	$9,700,000

已知S 公司經過上項研究與發展後，已獲得一項開發新產品的專利權，將於2001 年度起生產；研究用的設備，可用於其他方面，惟2000 年提供研究用的折舊費用為$250,000；S 公司2000 年度列報為研究及發展費用應為若干？ (A)$7,100,000 (B)$7,200,000 (C)$7,350,000 (D)$9,700,000。

解 (C)

S 公司2000 年度應列為研究及發展費用為$7,350；其計算如下：

研究及發展實驗室人事費用	$5,000,000
研究用的原料及物料（當年度已耗用）	1,500,000
委託其他公司進行研究活動的支出	600,000
設備的折舊費用	250,000
合　　計	$7,350,000

至於申請專利的法律費用$100,000，應予資本化，列為專利權；此外，購買研究用設備成本$2,500,000，於扣除折舊費用$250,000 後，因可提供其他用途，也應予資本化，列為設備；惟2000 年度設備的折舊費用$250,000，應予列為研究及發展費用。

3.T公司為從事某項研究計畫，於2000 年1 月1 日同時購入下列三種設備，並發生各項研究及發展人事費用$1,200,000；2000 年度已開發生產新產品的專利權，擬於2001 年開始生產；三種設備的有關資料如下：

設備	成本	殘值	預計耐用年數	說明
A	$600,000	$ –0–	2	2000 年度用於研究與發展；無法提供其他用途。
B	720,000	–0–	3	2000 年度用於研究與發展；可提供其他用途。
C	420,000	60,000	6	2000 年度未用於研究與發展；可提供其他用途。

T公司 2000 年度應列報為研究及發展費用的金額，究竟為若干？ (A)$2,940,000 (B)$2,520,000 (C)$2,040,000 (D)$1,800,000。

解 (C)

T 公司2000 年度應列報為研究及發展費用的金額為$2,040,000；其計算方法如下：

研究及發展費用：	
設備 A 成本	$ 600,000
設備 B 折舊費用：$720,000 $\times \frac{1}{3}$	240,000
各項研究及發展人事費用	1,200,000
合　　計	$2,040,000

上項處理方法應予說明者，有下列三項：(1)設備 A 雖可使用2 年，惟無法提供其他用途，故全部成本應列為2000 年度的研究及發展費用；(2)設備B 於2000 年度用於研究及發展，故其成本$720,000 應予資本化，並將2000 年度的折舊費用$240,000 列為當年度的研究及發展費用；(3)設備C 未用於研究及發展計畫，並可提供其他用途，故不得列為研究及發展費用。

4.U公司從事於電腦軟體開發事業，自1999 年初即進行一項軟體開發計畫，俟2000 年6 月30 日，已耗用成本$1,800,000，並已建立該項軟體產品技術之可行性；自2000 年6 月30 日起至2001 年開始行銷產品為止，另發生成本$1,200,000；2001 年度，新產品銷貨收入$4,500,000，預計於未來該項軟體經濟行銷年度內，尚可增加收入$10,500,000；已知軟體新產品的預計經濟行銷年度為4 年；U 公司2001 年度對於電腦軟體的攤銷費用應為若干？ (A)$750,000 (B)$450,000 (C)$360,000 (D)$300,000。

解 (C)

根據財務會計準則聲明書第八十六號(FASB Statement No. 86)的規定，凡於建立軟體產品技術可行性前的各項成本，應列為費用；一旦建立軟體產品技術可行性後的各項成本，應予資本化，列為軟體成本；此外，對於電腦軟體的攤銷，規定應按收入法與直線法計算的結果，以孰者較大為準。因此，本題軟體成本應予資本化者，僅限於建立軟體產品可行性後的成本$1,200,000 為準，至於建立軟體產品可行性前的成本$1,800,000，不得資本化。又 2001 年軟體成本攤銷方法如下（設A_1 = 2001 年度攤銷費用）：

收入法：

$$A_1 = \frac{\text{2001 年度軟體銷貨收入}}{\text{2001 年度軟體銷貨收入} + \text{預期未來經濟行銷年度內之收入}} \times \text{剩餘軟體成本}$$

$$= \frac{\$4{,}500{,}000}{\$4{,}500{,}000 + \$10{,}500{,}000} \times \$1{,}200{,}000 = \$360{,}000$$

直線法：

$$A_1 = \frac{\text{剩餘待攤銷軟體成本}}{\text{預期未來經濟行銷年度}} = \frac{\$1{,}200{,}000}{4} = \$300{,}000$$

收入法攤銷費用為$360,000，大於直線法的攤銷費用$300,000；故 U 公司 2001 年度的攤銷費用，應以兩者的較大金額$360,000 為準。

5.V公司以土地換入一項設備資產；設備資產缺乏公平價值可作為列帳根據，僅知土地的帳面價值為$800,000；交換雙方乃協議聘請獨立評估人評估土地公平價值為$1,120,000；對方同意另支付 V 公司$80,000；V 公司對於所換入設備資產應記錄若干？此外，V 公司應認定資產交換利益若干？

	設　備	資產交換利益
(A)	$1,120,000	$　　–0–
(B)	1,040,000	320,000
(C)	800,000	80,000
(D)	720,000	400,000

解　(B)

根據會計原則委員會第二十九號意見書 (APB Opinion No. 29) 的規定，對於非貨幣性資產的交換，凡不同資產交換並涉及一部份現金收入時，換入資產應按「換出資產公平價值減現金收入的餘額」列帳，並認定全部資產交換利益。本題V公司換出資產（土地）的公平價值為$1,120,000，減收到現金$80,000後的餘額為$1,040,000，即代表換入資產（設備）的公平價值，可作為借記設備帳戶的根據；至於資產交換利益，乃換出資產公平價值$1,120,000與帳面價值$800,000的差額$320,000；茲列示其交換分錄如下：

設　備	1,040,000	
現　金	80,000	
土　地		800,000
資產交換利益		320,000

6.沿用上述第5.題的資料，另假定土地公平價值為$640,000，V公司同意支付對方$80,000；V公司應認定資產交換損失若干？ (A)$-0- (B)$80,000 (C)$100,000 (D)$160,000。

解 (D)

根據會計原則委員會第二十九號意見書(APB Opinion No. 29)的規定，對於非貨幣性資產的交換，凡不同資產交換並涉及一部份現金支出時，換入資產應按「換出資產公平價值加現金之和」列帳，並認定全部交換損失。本題V公司土地公平價值$640,000加支付現金$80,000之和$720,000，即代表換入資產的公平價值；資產交換損失乃土地帳面價值$800,000與公平價值$640,000的差額$160,000；茲列示其交換分錄如下：

設　備	720,000	
資產交換損失	160,000	
現　金		80,000
土　地		800,000

三、綜合題

1.北海公司於 1999 年初即進行一項軟體的開發計畫，至 1999 年 12 月底止已完成，總共耗用成本$5,000,000，其中有 40% 係發生於建立軟體產品技術可行性之前；北海公司預計該項軟體產品的經濟行銷期間為三年，預計總銷貨收入為$10,000,000；三年度銷貨收入如下：

	2000 年度	2001 年度	2002 年度
軟體銷貨收入	$2,500,000	$6,000,000*	$1,500,000*

*預計銷貨收入。

試求：(a)記錄 2000 年度有關研究及發展成本的分錄。

(b)計算各年度電腦軟體的攤銷金額。

(c)列示各年底電腦軟體在資產負債表內應列報的金額。

解

(a) 2000 年度有關研究及發展成本的分錄：

研究及發展費用	2,000,000	
電腦軟體	3,000,000*	
現　金		5,000,000

*$5,000,000 × 60% = $3,000,000

(b)各年度電腦軟體的攤銷金額：

(i) 2000 年度：

直線法：

$$攤銷費用 = \$3,000,000 \times \frac{1}{3} = \$1,000,000$$

收入法：

$$攤銷費用 = \$3,000,000 \times \frac{\$2,500,000}{\$10,000,000} = \$750,000$$

2000 年度攤銷費用應以兩者較大金額$1,000,000 為準，並作成攤銷分錄如下：

攤銷費用	1,000,000	
電腦軟體		1,000,000

(ii) 2001 年度：

直線法：

$$攤銷費用 = (\$3,000,000 - \$1,000,000) \times \frac{1}{3} = \$666,667$$

收入法：

$$攤銷費用 = (\$3,000,000 - \$1,000,000) \times \frac{\$6,000,000}{\$10,000,000} = \$1,200,000$$

2001 年度攤銷費用應以兩者較大金額$1,200,000 為準。

(iii) 2002 年度：

$$攤銷費用 = \$3,000,000 - \$1,000,000 - \$1,200,000 = \$800,000$$

(c)各年底電腦軟體在資產負債表內應列報的金額：

	12 月 31 日		
	2000 年	2001 年	2002 年
電腦軟體	$3,000,000	$3,000,000	$3,000,000
減：累積攤銷	1,000,000	2,200,000	3,000,000
淨　額	$2,000,000	$ 800,000	$ –0–

2.北美公司20A 年度帳上列有下列各帳戶餘額：

期初存貨	$ 35,600	銷售費用	$52,800
期末存貨	27,200	管理費用	32,400
銷　貨	374,000	利息收入	1,800
銷貨退回	6,480	股利收入	4,000
銷貨折扣	5,360	利息費用	1,000
進　貨	218,200	所得稅費用	22,000
進貨運費	25,320	期初保留盈餘	80,000
進貨折扣	4,840	期末保留盈餘	88,000
進貨退出	7,320		

試求：請根據上列資料，計算20A 年度下列各項：

(a)收入總額。

(b)成本及費用總額（包括銷貨成本）。

(c)淨利。

(d)已宣告股利金額。

解

(a)收入總額：

銷貨收入		$374,000
減：銷貨退回	$6,480	
銷貨折扣	5,360	(11,840)
銷貨淨額		$362,160
加：利息收入		1,800
股利收入		4,000
收入總額		$367,960

(b)成本及費用總額：

銷貨成本：			
期初存貨		$ 35,600	
加：進貨淨額：			
進　貨	$218,200		
進貨運費	25,320		
	$243,520		
進貨折扣	(4,840)		
進貨退出	(7,320)	231,360	
可銷商品總額		$266,960	
減：期末存貨		27,200	$239,760
銷售費用			52,800
管理費用			32,400
所得稅費用			22,000
利息費用			1,000
成本及費用總額			$347,960

(c)淨利：

收入總額	$367,960
成本及費用總額	347,960
淨　利	$ 20,000

(d)已宣告股利金額：

期初保留盈餘	$80,000
加：淨利	20,000
減：宣告股利	x
期末保留盈餘	$88,000

$x = \$12,000$

3.南美製造公司20A 年度有關銷貨成本各科目期初及期末餘額如下：

	期　初	期　末
原　料	$22,000	$30,000
在製品	40,000	48,000
製成品	25,000	18,000
合　　計	$87,000	$96,000

20A 年度所發生的成本及費用如下：

購進原料	$300,000
直接人工	120,000
間接人工	60,000
廠房稅捐及折舊	20,000
營業與辦公室的稅捐及折舊	15,000
售貨員薪資	40,000
事務員薪資	24,000
耗用品（工廠 60%、營業廳 20%、辦公室 20%）	60,000
銷貨收入	910,000

試求：(a)編製 20A 年度銷貨成本表。

(b)編製 20A 年度損益表（所得稅率 25%）。

解

(a)銷貨成本表：

南美公司
銷貨成本表
20A 年度

在製品期初存貨（20A 年 1 月 1 日）：			$ 40,000
加：製造成本：			
直接原料：			
原料期初存貨（20A 年 1 月1 日）：	$ 22,000		
加：購進原料	300,000		
可用原料總額	$322,000		
減：原料期末存貨（20A 年 12 月 31 日）	30,000		
直接原料耗用		$292,000	
直接人工		120,000	
製造費用：			
間接人工	$ 60,000		
廠房稅捐及折舊	20,000		
耗用品：$60,000 × 6%	36,000	116,000	
製造成本總額			528,000
在製品成本總額			$568,000
減：在製品期末存貨（20A 年 12 月 31 日）			48,000
製成品成本			$520,000
加：製成品期初存貨（20A 年 1 月1 日）			25,000
可銷售製成品成本總額			$545,000
減：製成品期末存貨（20A 年 12 月 31 日）			18,000
銷貨成本			$527,000

(b)損益表：

南美公司
損益表
20A 年度

銷貨收入		$910,000
減：銷貨成本		527,000
銷貨毛利		$383,000
減：營業費用：		
營業與辦公室之稅捐及折舊	$15,000	
售貨員薪資	40,000	
事務員薪資	24,000	
營業廳及辦公室耗用品	24,000	103,000
稅前淨利		$280,000
減：所得稅 25%		70,000
本期淨利		$210,000

4.維京公司20A 年度公開財務報表內包括下列損益表：

維京公司
損益表
20A 年度　（千元）

銷貨淨額		$23,863
減：銷貨成本及銷售費用（包括廣告費）	$16,842	
總務及管理費用	4,205	
折舊及機器報廢損失	182	
財產稅	469	
修理及維護費用	174	21,872
稅前淨利		$ 1,991
減：所得稅		821
稅後淨利		$ 1,170

另悉銷售費用為銷貨成本之 $\frac{1}{5}$；折舊費用及機器報廢損失各佔 $\frac{1}{2}$。
試求：請重編上述損益表。

解

維京公司
損益表
20A 年度

		（千元）
銷貨收入		$23,863
減：銷貨成本		14,035
銷貨毛利		9,828
減：營業費用：		
銷售費用（包括廣告費）	$2,807	
總務及管理費用	4,205	
折　舊	91	
財產稅	469	
修理及維護費	174	
營業費用總額		7,746
營業收益		$ 2,082
機器報廢損失（扣除所得稅$65 後淨額）		91
稅前淨利		$ 1,991
所得稅		821
稅後淨利		$ 1,170

第十七章　短期償債能力分析

二、選擇題

1.以現金購入商品，則　(A)增加流動比率　(B)減少流動比率　(C)對流動比率無影響　(D)減低毛利率　(E)增加毛利率。

解　(C)

以現金購入商品，對流動比率無影響；蓋計算流動比率的公式如下：

$$流動比率=\frac{流動資產}{流動負債}$$

流動資產包括現金、短期投資、應收帳款、存貨及預付費用等；以現金購入商品時，存貨增加，現金減少，故流動比率無任何影響。

2.以賒帳購入商品，則　(A)增加流動比率　(B)減少流動比率　(C)對流動比率無影響　(D)增加營業費用　(E)減低毛利率。

解　(B)

以賒帳購入商品，使存貨增加，流動資產隨而增加；另一方面，賒帳結果將增加應付帳款，流動負債隨而增加；在正常情況之下，當原來流動比率大於一時，賒帳購入商品將使流動比率減少；反之，在特殊情況之下，當流動比率小於一時，賒帳購入商品將使流動比率增加。

3.如其他有關項目均不變，而進貨退出發生，則　(A)增加流動比率　(B)減低流動比率　(C)對流動比率無影響　(D)增加毛利率　(E)減少毛利率。

解　(A)

如其他有關項目均不變，而進貨退出增加時，一方面應付帳款減少，將使流動負債減少；另一方面存貨減少，流動資產也隨而減少；在正常情況之下，如原來流動比率大於一，於進貨退出發生時，流動比率將增加；反之，在特殊情況之下，如原來流動比率小於一，於進貨退出發生時，流動比率將減少。

4.以公司債償還短期借款，則 (A)營運資金增加 (B)資產增加 (C)負債增加 (D)負債減少 (E)流動比率無影響。

解 (A)

以公司債償還短期借款時，流動負債減少，營運資金因而增加；蓋營運資金計算如下：

營運資金＝流動資產－流動負債

故流動負債減少時，如其他條件不變，則營運資金因而增加。

5.現金、短期投資及應收帳款之和，與流動負債的比率關係為 (A)速動比率 (B)流動比率 (C)其結果為2:1或較佳的關係時，具有重要意義 (D)無意義。

解 (B)

現金、短期投資及應收帳款之和，即為流動資產；流動資產與流動負債的比率關係即為流動比率。

6.測度一企業短期償債能力的最佳比率為 (A)流動比率 (B)普通股每股盈餘 (C)本益比 (D)純益比。

解 (A)

測度一企業短期償債能力的最佳比率為流動比率。

7.某公司的流動比率為2:1。下列哪一種情況發生時，將使此項比率減少？ (A)收到5%短期投資股票股利 (B)償還流動負債中一筆鉅額應付帳款 (C)開具六個月期應付票據乙紙，向銀行借入現金 (D)超過成本出售存貨，並按永續盤存制列帳。

解 (C)

凡一企業的流動比率大於一時，如流動資產與流動負債同時增加相同的數額，則流動比率將減少；本題設流動比率 2 ($200/$100)，如開具六個月期應付票據向銀行借入現金$100，則流動比率將降低為1.5 ($300/$200)。

8.假定某公司將一項短期應付票據轉換為長期應付票據時，此一交易事項將導致 (A)僅營運資金減少 (B)營運資金與流動比率同時減少 (C)僅營運資金增加 (D)營運資金與流動比率同時增加。

解 (D)

假定某公司將一項短期應付票據轉換為長期應付票據時，此一交易事項將導致營運資金與流動比率同時增加；蓋短期應付票據轉換為長期應付票據後，流動負債將減少，如其他條件不變，則流動比率因而增加；此外，由於流動負債減少，營運資金因而增加。

下列資料用於解答第 9 至12 題的根據：

X 公司 20A 年及20B 年的各項有關資料如下：

(1)資產負債表資料：

	12 月 31 日	
	20A 年	20B 年
應收帳款	$470,000	$500,000
備抵壞帳	(20,000)	(25,000)
應收帳款淨額	$450,000	$475,000
存貨（成本與市價孰低法）	$550,000	$600,000

(2)損益表資料：

	1 月 1 日至 12 月 31 日	
	20A 年	20B 年
賒銷淨額	$2,200,000	$2,500,000
現銷淨額	400,000	500,000
銷貨淨額	$2,600,000	$3,000,000
銷貨成本	$1,800,000	$2,000,000
銷售及管理費用	270,000	300,000
其他營業費用	30,000	50,000
營業費用合計	$2,100,000	$2,350,000

9.20B 年度應收帳款週轉率應為若干？ (A) 5.08 次 (B) 5.41 次 (C) 5.26 次 (D) 6.19 次。

解 (B)

應收帳款週轉率為 5.41 次；其計算方法如下：

$$\text{應收帳款週轉率} = \frac{\text{賒銷}}{\frac{1}{2}（\text{期初應收帳款} + \text{期末應收帳款}）}$$

$$= \frac{\$2,500,000}{\frac{1}{2}(\$450,000 + \$475,000)} = 5.41（\text{次}）$$

10.20B 年度存貨週轉率應為若干？ (A) 3.48 (B) 3.92 (C) 4.87 (D) 5.22。

解 (A)

存貨週轉率為 3.48 次；其計算方法如下：

$$\text{存貨週轉率} = \frac{\text{銷貨成本}}{\frac{1}{2}（\text{期初存貨} + \text{期末存貨}）}$$

$$= \frac{\$2,000,000}{\frac{1}{2}(\$550,000 + \$600,000)} = 3.48（\text{次}）$$

11.20B 年度帳款收回平均日數應為若干？ (A) 58.2 日 (B) 68.4 日 (C) 66.5 日 (D) 70.9 日。

解 (C)

帳款收回平均日數為 66.5 日；其計算方法如下：

$$\text{帳款收回平均日數} = \frac{360}{\text{應收帳款週轉率}} = \frac{360}{5.41} = 66.5（\text{日}）$$

12.20B 年度存貨平均週轉日數應為若干？ (A) 69.0 日 (B) 73.9 日 (C) 91.9 日 (D) 103.4 日。

解 (D)

$$\text{存貨平均週轉日數} = \frac{360}{\text{存貨週轉率}} = \frac{360}{3.48} = 103.4\text{（日）}$$

13.如某公司的流動資產大於流動負債，則於年度終了日以現金支付應付帳款，將發生下列何種結果？ (A)增加流動比率 (B)減少流動比率 (C)增加營運資金 (D)減少營運資金。

解 (A)

如某公司的流動資產大於流動負債，其流動比率大於一，則於年度終了日以現金支付應付帳款之後，流動資產與流動負債同時減少，由於流動負債減少的比例大於流動資產，使流動比率因而增加；設原來流動比率為2.0 ($200/$100)，年度終了日支付應付帳款$50，將使流動比率增加為3.0 ($150/$50)。

14.某公司於年度終了日，收到其主要客戶還來所欠帳款，此項交易將使下列哪一項比率增加？ (A)存貨週轉率 (B)應收帳款週轉率 (C)流動比率 (D)速動比率。

解 (B)

收到應收帳款後，現金增加，應收帳款減少，將使應收帳款週轉率增加；蓋應收帳款週轉率係根據下列公式求得：

$$\text{應收帳款週轉率} = \frac{\text{賒銷淨額}}{\text{平均應收帳款}}$$

當期末應收帳款減少時，平均應收帳款隨而減少，如其他條件不變時，應收帳款週轉率隨即增加。

15.某公司於年度終了日沖銷過時存貨，此一會計處理將使下列哪一項比率減少？ (A)流動及速動比率 (B)只有流動比率 (C)只有速動比率 (D)以上皆非。

解 (B)

流動比率乃流動資產與流動負債的比率關係；流動資產包括現金、短期投資、應收帳款、存貨及預付費用等；當年度終了日沖銷過時存貨時，流動資產隨即減少，如其他條件不變時，流動比率因而減少；至於速動資產乃現金、短期投資及應收帳款之和，不包括存貨在內，故沖銷過時存貨不影響速動比率。

16.下列哪一（些）項目包括於計算速動比率之內？

	應收帳款	存　貨
(A)	非	非
(B)	非	是
(C)	是	非
(D)	是	是

解 (C)

應收帳款包括於計算速動比率之內；存貨則並不包括在內；茲列示速動比率的公式如下：

$$\text{速動比率} = \frac{\text{速動資產（包括現金、短期投資及應收帳款淨額）}}{\text{流動負債}}$$

下列資料用於解答第 17 至 20 題的根據：

Y 公司 2000 年 12 月 31 日資產負債表內，流動資產包括現金、短期投資、應收帳款及存貨；其有關資料如下：

存　貨	$ 420,000
資產總額	2,800,000
流動比率	2.25
速動比率	1.20
負債對股東權益比率	1.80

17.Y 公司2000 年12 月31 日流動資產應為若干？ (A)$800,000 (B)$900,000 (C)$840,000 (D)$960,000。

解 (B)

Y 公司 2000 年 12 月 31 日流動資產為$900,000；其計算如下：

設 $CA =$ 流動資產；$CL =$ 流動負債；$I =$ 存貨

$$流動比率=\frac{CA}{CL}=2.25;\ CA=2.25CL$$

$$速動比率=\frac{CA-I}{CL}=1.20;\ CA-\$420{,}000=1.20CL$$

$$2.25CL-\$420{,}000=1.20CL;\ 1.05CL=\$420{,}000$$

$$CL=\$400{,}000$$

$$CA=\$900{,}000$$

18.Y 公司 2000 年 12 月 31 日股東權益應為若干？ (A)$1,000,000 (B)$1,200,000 (C)$1,800,000 (D)$2,000,000。

解 (A)

Y 公司2000 年 12 月 31 日股東權益為$1,000,000；其計算如下：

設 $A=$ 資產；$L=$ 負債；$OE=$ 股東權益

$$負債對股東權益比率=\frac{負債比率}{1-\ 負債比率}=\frac{\frac{L}{A}}{1-\frac{L}{A}}=1.80$$

$$2.8L=1.8A;\ 2.8L=1.8\times\$2{,}800{,}000;\ L=\$1{,}800{,}000$$

$$OE=A-L=\$2{,}800{,}000-\$1{,}800{,}000=\$1{,}000{,}000$$

19.Y 公司 2000 年 12 月 31 日非流動資產應為若干？ (A)$1,700,000 (B)$1,800,000 (C)$1,900,000 (D)$2,000,000。

解 (C)

Y 公司2000 年 12 月 31 日非流動資產為$1,900,000；其計算如下：

非流動資產＝資產總額 － 流動資產

＝$2,800,000 － $900,000

＝$1,900,000

20.Y 公司 2000 年 12 月 31 日非流動負債應為若干？ (A)$400,000 (B)$800,000 (C)$1,200,000 (D)$1,400,000。

解 (D)

Y 公司2000 年12 月31 日非流動負債為$1,400,000；其計算如下：

$$非流動負債=負債總額-流動負債$$
$$=\$1,800,000-\$400,000$$
$$=\$1,400,000$$

21.下列何者並非存貨週轉率高的可能原因？ (A)原料短缺 (B)存貨滯銷 (C)售價降低 (D)產品供不應求。

解 (B)

企業的存貨發生滯銷時，將使存貨日益增加，影響所及，使存貨週轉率隨而降低；茲將存貨週轉率的計算公式列示如下：

$$存貨週轉率=\frac{銷貨成本}{平均存貨}$$

根據上列公式，如其他條件不變，於存貨滯銷時，存貨增加，因公式的分母愈大，存貨週轉率將愈小；至於原料（存貨）短缺、售價降低及產品供不應求時，均使存貨降低，存貨週轉率因而提高。

22.應收帳款收帳期間 (collection period) 過高表示公司如何？ (A)信用政策過於寬鬆 (B)信用政策過於嚴苛 (C)公司可能喪失一些好客戶 (D)收帳期間與公司之信用政策無關。

解 (A)

應收帳款週轉率係根據下列公式求得：

$$應收帳款週轉率=\frac{賒銷收入}{平均應收帳款}$$

當企業對於賒銷的信用政策過於寬鬆時，一方面使應收帳款增加迅速，另一方面也使呆帳率提高，產生帳款無法收回的現象；因此，企業的信用政策過於寬鬆，必將增加應收帳款的餘額（分母），導致應收帳款週轉率降低。

23.假定Z 公司目前的流動比率為2 : 1，下列何項交易將增加該公司的流動比率？ (A)在損失情況下，出售短期投資 (B)簽發短期票據借入短期借款 (C)長期投資採權益法下，認列投資收益 (D)將未附息之短期應付票據償付。

解 (D)

Z 公司目前的流動比率為 2 : 1，如將未附息短期應付票據予以償付後，流動資產（分子）與流動負債（分母）各減少相同數額，流動比率因而大於 2 : 1。

24.W 公司20B 年度的應收帳款週轉率，較 20A 年度為低，惟 20B 年度的存貨週轉率卻較 20A 年度為高，其可能原因為何？ (A)銷貨數量已明顯增加 (B)投資於存貨的資金減少，而投資於應收帳款的資金卻增加 (C)投資於存貨的資金增加，而投資於應收帳款的資金卻減少 (D) W 公司緊縮信用條件，縮短顧客的欠帳期間。

解 (B)

應收帳款及存貨週轉率的計算公式如下：

$$應收帳款週轉率 = \frac{賒銷收入}{平均應收帳款}$$

$$存貨週轉率 = \frac{銷貨成本}{平均存貨}$$

W 公司 20B 年度應收帳款週轉率較20A 年度低，存貨週轉率反而較高的可能原因，乃投資於存貨的資金減少，而投資於應收帳款的資金卻增加；蓋前者分母減少，如其他條件不變，存貨週轉率因而提高；後者分母增加，如其他條件不變，應收帳款週轉率因而下降。

三、綜合題

1.天馬公司 20A 年度未完成簡明損益表及 20A 年 12 月 31 日未完成簡明資產負債表列示如下：

天馬公司
簡明損益表
20A 年度

銷貨收入	$ (a)
銷貨成本	6,000,000
銷貨毛利	$ (b)
減：營業費用	(c)
稅前淨利	$ (d)
減：所得稅：35%	(e)
稅後淨利	$ (f)

天馬公司
簡明資產負債表
20A 年 12 月 31 日

資　產：		負　債：	
流動資產：		流動負債：	
現　金	$ 500,000	應付帳款	$ 350,000
應收帳款	(g)	應付票據	(k)
存　貨	(h)	流動負債合計	$ (l)
流動資產合計	$ (i)	長期應付債券	(m)
廠產設備	(j)	負債總額	$ (n)
		股東權益：	
		普通股本	$ (p)
		保留盈餘	800,000
		股東權益總額	$ (q)
資產總額	$8,000,000	負債及股東權益總額	$8,000,000

其他補充資料如下：

(1)應收帳款週轉率為 10；賒銷收入$1,200,000，為總銷貨收入之 96%；應收帳款期末餘額為期初餘額的 2 倍。

(2)存貨週轉率為 5；期初存貨餘額為$1,500,000。

(3)流動比率為 2 : 1。

(4)負債比率為 55%。

(5)營業費用為銷貨收入之 40%。

試求：請根據上列資料，為天馬公司完成 20A 年度簡明損益表及 20A 年 12 月31 日的資產負債表。

解

(1)**應收帳款週轉率** $= \dfrac{\text{賒銷收入}}{\text{平均應收帳款}} = \dfrac{\$12{,}000{,}000}{\frac{1}{2}(\frac{g}{2}+g)} = 10$

g（期末應收帳款）$= \$1{,}600{,}000$

(2) $a \times 96\% = \$12{,}000{,}000$; a（銷貨收入）$= \$12{,}500{,}000$

(3)**存貨週轉率** $= \dfrac{\text{銷貨成本}}{\text{平均存貨}} = \dfrac{\$6{,}000{,}000}{\frac{1}{2}(\$1{,}500{,}000+h)} = 5$

h（期末存貨）$= \$900{,}000$

(4) i（流動資產）$= \$500{,}000 + \$1{,}600{,}000 + \$900{,}000 = \$3{,}000{,}000$

(5) j（廠產設備）$= \$8{,}000{,}000 - \$3{,}000{,}000 = \$5{,}000{,}000$

(6)**流動比率** $= \dfrac{\text{流動資產}}{\text{流動負債}} = \dfrac{\$3{,}000{,}000}{l} = 2$

l（流動負債）$= \$1{,}500{,}000$

(7) k（應付票據）$= \$1{,}500{,}000 - \$350{,}000 = \$1{,}150{,}000$

(8)**負債比率** $= \dfrac{\text{負債總額}}{\text{資產總額}} = \dfrac{n}{\$8{,}000{,}000} = 55\%$

n（負債總額）$= \$4{,}400{,}000$; m（長期應付債券）$= \$2{,}900{,}000$

(9) q（股東權益總額）$= \$8{,}000{,}000 - \$4{,}400{,}000 = \$3{,}600{,}000$

(10) p（普通股本）$= \$3{,}600{,}000 - \$800{,}000 = \$2{,}800{,}000$

(11) b（銷貨毛利）$= \$12{,}500{,}000 - \$6{,}000{,}000 = \$6{,}500{,}000$

(12) c（營業費用）$= \$12{,}500{,}000 \times 40\% = \$5{,}000{,}000$

(13) d（稅前淨利）$= \$6{,}500{,}000 - \$5{,}000{,}000 = \$1{,}500{,}000$

(14) e（所得稅）$= \$1{,}500{,}000 \times 35\% = \$525{,}000$

(15) f（稅後淨利）$= \$1{,}500{,}000 - \$525{,}000 = \$975{,}000$

天馬公司
簡明損益表
20A 年度

銷貨收入	$12,500,000
銷貨成本	6,000,000
銷貨毛利	$ 6,500,000
減：營業費用	5,000,000
稅前淨利	$ 1,500,000
減：所得稅：35%	525,000
稅後淨利	$ 975,000

天馬公司
簡明資產負債表
20A 年12 月31 日

資　產：		負　債：	
流動資產：		流動負債：	
現　金	$ 500,000	應付帳款	$ 350,000
應收帳款	1,600,000	應付票據	1,150,000
存　貨	900,000	流動負債合計	$1,500,000
流動資產合計	$3,000,000	長期應付債券	2,900,000
廠產設備	5,000,000	負債總額	$4,400,000
		股東權益：	
		普通股本	$2,800,000
		保留盈餘	800,000
		股東權益總額	$3,600,000
資產總額	$8,000,000	負債及股東權益總額	$8,000,000

2.芝山公司20A 年及20B 年12 月31 日及該兩年度經營結果的有關資料如下：

	20A 年 12 月 31 日	20B 年 12 月 31 日
現　金	$ 150,000	$ 100,000
應收帳款	200,000	300,000
存　貨	175,000	225,000
固定資產（淨額）	925,000	1,175,000
合　計	$1,450,000	$1,800,000
應付帳款	$ 200,000	$ 250,000
應付債券：6%	500,000	500,000
股本：每股面值$10	500,000	650,000
保留盈餘	250,000	400,000
合　計	$1,450,000	$1,800,000

	20A 年度	20B 年度
銷貨收入*	$600,000	$900,000
銷貨成本	350,000	500,000
銷貨毛利	$250,000	$400,000
營業費用	150,000	250,000
稅前淨利	$100,000	$150,000
預計所得稅	15,000	27,500
稅後淨利	$ 85,000	$122,500

*全部為賒銷。

試求：請計算芝山公司 20B 年的下列各項：

(a)速動比率。

(b)應收帳款週轉率。

(c)帳款收回平均日數。

(d)存貨週轉率。

(e)存貨平均週轉日數。

(f)每股帳面價值。

解

(a)速動比率 $= \frac{\text{速動資產}}{\text{流動負債}} = \frac{\$100,000 + \$300,000}{\$250,000} = 160(\%)$

(b)應收帳款週轉率 $= \frac{\text{賒銷收入}}{\text{平均應收帳款}} = \frac{\$900,000}{\frac{1}{2}(\$200,000 + \$300,000)} = 3.6$（次）

(c)帳款收回平均日數 $= \frac{360}{\text{應收帳款週轉率}} = \frac{360}{3.6} = 100$（天）

(d)存貨週轉率 $= \frac{\text{銷貨成本}}{\text{平均存貨}} = \frac{\$500,000}{\frac{1}{2}(\$175,000 + \$225,000)} = 2.5$（次）

(e)存貨平均週轉日數 $= \frac{360}{\text{存貨週轉率}} = \frac{360}{2.5} = 144$（天）

(f)每股帳面價值 $= \frac{\text{普通股權益總額}}{\text{在外流通加權平均股數}} = \frac{\$1,050,000}{65,000} = \$16.15$

3.芝柏公司最近三年來各項有關資料如下：

	20A 年	20B 年	20C 年
毛利率	30%	$33\frac{1}{3}\%$	36%
存貨週轉率	14 次	25 次	20 次
平均存貨	$140,000	$ 72,000	$ 76,800
平均應收帳款	175,000	337,500	400,000
所得稅率	20%	30%	40%
淨利與銷貨比率	6%	7%	12%

試求：(a)編製芝柏公司三年度的比較性損益表。

(b)試評論該公司三年度的銷貨、毛利率及淨利百分比。

(c)計算三年度的應收帳款週轉率（假定銷貨收入全部皆為賒銷）。

解

(a)三年度比較性損益表：

芝柏公司
比較性損益表
20A 年度、20B 年度及 20C 年度　（千元）

	20A 年度	20B 年度	20C 年度
銷貨收入(2)	$2,800	$2,700	$2,400
銷貨成本(1)	1,960	1,800	1,536
銷貨毛利	$ 840	$ 900	$ 864
減：營業費用(6)	630	630	384
營業淨利(4)	$ 210	$ 270	$ 480
減：預計所得稅(5)	42	81	192
淨利（稅後）(3)	$ 168	$ 189	$ 288

(1) 存貨週轉率 $= \dfrac{\text{銷貨成本}}{\text{平均存貨}}$

$\dfrac{\text{銷貨成本}}{\$140,000} = 14$; 銷貨成本 $= \$140,000 \times 14$

$= \$1,960,000$（20A 年度銷貨成本）

(2)成本率 $= 1 -$ 毛利率 $= 1 - 30\% = 70\%$

$\dfrac{\text{銷貨成本}}{\text{銷貨收入}} = \dfrac{\$1,960,000}{\text{銷貨收入}} = 70\%$

銷貨收入 $= \$1,960,000 \div 70\% = \$2,800,000$（20A 年度銷貨收入）

(3) $\dfrac{\text{淨利}}{\text{銷貨收入}} = \dfrac{\text{淨利}}{\$2,800,000} = 6\%$

淨利 $= \$2,800,000 \times 6\% = \$168,000$（20A 年度淨利）

(4)設營業淨利為 x

$x - 20\%x = \$168,000$

$80\%x = \$168,000$

$x = \$210,000$（20A 年度營業淨利）

(5)預計所得稅 $= \$210,000 \times 20\% = \$42,000$（20A 年度預計所得稅）

(6)營業費用 $= \$840,000 - \$210,000 = \$630,000$（20A 年度營業費用）

(b)評論三年度銷貨、毛利率及淨利百分比：

芝柏公司三年度期間銷貨收入逐年呈現遞減的趨勢，惟由於銷貨成本遞減，也使銷貨毛利率相對提高；其中原因有下列各種可能：(i) 提高售價；(ii) 降低成本；(iii) 產銷具有較高毛利的產品。此外，所得稅率雖然逐年提高，惟稅後淨利仍能穩定持續增加，尤其是20C年度的營業費用降低甚多，使當年度營業淨利及稅後淨利均鉅幅增加。

(c)三年度應收帳款週轉率：

	20A 年度	20B 年度	20C 年度
銷貨收入	$2,800,000	$2,700,000	$2,400,000
平均應收帳款	175,000	337,500	400,000
應收帳款週轉率	16 次	8 次	6 次

4.芝顏公司20A 年、20B 年及20C 年有關資料如下：

	20A 年	20B 年	20C 年
資產負債表資料：			
存　貨：12 月31 日	$200,000	$225,000	$250,000
應收帳款：12 月 31 日	50,000	100,000	150,000
應付帳款： 12 月 31 日	112,500	150,000	175,000
進貨淨額	200,000	250,000	350,000
損益表資料：			
銷貨淨額	$625,000	$675,000	$725,000
銷貨成本	450,000	500,000	525,000
毛　利	$175,000	$175,000	$200,000

試求：假定每年以360 天計算；所有銷貨均為賒銷；請計算20B 年及20C 年度的下列各項：

(a)應收帳款週轉率。

(b)帳款收回平均日數。

(c)存貨週轉率。

(d)存貨平均週轉日數。

(e)應付帳款週轉率。

(f)支付帳款平均日數。

解

	20B 年	20C 年
(a)應收帳款週轉率：		
銷貨淨額	$675,000	$725,000
應收帳款		
期　初	$ 50,000	$100,000
期　末	100,000	150,000
平　均	75,000	125,000
應收帳款週轉率	9 次	5.8 次
(b)帳款收回平均日數：		
360 ÷ 應收帳款週轉率	40 天	62 天
(c)存貨週轉率：		
銷貨成本	$500,000	$525,000
存　貨：		
期　初	$200,000	$225,000
期　末	225,000	250,000
平　均	212,500	237,500
存貨週轉率	2.4 次	2.2 次
(d)存貨平均週轉日數：		
360 ÷ 存貨週轉率	150 天	164 天
(e)應付帳款週轉率：		
進貨淨額	$250,000	$350,000
應付帳款：		
期　初	$112,500	$150,000
期　末	150,000	175,000
平　均	131,250	162,500
應付帳款週轉率	1.9 次	2.2 次
(f)支付帳款平均日數：		
360 ÷ 應付帳款週轉率	189 天	164 天

第十八章　長期償債能力（資本結構）分析

二、選擇題

1.M 公司20A 年12 月31 日股東權益總額為$720,000；另悉其負債對權益比率為2 : 3；M 公司20A 年12 月31 日資產總額及負債總額各為若干？

	資產總額	負債總額
(A)	$1,080,000	$360,000
(B)	1,200,000	480,000
(C)	1,300,000	580,000
(D)	1,320,000	600,000

解 (B)

設負債比率 $= x$

$$\text{負債對股東權益比率} = \frac{\text{負債}}{\text{股東權益}} = \frac{\text{負債比率}}{1-\text{負債比率}} = \frac{2}{3}$$

$$\frac{x}{1-x} = \frac{2}{3}; 3x = 2(1-x); 5x = 2; x = 0.4$$

股東權益比率 $= 1-$ 負債比率 $= 1 - 0.4 = 0.6$

$$\text{股東權益比率} = \frac{\text{股東權益總額}}{\text{資產總額}} = \frac{\$720,000}{\text{資產總額}} = 0.6$$

資產總額 $= \$1,200,000$

$$\text{負債比率} = \frac{\text{負債總額}}{\text{資產總額}} = \frac{\text{負債總額}}{\$1,200,000} = 0.4$$

負債總額 $= \$480,000$

2.N 公司20A 年及20B 年財務報表內列有下列各項資料：

	20A 年	20B 年
銷貨收入	$576,000	$750,000
利息費用	9,860	11,480
稅前淨利	21,200	38,600
所得稅	5,300	9,650
稅後淨利	15,900	28,950

N 公司的純益為利息倍數，20B 年比20A 年增加若干？ (A) 0.91 (B) 1.11 (C) 1.21 (D)以上皆非。

解 (C)

純益為利息倍數係根據下列公式計算求得：

$$\textbf{純益為利息倍數}=\frac{\textbf{稅前淨利}+\textbf{利息費用}}{\textbf{利息費用}}$$

20A 年：$\text{純益為利息倍數}=\frac{\$21,200+\$9,860}{\$9,860}=3.15$（倍）

20B 年：$\text{純益為利息倍數}=\frac{\$38,600+\$11,480}{\$11,480}=4.36$（倍）

20B 年比20A 年增加：$4.36-3.15=1.21$（倍）

3.P 公司20A 年12 月31 日資產負債表內的有關資料如下：

負債總額	$234,000
流動資產	210,000
負債比率	36%
流動比率	1.5

P 公司20A 年12 月31 日非流動負債及股東權益各應為若干？

	非流動負債	股東權益總額
(A)	$ 84,000	$420,000
(B)	94,000	416,000
(C)	100,000	416,000
(D)	104,000	406,000

解　(B)

$$負債比率 = \frac{負債總額}{資產總額} = \frac{\$234,000}{資產總額} = 36\%$$

資產總額 = $650,000

股東權益總額 = $650,000－$234,000=$416,000

$$流動比率 = \frac{流動資產}{流動負債} = \frac{\$210,000}{流動負債} = 1.5$$

流動負債 = $140,000

非流動負債 = $234,000－$140,000=$94,000

4.Q 公司20A 年 12 月 31 日資產負債表內負債及股東權益項下含有下列各項：

負　債：	
流動負債	$ 500,000
應付債券：8% 可轉換，平價發行，將於 20B 年 1 月10 日發行屆滿 3 年	400,000
負債總額	$ 900,000
股東權益：	
特別股本：10% 累積，6,000 股 @$50	$ 300,000
普通股本：80,000 股 @$10	800,000
資本公積 —— 普通股發行溢價	200,000
保留盈餘	300,000
股東權益總額	$1,600,000

另悉應付債券發行條款賦予持有人於發行屆滿三年後，可按面值要求 Q 公司轉換為普通股；20A 年12 月 31 日 Q 公司普通股每股公平市價 $12。Q 公司 20A 年 12 月 31 日的淨值（權益）比率應為若干？　(A) 52%　(B) 64%　(C) 80%　(D)以上皆非。

解　(C)

一般言之，淨值（權益）比率乃股東權益總額與總資產的比率關係，用於測度企業總資產中自有資金所佔比例高低；惟本題Q公司之可轉換應付債券，賦予持有人於發行屆滿三年後，可按面值要求轉換為普通股；況且20A年12月31日Q公司普通股公平市價每股$12，高於轉換價格$10（面值），預期絕大部份債券持有人必將行使轉換權，故應將該項可轉換債券視為普通股；20A年12月31日淨值比率應計算如下：

$$\text{淨值比率}=\frac{\text{股東權益總額}}{\text{資產總額}}=\frac{\$1,600,000+\$400,000}{\$1,600,000+\$900,000}=80\%$$

5.R公司20A年12月31日未包括員工行使認股權的各項有關資料如下：

負債總額	$240,000
股東權益總額	560,000
普通股在外流通加權平均股數	80,000股
本期淨利	120,000

20A年10月1日，持有認股權之員工行使認股權4,000張，每張按$11認購每股面值$10的普通股4,000股，當時普通股每股公平市價$13。R公司員工行使認股權對財務比率產生何種影響？ (A)負債比率維持不變 (B)淨值比率增加1.6% (C)每股盈餘增加$0.02 (D)以上皆非。

解 (B)

員工行使認股權4,000張，按每股$11認購普通股4,000股的分錄如下：

各項資產	44,000	
普通股本		40,000
資本公積——普通股發行溢價		4,000

$11×4,000=$44,000

經上述分錄後，股東權益增加為$604,000，使淨值比率提高1.6%；其計算如下：

行使認股權之前：

$$\textbf{淨值比率}=\frac{\textbf{股東權益總額}}{\textbf{資產總額}}=\frac{\$560,000}{\$800,000}=70\%$$

行使認股權之後：

$$淨值比率=\frac{\$560,000+\$44,000}{\$800,000+\$44,000}=71.6\%$$

此外，員工行使認股權將使負債比率由原來的30%（$240,000÷$800,000)，下降為28.4%（$240,000÷$844,000)；每股盈餘於員工行使認股權後，不但沒有增加，反而減少$0.02；其計算如下：

員工行使認股權之前：

$$\textbf{每股盈餘}=\frac{\textbf{本期淨利}}{\textbf{普通股在外流通加權平均股數}}=\frac{\$120,000}{80,000}=\$1.50$$

員工行使認股權之後：

$$每股盈餘=\frac{\$120,000}{80,000+4,000\times\frac{3}{12}}=\$1.48$$

6.S 公司20A 年度損益表資料如下：

銷貨收入	$400,000
銷貨成本	230,000
各項營業費用（含利息費用$20,000 及所得稅$24,000*）	100,000
非常利益（扣除所得稅費用$6,000 後淨額）	18,000
本期淨利	88,000

*未包含非常利益的所得稅在內。

S 公司20A 年度純益為利息倍數應為若干？ (A) 6.6 倍　(B) 5.7 倍　(C) 5.4 倍　(D) 4.7 倍。

解　(B)

純益為利息倍數的計算，係以來自營業的稅前及所得稅前利益為準，實務上不含非常損益；茲列示其計算如下：

銷貨收入	$400,000
銷貨成本	230,000
銷貨毛利	$170,000
營業費用	56,000
營業淨利	$114,000
營業外費用：	
利息費用	20,000
稅前淨利	$ 94,000
減：所得稅費用	24,000
非常損益前淨利	$ 70,000
加：非常利益（扣除所得稅費用$6,000 後淨額）	18,000
本期淨利	$ 88,000

$$\text{純益為利息倍數} = \frac{\text{稅前淨利} + \text{利息費用}}{\text{利息費用}}$$

$$= \frac{\$94,000+\$20,000}{\$20,000} = 5.7\text{（倍）}$$

7.T 公司20A 年12 月31 日根據歐特曼Z 點數公式進行破產風險性分析時，求得Z 點數為2.50；T 公司財務狀況落入何種區間？ (A)無破產風險區 (B)灰色區域 (C)破產風險區 (D)以上皆非。

解 (B)

根據歐特曼Z 點數公式(Altman's Z-score equation) 求得之Z 點數，依下列標準決定其徵象：

Z 點數	徵　象
< 1.81	破產風險區
1.81～2.99	灰色區域
> 2.99	無破產風險區

8.財務槓桿指數如大於一，則表示如何？ (A)借款金額增加 (B)財務槓桿使用的並不成功 (C)負債融資超過權益融資 (D)股東權益投資報酬

率大於總資產投資報酬率。

解 (D)

財務槓桿指數係根據下列公式求得：

$$\text{財務槓桿指數} = \frac{\text{股東投資報酬率}}{\text{總資產投資報酬率}}$$

如財務槓桿指數大於一，表示股東權益投資報酬率大於總資產投資報酬率，其原因在於企業利用外借資金以增加股東報酬率的結果。設某公司資產總額$1,000,000，股東權益$600,000，負債總額$400,000，利率 10%；某年度淨利及各項計算如下：

營業淨利	$200,000
利息費用：$400,000×10%	40,000
稅前淨利	$160,000
所得稅：40%	64,000
淨　利	$ 96,000

$$\text{總資產報酬率} = \frac{\text{淨利} + \text{利息費用} \times (1 - \text{稅率})}{\text{總資產}}$$

$$= \frac{\$96{,}000 + \$40{,}000 \times (1 - 40\%)}{\$1{,}000{,}000} = 12\%$$

$$\text{股東權益投資報酬率} = \frac{\text{淨利}}{\text{股東權益}} = \frac{\$96{,}000}{\$600{,}000} = 16\%$$

$$\text{財務槓桿指數} = \frac{16\%}{12\%} = 1.33 > 1$$

9.X 公司目前之流動比率為 2 : 1，本期淨利$500,000，且僅發行普通股；該公司擬增進財務槓桿作用，試問應如何達成？ (A)增加負債，使股東權益對總資產比率減少，提高淨利對股東權益比率 (B)股本帳面價值與每股盈餘率減少 (C)流動比率增加，營運資金減少 (D)總資產週轉率及銷貨毛利減少。

解 (A)

X 公司為增進財務槓桿作用，應增加利率負擔較輕的負債，一方面使借入資金從事營業活動所獲得利益大於所承擔的利息費用，一方面使股東權益對總資產比率減少；由於以上兩者的交互影響，透過財務槓桿作用，可擴大股東權益投資報酬率。

三、綜合題

1.思科公司1999 年度簡明損益表及1999 年7 月31 日會計年度終了日的簡明資產負債表列示如下：

思科公司

簡明資產負債表

1999 年 7 月 31 日　（百萬美元）

資　產：		負　債：	
流動資產：		流動負債	$39,578
現　金	$ 5,043	長期負債	14,124
短期投資	789	其他負債	13,282
應收帳款	32,455	負債總額	$66,984
存　貨	4,868	股東權益：	
流動資產合計	$43,155	特別股本	$ 247
廠產設備	$39,616	普通股本	11,762
減：備抵折舊	22,026	保留盈餘	16,878
廠產設備淨額	$17,590	其他股東權益	(8,376)
長期投資及其他資產	$26,750	股東權益總額	$20,511
資產總額	$87,495	負債及股東權益總額	$87,495

思科公司
簡明損益表
1999 年度　　（百萬美元）

銷貨收入		$87,548
減：銷貨成本		55,619
銷貨毛利		$31,929
減：營業費用		
銷管費用	$14,729	
研究及發展費用	5,273	20,002
營業淨利		$11,927
減：營業外收入（費用）		
利息收入		557
利息費用		(727)
稅前淨利		$11,757
所得稅		4,045
本期淨利		$ 7,712

試求：請為思科公司計算 1999 年 7 月 31 日的下列各項比率，並加以簡單評論。

(a)負債比率。

(b)股東權益比率。

(c)負債對股東權益比率。

(d)流動資產對總資產比率。

(e)流動資產對總負債比率。

(f)廠產設備比率。

(g)廠產設備對淨值比率。

(h)廠產設備對長期資金比率。

(i)純益為利息倍數。

(j)營業活動現金流入量對固定支出倍數（已知 1999 年營業現金淨流入為 4,438 百萬美元；固定支出僅利息費用一項）。

解

思科公司
各項財務比率計算表
1999 年 7 月 31 日　　（百萬美元）

財務比率	計算方法	評　論
(a)負債比率	$\frac{負債總額}{資產總額}=\frac{\$66,984}{\$87,495}=76.6\%$	思科公司總資產中，76.6% 係由債權人提供，比率稍嫌過高，債權人比較缺乏保障。
(b)股東權益比率（淨值比率）	$\frac{股東權益總額}{資產總額}=\frac{\$20,511}{\$87,495}=23.4\%$	負債比率與權益比率之和等於一；故權益比率剛好與負債比率相反，實為一體的兩面。
(c)負債對股東權益比率（槓桿比率）	$\frac{負債總額}{股東權益總額}=\frac{\$66,984}{\$20,511}=326.6\%$ 或$=\frac{負債比率}{1-負債比率}=326.6\%$	就債權人而言，此項比率稍嫌過高，債權缺乏保障；惟就股東立場而言，於經濟景氣時，可擴大盈餘倍數；不景氣時，適得相反。
(d)流動資產對總資產比率	$\frac{流動資產}{資產總額}=\frac{\$43,155}{\$87,495}=49.3\%$	思科公司流動資產佔總資產 49.3%，顯示其資產的變現能力頗強。
(e)流動資產對總負債比率	$\frac{流動資產}{負債總額}=\frac{\$43,155}{\$66,984}=64.4\%$	流動資產對總負債比率為 64.4%，顯示思科公司在不必變賣長期性資產的情況下，仍能償還總負債 64.4%。
(f)廠產設備比率	$\frac{廠產設備}{資產總額}=\frac{\$17,590}{\$87,495}=20.1\%$	思科公司廠產設備比率 20.1%，顯示其營業資產投資不多，仍能獲得鉅額營業收入，代表資金運用頗佳。

(g)廠產設備對淨值比率	$\frac{廠產設備}{股東權益總額}=\frac{\$17,590}{\$20,511}=85.8\%$	思科公司投入廠產設備佔自有資金之85.8%，並未使用外借資金。
(h)廠產設備對長期資金比率	$\frac{廠產設備}{長期負債+股東權益總額}$ $=\frac{\$17,590}{\$14,124+\$20,511}=50.8\%$	思科公司廠產設備佔長期資金之50.8%，低於正常比率100%，顯示其理財效率尚佳。
(i)純益為利息倍數	$\frac{稅前淨利+利息費用}{利息費用}$ $=\frac{\$11,757+\$727}{\$727}=17.2$ 倍	思科公司純益為利息倍數高達17.2倍，顯示其支付固定利息支出的能力頗為堅強。
(j)營業活動現金流量為固定支出倍數	$\frac{營業活動現金流入量}{固定支出}$ $=\frac{\$4,438}{\$727}=6.1$ 倍	以來自營業活動之現金流入量代替純益作為計算利息的倍數，更為踏實；思科公司該項比率為6.1倍，顯示其償債能力頗佳。

2.富豪公司2000年度損益表及其補充資料列示如下：

富豪公司
損益表
2000 年度

		（千美元）
銷貨收入		$26,800
減：銷貨成本		14,800
銷貨毛利		$12,000
營業費用：		
銷管費用	$ 3,800	
折舊費用	1,600	
租金費用	1,600	7,000
營業淨利		$ 5,000
營業外收入（費用）：		
利息費用	$(1,400) (1)	
投資收益（少於 50% 附屬公司的未分配淨利）	1,200	(200)
稅前淨利		$ 4,800
所得稅：50%		2,400
非常損益前淨利		$ 2,400
非常利益（扣除所得稅$134 後淨額）		400
本期淨利		$ 2,800

其他補充資料（千美元）：

⑴利息費用包括下列各項：	
當期利息支付數（不含下列各項）	$1,480
債券折價攤銷	120
利息資本化部份	(400)
資本租賃利息資本化部份	200
利息費用合計	$1,400
⑵非資本租賃利息部份	$ 600
⑶折舊費用包括以前年度利息資本化資產的攤銷	$ 160
⑷現金流量表包括下列各項：	
應收帳款增加	$ 620
存貨增加	360

應付帳款增加	280
應付所得稅減少	40

試求：(a)純益為利息倍數。

(b)營業活動現金流量為固定支出倍數。

解

(a)純益為利息倍數：

純益為利息倍數 ＝ (稅前淨利 ＋ 利息費用 ＋ 利息費用調整數* － 附屬公司未分配淨利 **)／〔當期利息支付數 ＋ 資本租賃利息資本化部份(利息支付數) ＋ 非資本租賃利息部份 ＋ 債券折價攤銷〕

$$= \frac{\$4{,}800+\$1{,}400+\$600+\$160-\$1{,}200}{\$1{,}480+\$200+\$600+\$120}$$

$$= \frac{\$5{,}760}{\$2{,}400}$$

＝ 2.4 （倍）

* 利息調整數：包括非資本租賃利息部份＋以前年度利息資本化資產之折舊。

** 持分少於 50% 附屬公司的未分配淨利。

(b)營業活動現金流量為固定支出倍數：

營業活動現金流量：

	（千美元）
稅前淨利	$ 4,800
加（減）：	
折舊費用	1,600
債券折價攤銷	120
投資收益（少於 50% 附屬公司之未分配淨利）	(1,200)
應收帳款增加	(620)
存貨增加	(360)
應付帳款增加	280
應付所得稅減少	(40)
營業活動現金流量淨額	$ 4,580

營業活動現金流量為固定支出倍數

=(營業活動現金流量 + 利息費用 − 債券折價攤銷 + 非資本租賃利息部份)／(當期利息支付數 + 非資本租賃利息部份)

$$= \frac{\$4,580+\$1,400-\$160+\$600}{\$1,400+\$600}$$

$$= \frac{\$6,420}{\$2,000}$$

$= 3.21$（倍）

3.甲、乙、丙三家公司20A年度有關資料如下：

	甲公司	乙公司	丙公司
資產總額	$2,000,000	$1,000,000	$3,000,000
應付債券	–	300,000	1,500,000
應付債券利息*	–	10%	5%
營業淨利	200,000	100,000	270,000
營業淨利對總資產比率	10%	10%	9%

*20A年度應付債券利息費用未計入當年度損益。

已知甲公司無任何負債；乙、丙兩公司除應付債券外，亦無其他負債；另假定三家公司之平均所得稅率均為20%。

試求：請按照適當格式，列表計算甲、乙、丙三家公司的財務槓桿指數。

解

$$\text{財務槓桿指數} = \frac{\text{股東投資報酬率}}{\text{總資產投資報酬率}}$$

	甲公司	乙公司	丙公司
營業淨利	$200,000	$100,000	$270,000
減：利息費用：			
乙公司：$300,000×10%		30,000	
丙公司：$1,500,000×5%			75,000
稅前淨利	$200,000	$ 70,000	$195,000
減：預計所得稅：20%	40,000	14,000	39,000
稅後淨利	$160,000	$ 56,000	$156,000
股東投資報酬率* (a)	8%	8%	10.4%
總資產投資報酬率** (b)	8%	8.6%	7.7%
財務槓桿指數 $(a \div b)$	1.00	0.93	1.35

$^{*}\frac{\$160,000}{\$2,000,000}=8\%;\ \frac{\$56,000}{\$700,000}=8\%;\ \frac{\$156,000}{\$1,500,000}=10.4\%$

$^{**}\frac{\$160,000}{\$2,000,000}=8\%;\ \frac{\$56,000+\$30,000}{\$1,000,000}=8.6\%;\ \frac{\$156,000+\$75,000}{\$3,000,000}=7.7\%$

4.三義公司檢附下列資產負債表及損益表，向臺灣銀行申請貸款$30,000，充當營業週轉金之用：

三義公司
資產負債表
20A 年 12 月 31 日

流動資產：			流動負債：		
現　金	$14,200		應付帳款	$24,300	
應收帳款（淨額）	46,400		應付費用	12,600	$ 36,900
存　貨	41,800		長期負債：		
預付費用	3,000	$105,400	應付公司債		50,000
固定資產：			股東權益：		
機器及設備	$98,000		股　本	$75,000	
減：累積折舊	21,400	$ 76,600	保留盈餘	20,100	95,100
資產總額		$182,000	負債及股東權益總額		$182,000

三義公司
損益表
20A 年度

銷貨淨額*	$123,000
銷貨成本	77,800
銷貨毛利	$ 45,200
營業費用	36,000
本期淨利	$ 9,200

*假定銷貨均為賒銷。

試作：(a)試計算下列比率（算至小數二位為止）：

(i) 流動比率。

(ii) 速動比率。

(iii) 應收帳款週轉率。

(iv) 存貨週轉率。

(v) 負債對股東權益比率。

(vi) 淨利對資產總額比率（總資產投資報酬率）。

(vii) 淨利對銷貨比率（純益率）。

(b)根據上項資料，說明臺灣銀行是否准予貸款給三義公司？理由何在？

解

(a)(i) $\textbf{流動比率} = \dfrac{\textbf{流動資產}}{\textbf{流動負債}} = \dfrac{\$105,400}{\$36,900} = 2.86$

(ii) $\textbf{速動比率} = \dfrac{\textbf{速動資產}}{\textbf{流動負債}} = \dfrac{\$105,400-\$41,800-\$3,000}{\$36,900}$

$= \dfrac{\$60,600}{\$36,900} = 1.64$

(iii) $\textbf{應收帳款週轉率} = \dfrac{\textbf{賒銷淨額}}{\textbf{應收帳款}^{*}} = \dfrac{\$123,000}{\$46,400} = 2.65$

*通常以平均應收帳款毛額為計算標準，惟本題缺乏該項資料，故改按淨額計算。

(iv) **存貨週轉率** $= \dfrac{\text{銷貨成本}}{\text{存貨}^*} = \dfrac{\$77{,}800}{\$41{,}800} = 1.86$

*通常以期初與期末平均存貨為計算標準，惟本題缺乏該項資料，故改按期末存貨計算。

(v) **負債對股東權益比率** $= \dfrac{\text{負債總額}}{\text{股東權益總額}} = \dfrac{\$86{,}900}{\$95{,}100} = 0.91$

(vi) **淨利對總資產比率（總資產投資報酬率）** $= \dfrac{\text{淨利}}{\text{總資產}} = \dfrac{\$9{,}200}{\$182{,}000} = 0.05$

(vii) **淨利對銷貨比率（純益率）** $= \dfrac{\text{淨利}}{\text{銷貨收入}} = \dfrac{\$9{,}200}{\$123{,}000} = 0.07$

(b)經過上述分析後，顯示三義公司之短期償債能力甚佳；蓋流動比率為 2.86，超過正常標準 (2.0)，此其一；又速動比率為 1.64，亦超過正常標準 (1.0)，此其二。惟該公司之負債對股東權益比率竟達 0.91 之譜，顯示其長期償債能力頗弱，對債權人而言，將缺乏安全感。此外，該公司應收帳款週轉率與存貨週轉率分別為 2.65 及 1.86，則帳款收回平均日數與存貨平均週轉日數分別為 136 天 (360 ÷ 2.65) 及 194 天 (360 ÷ 1.86)，顯示其應收帳款收回速度過於緩慢，且存貨也有囤積的現象。至於其總資產投資報酬率及純益率，分別為 5% 及 7%，可知其獲益能力甚差。綜觀上述分析結果，三義公司的短期償債能力甚佳，長期償債能力較弱，獲益能力亦不足；故臺灣銀行宜對該公司短期貸款，不宜長期貸款。

5.甲公司與乙公司同為藝品市場之兩大競爭廠商。去年，每一公司的租金、折舊、利息及所得稅前利益均為$58,000，今年，甲公司為減少固定資產投資，向某租賃公司租入設備，每年租金$10,000，當為營業租賃處理。乙公司也跟進，向同一租賃公司租入相同設備，惟按資本租賃處理；該項設備價值及相關租賃債務均為$80,000；假定租賃資產的折舊係按直線法分十年提列，無殘值，且第一年度利息費用為$5,000；

兩家公司的所得稅率均為40%。

租賃前每家公司的總負債及總資產均分別為$400,000及$1,000,000；另悉兩家公司的其他利息費用為$20,000，其他折舊費用為$10,000。

試求：(a)計算甲、乙公司租賃前下列各項比率：

(i) 純益為利息倍數。

(ii) 負債比率。

(iii) 負債對股東權益比率。

(b)計算甲公司包括營業租賃後的上列三項比率。

(c)計算乙公司包括資本租賃後的上列三項比率。

(d)評論甲、乙兩家公司對租賃不同處理方法所產生的影響。

解

(a)甲、乙公司目前淨利：

租金、折舊、利息及所得稅前利益	$58,000
減：折舊費用	10,000
營業淨利	$48,000
減：利息費用	20,000
稅前淨利	$28,000
減：所得稅 (40%)	11,200
稅後淨利	$16,800

(i) **純益為利息倍數** $=\dfrac{\textbf{稅前淨利}+\textbf{利息費用}}{\textbf{利息費用}}$

$$=\frac{\$28{,}000+\$20{,}000}{\$20{,}000}=2.4\text{（倍）}$$

(ii) **負債比率** $=\dfrac{\textbf{總負債}}{\textbf{總資產}}$

$$=\frac{\$400{,}000}{\$1{,}000{,}000}=40\%$$

(iii) 負債對股東權益比率 $=\dfrac{\$400{,}000}{\$1{,}000{,}000-\$400{,}000}=66.67\%$

⒝甲公司包括營業租賃：

租金、折舊、利息及所得稅前利益	$58,000
減：折舊費用	10,000
租金前營業淨利	$48,000
減：租金費用	10,000
營業淨利	$38,000
減：利息費用	20,000
稅前淨利	$18,000
減：所得稅 (40%)	7,200
稅後淨利	$10,800

(i) 純益為利息倍數 $= \frac{\$18,000+\$20,000}{\$20,000} = 1.90$（倍）

(ii) 及 (iii)「負債比率」與「負債對股東權益比率」無變更。

⒞乙公司包括資本租賃：

租金、折舊、利息及所得稅前利益	$58,000
減：折舊費用 ($\$10,000+\frac{\$80,000}{10}$)	18,000
營業淨利	$40,000
減：利息費用 ($20,000+$5,000)	25,000
稅前淨利	$15,000
減：所得稅 (40%)	6,000
稅後淨利	$ 9,000

(i) 純益為利息倍數 $= \frac{\$15,000+\$25,000}{\$25,000} = 1.60$（倍）

(ii) 負債比率 $= \frac{\$400,000+\$80,000}{\$1,000,000+\$80,000} = 44.44\%$

(iii) 負債對股東權益比率 $= \frac{\$480,000}{\$1,080,000-\$480,000} = 80\%$

⒟甲公司將租賃當為營業租賃處理的結果，使稅前淨利減少，故僅降

低「純益為利息倍數」而已。乙公司將租賃當為資本租賃，致稅前淨利減少，使「純益為利息倍數」降低，惟負債及資產因租賃資本化而增加，使「負債比率」及「負債對股東權益比率」均比營業租賃下的該等比率為高。

6.中華公司2000 年12 月31 日資產負債表內流動負債項下，列有將於2001 年1 月31 日到期之應付債券$5,000,000；惟此項應付債券經對方之同意，業已擬妥延期計畫，等到債券到期時，即將舊債券調換新債券；該公司所編製的資產負債表，有關各項比率如下：

(1)流動比率為150%。

(2)長期負債對廠產設備比率為40%。

(3)股東權益對負債比率為150%。

如將應付債券作合理之調整，則各項比率隨即改觀，變化如下：

(1)流動比率為200%。

(2)長期負債對廠產設備比率為50%。

(3)股東權益對負債比率無變動。

另悉該公司資產項下包括流動資產、廠產設備及其他資產等三大類。

試求：根據上列資料，請為中華公司編製2000 年12 月31 日的簡明資產負債表。

解

(1)設 $x =$ 長期負債；$y =$ 廠產設備

調整後：

$$\text{長期負債對廠產設備比率} = \frac{x + \$5,000,000}{y} = 50\%$$

調整前：

$$\text{長期負債對廠產設備比率} = \frac{x}{y} = 40\%$$

$$x = 0.4y; 0.4y + \$5,000,000 = 0.5y$$

$y = \$50,000,000$（廠產設備）

$x = \$20,000,000$（長期負債／未包括應付債券）

(2)設 $CA =$ 流動資產；$CL =$ 流動負債

調整後：

$$流動比率 = \frac{CA}{CL} = 200\%$$

調整前：

$$流動比率 = \frac{CA - \$5,000,000}{CL} = 150\%$$

$CA = 2CL; 2CL - \$5,000,000 = 1.5CL$

$CL = \$10,000,000$（流動負債）

$CA = \$20,000,000$（流動資產）

(3)設 $L =$ 負債總額；$OE =$ 資產總額

$$股東權益對負債總額 = \frac{OE}{L}$$

$$= \frac{OE}{\$20,000,000 + \$5,000,000 + \$10,000,000} = 150\%$$

$OE = \$52,500,000$

(4)資產總額 $= \$52,500,000 + \$35,000,000 = \$87,500,000$

其他資產 $= \$87,500,000 - \$20,000,000 - \$50,000,000 = \$17,500,000$

中華公司
簡明資產負債表
2000 年 12 月 31 日

資　產：		負　債：	
流動資產	$20,000,000	流動負債	$10,000,000
廠產設備	50,000,000	長期負債	25,000,000*
其他資產	17,500,000	負債總額	$35,000,000
		股東權益	52,500,000
資產總額	$87,500,000	負債及股東權益總額	$87,500,000

*包含應付債券$5,000,000。

7.下列為甲、乙兩公司的主要資料：

(1) 2000 年12 月31 日資產負債表（結帳後）：

	甲公司	乙公司
資　產：		
流動資產		
現　金	$ 2,000	$ 5,000
應收帳款	4,000	7,000
存　貨	6,000	8,000
流動資產合計	$12,000	$20,000
固定資產淨額	18,000	5,000
資產合計	$30,000	$25,000
負債及股東權益：		
流動負債		
應付票據	$ 1,000	$ 2,000
應付帳款	2,000	3,000
流動負債合計	$ 3,000	$ 5,000
長期負債	–0–	3,000
負債合計	$ 3,000	$ 8,000
股東權益		
股　本	$19,000	$11,000
保留盈餘	8,000	6,000
股東權益合計	$27,000	$17,000
負債及股東權益合計	$30,000	$25,000

(2) 2000 年度損益表：

	甲公司	乙公司
銷貨收入	$43,000	$20,000
銷貨成本	26,000	9,000
銷貨毛利	$17,000	$11,000
營業費用	10,000	6,000
營業利益	$ 7,000	$ 5,000
利息費用	500	1,200
稅前淨利	$ 6,500	$ 3,800
稅 (20%)	1,300	760
稅後淨利	$ 5,200	$ 3,040

已知甲公司股票市價總值為$18,000，乙公司則為$15,000。歐特曼 (Altman) 在 1968 年發展出一套多變量模式預測破產的可能性，他將各個財務比率賦與不同的權數 (weights) 使模式的預測能力達到最大。

已知模式如下：

$$Z = 1.2x_1 + 1.4x_2 + 3.3x_3 + 0.6x_4 + 1.0x_5$$

Z 為區別分數(diecriminant scores)。

x_1 為營運資金對總資產的比率。

x_2 為保留盈餘對總資產的比率。

x_3 為營業利益對總資產的比率。

x_4 為（股票每股市價對每股淨值之比率）除以（總負債對總股東權益的比率）之值。

x_5 為總資產週轉率。

（假設期初與期末總資產均相等）

試求：(a)請計算甲、乙二公司 x_1，x_2，x_3，x_4 及 x_5 之值。

(b)請計算甲、乙二公司之 Z 值。

(c)根據(b)的結果，你覺得哪一家公司比較可能有財務上的危機？為什麼？

(d)歐特曼以 Z 值等於 1.8 時為臨界點。Z 值遠高於 1.8 還是遠低於 1.8 的公司最有破產的可能？

（高考會計師試題）

解

(a)

	甲公司	乙公司
$x_1 = \dfrac{營運資金}{總資產}$	$\dfrac{\$12,000-\$3,000}{\$30,000} = 0.3$	$\dfrac{\$20,000-\$5,000}{\$25,000} = 0.6$
$x_2 = \dfrac{保留盈餘}{總資產}$	$\dfrac{\$8,000}{\$30,000} = 0.267$	$\dfrac{\$6,000}{\$25,000} = 0.24$
$x_3 = \dfrac{營業利益}{總資產}$	$\dfrac{\$7,000}{\$30,000} = 0.233$	$\dfrac{\$5,000}{\$25,000} = 0.2$

$$x_4=\frac{\text{股票每股市價}}{\text{股票每股淨值}}\div\frac{\text{負債總額}}{\text{股東權益總額}}\qquad \frac{\$18{,}000}{\$27{,}000}\times\frac{\$27{,}000}{\$3{,}000}=6\qquad \frac{\$15{,}000}{\$17{,}000}\times\frac{\$17{,}000}{\$8{,}000}=1.875$$

$$x_5=\frac{\text{銷貨收入}}{\text{總資產}}\qquad \frac{\$43{,}000}{\$30{,}000}=1.433\qquad \frac{\$20{,}000}{\$25{,}000}=0.8$$

(b)甲公司 Z 值 $=1.2\times0.3+1.4\times0.267+3.3\times0.233+0.6\times6+1.0\times1.433$

$=0.36+0.374+0.769+3.6+1.433$

$=6.54$

乙公司 Z 值 $=1.2\times0.6+1.4\times0.24+3.3\times0.2+0.6\times1.875+1.0\times0.8$

$=0.72+0.336+0.66+1.125+0.8$

$=3.64$

(c)乙公司的 Z 值為3.64，比甲公司的 Z 值6.54 低很多，比較可能有財務上的危機。

(d) Z 值低於臨界點1.8 的公司，最有破產的可能。

第十九章　投資報酬率分析

二、選擇題

1.A 公司2000 年度純益率及總資產週轉率分別列示如下：

純益率　　　　19.5%

總資產週轉率　　93.4%

A 公司2000 年度總資產投資報酬率應為若干？ (A) 18.0% (B) 18.2% (C) 19.0% (D) 19.2%。

解 (B)

$$\text{總資產投資報酬率} = \frac{\text{淨利}}{\text{資產總額}}$$

$$= \frac{\text{淨利}}{\text{銷貨收入}} \times \frac{\text{銷貨收入}}{\text{平均總資產}}$$

（純益率）（總資產週轉率）

$= 19.5\% \times 93.4\%$

$= 18.2\%$

2.B 公司20A 年度純益率及總資產週轉率分別列示如下：

純益率　　　　12%

總資產週轉率　　250%

已知B 公司20A 年1 月1 日期初資產總額為$640,000，期末資產總額為期初資產總額之70%。B 公司20A 年度淨利及銷貨收入分別為若干？

	淨　利	銷貨收入
(A)	$144,000	$1,200,000
(B)	153,600	1,280,000
(C)	163,200	1,360,000
(D)	170,400	1,420,000

解 (C)

$$\text{總資產週轉率} = \frac{\text{銷貨收入}}{\text{平均總資產}}$$

$$= \frac{\text{銷貨收入}}{\frac{1}{2}(\$640{,}000+\$640{,}000\times 70\%)} = 2.5$$

銷貨收入 $= \$1,360,000$

$$\text{純益率} = \frac{\text{淨利}}{\text{銷貨收入}} = \frac{\text{淨利}}{\$1{,}360{,}000} = 12\%$$

淨利 $= \$163,200$

3.C 公司 20A 年 12 月 31 日負債總額為$500,000，負債比率為 25%；俟 20B 年 12 月31 日，負債總額雖未改變，惟負債比率卻減少為 23.8%；另悉 20B 年度股東權益投資報酬率為15%；C 公司 20B 年度淨利應為若干？ (A)$232,563 (B)$232,578 (C)$233,285 (D)$234,786。

解 (A)

20A 年 12 月 31 日：

$$\text{負債比率} = \frac{\text{負債總額}}{\text{資產總額}} = \frac{\$500{,}000}{\text{資產總額}} = 25\%$$

資產總額 $= \$2,000,000$

股東權益總額 $= \$1,500,000\ (\$2,000,000 - \$500,000)$

20B 年 12 月 31 日：

$$\text{負債比率} = \frac{\text{負債總額}}{\text{資產總額}} = \frac{\$500{,}000}{\text{資產總額}} = 23.8\%$$

資產總額 = \$2,100,840

股東權益總額 = \$1,600,840

$$\text{股東權益投資報酬率} = \frac{\text{淨利}}{\text{平均股東權益總額}}$$

$$= \frac{\text{淨利}}{\frac{1}{2}(\$1{,}500{,}000+\$1{,}600{,}840)} = 15\%$$

淨利 = \$232,563

4.D 公司 20A 年 12 月 31 日資產總額為\$1,200,000，負債對股東權益比率為 100%；俟 20B 年 12 月31 日，股東權益總額雖未改變，惟負債對股東權益比率則反而增加為 150%；另悉流動負債與長期負債比率兩年度均為 3 : 2，無其他負債；20B 年度淨利\$108,000；D 公司 20B 年度長期資金投資報酬率應為若干？ (A) 9%　(B) 10%　(C) 12%　(D) 14%。

解　(C)

20A 年度：

$$\text{負債對股東權益比率} = \frac{\text{負債總額}}{\text{股東權益總額}} = 100\%$$

$$\text{負債總額} = \text{股東權益總額} = \$1{,}200{,}000 \times \frac{1}{2} = \$600{,}000$$

$$\text{長期負債} = \$600{,}000 \times \frac{2}{5} = \$240{,}000$$

20B 年度：

$$\text{負債對股東權益比率} = \frac{\text{負債總額}}{\$600{,}000} = 150\%$$

負債總額 = \$900,000

長期負債 $= \$900,000 \times \frac{2}{5} = \$360,000$

$$\text{長期資金投資報酬率} = \frac{\text{稅後淨利} + \text{長期負債利息費用}(1-\text{稅率})}{\text{平均長期資金}}$$

$$= \frac{\$108,000+0^{*}}{\$900,000^{**}} = 12\%$$

* 本題無長期負債利息費用。

** 平均長期資金 $= \frac{1}{2}[(\$600,000+\$240,000)+(\$600,000+\$360,000)] = \$900,000$

5.E 公司原已發行股票$1,000,000，購入等值營業資產，從事營業活動，獲得稅前淨利$200,000；E 公司擬增加營業資產，如仍然按發行股票作為籌措資金的方式，預計可使稅前淨利加倍；惟 E 公司會計主任建議按面值發行 5% 債券的籌資方式比較有利；假定所得稅率為 40%，會計主任的建議可提高股東權益投資報酬率若干？ (A) 8% (B) 9% (C) 10% (D) 12%。

解 (B)

E 公司會計主任的建議，可提高股東權益投資報酬率 9%；其計算如下：

	發行股票	發行債券／會計主任的建議
利息費用前淨利	$ 400,000	$ 400,000
減：利息費用：		
$1,000,000×5%	–0–	50,000
所得稅前淨利	$ 400,000	$ 350,000
減：所得稅：40%	160,000	140,000
稅後淨利	$ 240,000	$ 210,000
股東權益總額	$2,000,000	$1,000,000
股東權益投資報酬率	12%	21%

會計主任的建議可提高股東權益投資報酬率 9% (21% – 12%)。

下列資料用於解答第 6.至 8.題的根據：

F 公司 20A 年及 20B 年會計年度終止日有下列各項資料：

	20A 年	20B 年
1 月 1 日起至 12 月 31 日止：		
利息及所得稅前淨利	–	$ 80,000
12 月 31 日：		
流動負債	$ 40,000	50,000
長期應付債券：6%	200,000	200,000
股東權益	230,000	250,000
資產總額	470,000	500,000
所得稅率	25%	25%

6.F 公司20B 年度的總資產投資報酬率應為若干？ (A) 10.2%　(B) 12.0%　(C) 12.6%　(D) 13.0%。

解 (B)

$$總資產投資報酬率=\frac{稅後淨利+長期負債利息費用(1-稅率)}{平均總資產}$$

$$=\frac{\$51,000^{*}+\$12,000(1-40\%)}{\frac{1}{2}(\$470,000+\$500,000)}$$

$$=12\%$$

*20B 年度淨利：

利息及所得稅前淨利	$80,000
利息費用：$200,000 × 6%	12,000
稅前淨利	$68,000
所得稅費用：25%	17,000
稅後淨利	$51,000

7.F 公司20B 年度股東權益投資報酬率應為若干？ (A) 20.3%　(B) 21.0%　(C) 21.3%　(D) 22.0%。

解 (C)

$$股東權益投資報酬率=\frac{稅後淨利}{平均股東權益}$$

$$=\frac{\$51,000}{\frac{1}{2}(\$230,000+\$250,000)}=21.3\%$$

8.F 公司20B 年度財務槓桿指數應為若干？ (A) 1.6 (B) 1.7 (C) 1.8 (D) 1.9。

解 (C)

$$\text{財務槓桿指數}=\frac{\text{股東權益投資報酬率}}{\text{總資產投資報酬率}}=\frac{21.3\%}{12\%}=1.8$$

下列資料用於解答第 9.至10.題的根據：

G 公司的資本結構中，包括應付債券 30% 及股東權益 70%，總資產為 \$20,000,000，債券利率 5%，所得稅稅率 50%，保留盈餘 \$4,000,000，營業淨利為15%。

9.G 公司為獲得15% 的股東權益投資報酬率，營業淨利應為若干？ (A) \$4,500,000 (B)\$4,200,000 (C)\$4,000,000 (D)\$3,800,000。

解 (A)

營業淨利為\$4,500,000；其計算如下：

營業淨利	\$ x
減：利息費用：$\$6,000,000 \times 5\%$	300,000
稅前淨利	\$4,200,000
減：所得稅 50%	2,100,000
稅後淨利	\$2,100,000*

$x-\$300,000-\$2,100,000=\$2,100,000$

$x=\$4,500,000$

$$^{*}\text{股東權益投資報酬率}=\frac{\text{稅後淨利}}{\text{股東權益總額}}=\frac{\$2,100,000}{\$14,000,000}=15\%$$

10.如G 公司之營業淨利為\$1,000,000 時，財務槓桿指數為若干？ (A) 0 (B) 0.5 (C) 0.9 (D) 1.0。

解 (D)

當營業淨利為\$1,000,000 時，其稅後淨利為\$350,000。

茲列示其計算如下：

營業淨利	$1,000,000
減：利息費用	300,000
稅前淨利	$　700,000
減：所得稅 50%	350,000
稅後淨利	$　350,000

財務槓桿指數可計算如下：

$$\text{總資產投資報酬率}=\frac{\$350{,}000+\$300{,}000\times(1-50\%)}{\$20{,}000{,}000}=2.5\%$$

$$\text{股東權益投資報酬率}=\frac{\$350{,}000}{\$14{,}000{,}000}=2.5\%$$

$$\text{財務槓桿指數}=2.5\%\div2.5\%=1$$

11.下列哪一項敘述營業槓桿是錯誤的？　(A)判別成本結構中，固定成本與變動成本的比率關係　(B)係數的計算為：邊際貢獻/（邊際貢獻－固定成本）　(C)判別資金結構中，自有資金與借入資金的比率關係　(D)若固定成本比率高，當銷貨量增加時，對利潤的敏感性較高。

解　(C)

營業槓桿在於測度在某一產銷水準之下，由於銷貨發生增減變動而引起營業淨利變動的比率關係；營業槓桿度的計算公式如下：

$$\textbf{營業槓桿度}=\frac{\textbf{邊際貢獻}}{\textbf{營業淨利}^{*}}$$

*營業淨利＝邊際貢獻－固定成本。

營業槓桿存在的原因，在於企業的成本結構中，含有固定成本存在；如企業的營業槓桿度高（彈性大），表示其銷售水準改變後，對營業淨利甚至於稅後淨利，具有擴大效果的作用。

綜上所述，(A)、(B)及(D)均為正確答案；(C)是錯誤的；蓋判別自有資金與借入資金的比率關係者有負債比率、權益比率、財務槓桿指數及財務槓桿度等，而非為營業槓桿（度）。

12.就某公司某一年度財務資料所計算出來的各項財務比率而言，以下敘述何者為真？ (A)股東權益投資報酬率一定大於總資產報資報酬率 (B)本益比一定大於股利收入比率 (dividend yield ratio) (C)純益率一定小於營業淨利率 (D)總資產週轉率一定小於固定資產週轉率。

解 (D)

總資產週轉率與固定資產週轉率的計算公式如下：

$$\text{總資產週轉率} = \frac{\text{銷貨收入}}{\text{資產總額}}$$

$$\text{固定資產週轉率} = \frac{\text{銷貨收入}}{\text{固定資產}}$$

∵總資產 > 固定資產

∴總資產週轉率 < 固定資產週轉率

三、綜合題

1.金龍公司1999 年度、2000 年度若干損益表資料，及1999 年12 月31 日、2000 年12 月31 日全部資產負債表資料列示如下：

	1999 年	2000 年
損益表資料：		
銷貨收入	$644,000	$830,000
稅後淨利	38,600	43,200
資產負債表資料：		
流動資產	$160,000	$164,000
廠產設備	156,000	168,000
資產總額	$316,000	$332,000
流動資產	$ 92,000	$ 80,000
長期負債	60,000	76,000
負債總額	$152,000	$156,000
股東權益	164,000	176,000
負債及股東權益總額	$316,000	$332,000

試求：(a)請為金龍公司計算 2000 年度下列各項比率：

(i) 純益率。

(ii) 總資產週轉率。

(iii) 總資產投資報酬率。

(iv) 股東權益投資報酬率。

(v) 長期資金投資報酬率。

(vi) 財務槓桿指數。

(b)假定金龍公司無法提高產品售價及增加銷售量，也無法改變資本結構，如欲提升股東權益報酬率，有何其他方法？

解

(a) 2000 年度：

$$\text{(i)純益率}=\frac{\text{稅後淨利}}{\text{銷貨收入}}=\frac{\$43,200}{\$576,000}=7.5\%$$

$$\text{(ii)總資產週轉率}=\frac{\text{銷貨收入}}{\text{平均總資產}}$$

$$=\frac{\$830,000}{\frac{1}{2}(\$316,000+\$332,000)}=2.6$$

$$\text{(iii)總資產投資報酬率}=\frac{\text{稅後淨利}}{\text{平均總資產}}$$

$$=\frac{\$43,200}{\frac{1}{2}(\$316,000+\$332,000)}=13.3\%$$

(iv)股東權益投資報酬率 $=\frac{\text{稅後淨利}}{\text{平均股東權益}}$

$$=\frac{\$43,200}{\frac{1}{2}(\$164,000+\$176,000)}=25.4\%$$

(v)長期資金投資報酬率 $=\frac{\text{稅後淨利}}{\text{平均長期資金}}$

$$=\frac{\$43,200}{\frac{1}{2}[(\$60,000+\$164,000)+(\$76,000+\$176,000)]}=18.2\%$$

(vi)財務槓桿指數 $=\frac{\text{股東權益投資報酬率}}{\text{總資產投資報酬率}}=\frac{25.4\%}{13.3\%}=1.9$

(b)假定金龍公司無法提高產品售價及增加銷售量，也無法改變資本結構，如欲提升股東權益投資報酬率，使其大於25.4%，唯有降低成本一途；蓋增加財務槓桿指數的方法已不可能，唯一的方法就是降低成本，才能增加淨利，並促使股東權益投資報酬率往上提升。

2.惠普公司1997年至1999年12月31日簡明資產負債表及1997年度至1999年度損益表分別列示如下：

惠普公司

簡明資產負債表

12 月 31 日　　（百萬美元）

	1997	1998	1999
資　產：			
流動資產	$20,947	$18,507	$21,642
廠產設備	6,312	4,877	4,333
長期投資	4,490	8,324	9,322
資產總額	$31,749	$31,708	$35,297
負　債：			
流動負債	$11,219	$11,874	$14,321
長期負債	3,158	2,063	1,764
其他負債	1,217	852	917
負債總額	$15,594	$14,789	$17,002
股東權益：			
普通股本	$ 1,187	$ 10	$ 10
保留盈餘	14,968	16,909	18,285
股東權益總額	$16,155	$16,919	$18,295
負債及股東權益總額	$31,749	$31,708	$35,297

惠普公司

簡明損益表

1997 年度至 1999 年度（百萬美元）

	1997	1998	1999
銷貨收入	$ 35,465	$ 39,419	$ 42,370
銷貨成本	24,524	27,790	29,720
銷貨毛利	$ 10,941	$ 11,629	$ 12,650
營業費用：			
研究及發展費用	$ 2,191	$ 2,380	$ 2,440
銷管費用	5,345	5,850	6,522
營業費用合計	$ 7,536	$ 8,230	$ 8,962
營業淨利	$ 3,405	$ 3,399	$ 3,688
加（減）營業外收入（費用）：			
利息收入	378	530	708
利息費用*	(215)	(235)	(202)
稅前淨利	$ 3,568	$ 3,694	$ 4,194
減：所得稅費用	(1,053)	(1,016)	(1,090)
繼續營業部門淨利	$ 2,515	$ 2,678	$ 3,104
加：停業部門利益（扣除所得稅後淨額）	604	267	387
本期淨利	$ 3,119	$ 2,945	$ 3,491

*80% 屬長期負債利息費用。

試求：(a)請分別為惠普公司計算 1998 年度及 1999 年度的下列各項比率：

(i) 純益率。

(ii) 總資產週轉率。

(iii) 總資產投資報酬率。

(iv) 股東權益投資報酬率。

(v) 長期資金投資報酬率。

(vi) 財務槓桿指數。

(b)評論惠普公司 1998 年度至 1999 年度投資報酬率的優劣。

解

(a)計算各項比率（以下計算單位：百萬美元）：

	1998	1999	1999 年同業比率
(i) 純益率 $=\dfrac{\text{稅後淨利}}{\text{銷貨收入}}$			
$\dfrac{\$2,945}{\$39,419}$	7.5%		
$\dfrac{\$3,491}{\$42,370}$		8.2%	7.4%
(ii) 總資產週轉率 $=\dfrac{\text{銷貨收入}}{\text{平均總資產}}$			
$\dfrac{\$39,419}{\frac{1}{2}(\$31,749+\$31,708)}$	1.34		
$\dfrac{\$42,370}{\frac{1}{2}(\$31,708+\$35,297)}$		1.26	1.46
(iii) 總資產投資報酬率 $=\dfrac{\text{稅後淨利}+\text{利息費用}\times(1-\text{稅率})}{\text{平均總資產}}$			
$\dfrac{\$2,678+\$235\times(1-23.01\%)}{\frac{1}{2}(\$31,749+\$31,708)}$	9.0%		
$\dfrac{\$3,104+\$202(1-23.01\%)}{\frac{1}{2}(\$31,708+\$35,297)}$		9.7%	10.9%
(iv) 股東權益投資報酬率 $=\dfrac{\text{稅後淨利}}{\text{平均股東權益}}$			
$\dfrac{\$2,678}{\frac{1}{2}(\$16,155+\$16,919)}$	16.2%		
$\dfrac{\$3,104}{\frac{1}{2}(\$16,919+\$18,295)}$		17.6%	28.6%

(v) 長期資金投資報酬率 $= \dfrac{\text{稅後淨利} + \text{長期負債利息費用} \times (1 - \text{稅率})}{\text{平均長期資金}}$ $\dfrac{\$2{,}678 + \$235 \times 80\% \times (1 - 23.01\%)}{\frac{1}{2}[(\$3{,}158 + \$16{,}155) + (\$2{,}063 + \$16{,}919)]}$ $\dfrac{\$3{,}104 + \$202 \times 80\% \times (1 - 23.01\%)}{\frac{1}{2}[(\$2{,}063 + \$16{,}919) + (\$1{,}764 + \$18{,}295)]}$	14.7%	16.5%	18.2%
(vi)財務槓桿指數 $= \dfrac{\text{股東權益投資報酬率}}{\text{總資產投資報酬率}}$ $\dfrac{16.2\%}{9.0\%}$ $\dfrac{17.6\%}{9.7\%}$	1.80	1.81	2.62

(b)評論惠普公司1998年度至1999年度投資報酬率的優劣：

惠普公司1998年度及1999年度純益率分別為7.5%及8.2%，顯示1999年度略有成長，並且高於同業的7.4%；然而1999年度的總資產週轉率僅為1.26倍，不但比1998年度1.34倍退步，而且低於同業的平均比率1.46倍，顯然由於未充分運用總資產的效能所致；惠普公司1999年度總資產投資報酬率由1998年度的9.0%提高為9.7%，雖略有成長，惟仍然低於同業的平均比率10.9%；惠普公司1998年度及1999年度與同業間最明顯的落差在於股東權益投資報酬率；蓋惠普公司前後二年度的股東權益投資報酬率分別為16.2%及17.6%，雖略有改進，惟與同業的28.6%相比，卻落後甚多，其主要原因在於惠普公司未能有效運用財務槓桿作用所致；吾人可由惠普公司1998年度及1999年度的財務槓桿指數1.80及1.81與同業間2.62之比較，即可推斷其原因；當經濟景氣時期，企業如能有效利用外借資金，使財務槓桿指數提高，將具有擴大股東權益投資報酬率的正面效果；惟如處於經濟不景氣時期，其結果則剛好相反。

惠普公司1998年度及1999年度的長期資金（包括長期負債及股東權益）投資報酬率分別為14.7%及16.5%，仍然比同業的18.2%落後，其原因有一部份係由於未充分利用財務槓桿作用的結果，已如前述，此處不再贅言。

3.世偉公司2000年有關資料如下：

銷貨收入	$480,000
平均總資產	216,000
平均股東權益	144,000
稅後淨利	21,600

試求：(a)股東權益投資報酬率。

(b)總資產投資報酬率。

(c)純益率。

(d)總資產週轉率。

(e)2001年度的資料，除下列各項獨立的假定外，其餘均無改變。

試求2001年度下列各項：

(i) 淨利：假定純益率（淨利與總收入比率）為18%。

(ii) 平均總資產：假定總資產週轉率為3（次）。

(iii) 銷貨收入：假定總資產週轉率為4（次）。

(iv) 股東權益投資報酬率：假定純益率為3%。

(v)銷貨收入：假定平均總資產增加$36,000，且2001年總資產週轉率為2000年的2倍。

(vi)股東權益投資報酬率：假定平均股東權益增加$14,000。

解

(a)股東權益投資報酬率 $= \frac{\$21,600}{\$144,000} = 15\%$

(b)總資產投資報酬率 $= \frac{\$21,600}{\$216,000} = 10\%$

(c)純益率 $= \dfrac{\$21,600}{\$480,000} = 4.5\%$

(d)總資產週轉率 $= \dfrac{\$480,000}{\$216,000} = 2.2$（次）

(e) (i) 淨利：$\dfrac{\text{淨利}}{\$480,000} = 18\%$

淨利 =\$86,400

(ii) 平均總資產：$\dfrac{\$480,000}{\text{平均總資產}} = 3$（次）

平均總資產 =\$160,000

(iii) 銷貨收入：$\dfrac{\text{銷貨收入}}{\$216,000} = 4$（次）

銷貨收入=\$864,000

(iv) 股東權益投資報酬率：$\dfrac{\text{淨利}}{\$480,000} = 3\%$

淨利 =\$14,400

股東權益投資報酬率 $= \dfrac{\$14,400}{\$144,000} = 10\%$

(v) 銷貨收入：$\dfrac{\text{銷貨收入}}{\$216,000+\$36,000} = 2.2 \times 2$

銷貨收入 =\$1,108,800

(vi) 股東權益投資報酬率 $= \dfrac{\$21,600}{\$144,000+\$14,000}$

股東權益投資報酬率 =14%

4.世華公司20A 年資本結構中，包括40% 的應付債券及60% 的普通股東權益。另悉下列資料：

⑴資本結構總額為\$50,000,000。

⑵應付債券的利率為6%。

⑶所得稅率為50%，稅款已繳清。

⑷保留盈餘為\$7,500,000。

⑸營業淨利（扣除利息及所得稅之前）為銷貨的10%；毛利率為15%。

試求：(a)編製世華公司簡明資產負債表。

(b)假定該公司欲獲得10% 的股東權益投資報酬率，則營業淨利應為若干？請編製簡明損益表表達之。

(c)另假定該公司當年度的營業淨利僅為$3,000,000；請問該公司有無財務槓桿利益、損失、或兩者皆非？列示有關計算表達之。

解

(a)

世華公司
簡明資產負債表
20A 年 12 月 31 日　（新臺幣千元）

資　產：		負　債：	
各項資產	$50,000	應付債券：6%	$20,000
		股東權益：	
		普通股本	$22,500
		保留盈餘	7,500
		股東權益總額	$30,000
資產總額	$50,000	負債及股東權益總額	$50,000

(b)

世華公司
簡明損益表
某年度　（新臺幣千元）

銷貨收入(6)	$72,000	100.0%
減：銷貨成本	61,200	85.0
毛利(7)	$10,800	15.0%
減：營業費用	3,600	5
營業淨利(5)	$ 7,200	10.0%
減：利息費用(4)	1,200	1.7
稅前淨利(2)	$ 6,000	8.3%
減：所得稅(3)	3,000	4.1
稅後淨利(1)	$ 3,000	4.2%

⑴股東權益投資報酬率 $= \dfrac{淨利}{\$30,000,000} = 10\%$

淨利 $= \$3,000,000$

⑵稅前淨利 $= \$3,000,000 \div 50\% = \$6,000,000$

⑶所得稅 $= \$6,000,000 \times 50\% = \$3,000,000$

⑷利息費用 $= \$20,000,000 \times 6\% = \$1,200,000$

⑸營業淨利 $= \$6,000,000 + \$1,200,000 = \$7,200,000$

⑹銷貨收入 $= \$7,200,000 \div 10\% = \$72,000,000$

⑺毛利 $= \$72,000,000 \times 15\% = \$10,800,000$

(c)假定世華公司營業淨利為$3,000,000，則當年度的稅後淨利僅為$900,000；其計算如下：

營業淨利	$3,000,000
減：利息費用	1,200,000
稅前淨利	$1,800,000
減：預計所得稅：50%	900,000
稅後淨利	$ 900,000

在此一情況下，世華公司當年度無任何財務槓桿利益；其計算如下：

$$股東權益投資報酬率 = \frac{\$900,000}{\$30,000,000} = 3\%$$

$$總資產投資報酬率 = \frac{\$900,000+\$1,200,000(1-50\%)}{\$50,000,000} = 3\%$$

財務槓桿因素 $= 3\% - 3\% = 0$；或財務槓桿指數 $= \dfrac{3\%}{3\%} = 1$，表示無財務槓桿指數。

5.世界公司提供你2000 年12 月 31 日下列各項資料：

銷貨收入	$500,000
利息及所得稅前淨利	40,000
稅　率	50%
應付債券：利率 6%	$100,000
股東權益*	125,000
流動負債	25,000
資產總額	$250,000

*包括六厘累積特別股$25,000。

試求：(a)請計算下列各項：

(i) 總資產投資報酬率。

(ii) 總資產週轉率。

(iii) 純益率。

(b)討論上列三項比率關係的意義。

(c)請另計算下列二項比率：

(i) 股東權益投資報酬率。

(ii) 財務槓桿指數。

解

(a) (i) 總資產投資報酬率 $= \dfrac{\$17{,}000^{*}+\$6{,}000\times(1-50\%)}{\$250{,}000} = 8\%$

*利息及所得稅前淨利	$40,000
減：利息費用：$100,000×6%	6,000
稅前淨利	$34,000
減：所得稅：50%	17,000
稅後淨利	$17,000

(ii)總資產週轉率 $= \dfrac{\text{銷貨收入}}{\text{總資產}} = \dfrac{\$500{,}000}{\$250{,}000} = 2$（次）

(iii)純益率 $= \dfrac{\text{稅後淨利}}{\text{銷貨收入}} = \dfrac{\$17{,}000}{\$500{,}000} = 3.4\%$

(b)總資產投資報酬率與總資產週轉率及純益率，具有密切的關係。倘若對於總資產投資報酬率之計算，不考慮利息費用及所得稅的因素，亦不採用平均總資產的觀念，則總資產投資報酬率，實為總資產週轉率為純益率的相乘積；此項關係，可用公式表示如下：

$$\text{總資產投資報酬率} = \text{總資產週轉率} \times \text{純益率}$$

$$\frac{\text{淨利}}{\text{總資產}} = \frac{\text{銷貨收入}}{\text{總資產}} \times \frac{\text{淨利}}{\text{銷貨收入}}$$

茲將世華公司的資料代入上式：

$$\frac{\$17,000}{\$250,000} = \frac{\$500,000}{\$250,000} \times \frac{\$17,000}{\$500,000}$$

$$6.8\% = 2 \times 3.4\%$$

如將利息費用及所得稅等因素，滲入總資產投資報酬率的計算，並採用平均總資產的觀念（本習題未採用平均總資產觀念）時，則上述「總資產投資報酬率＝總資產週轉率×純益率」的關係，即不復存在。例如根據(a)所求得三項比率之關係如下：

$$8\% \neq 2 \times 3.4\%$$

(c) (i) 股東權益投資報酬率 $= \dfrac{\$17,000}{\$125,000} = 13.6\%$

(ii) 財務槓桿指數 $= \dfrac{\text{股東權益投資報酬率}}{\text{總資產投資報酬率}} = \dfrac{13.6\%}{8\%} = 1.7$

6.甲、乙、丙三家公司2000年12月31日的資料如下：

（新臺幣千元）

	甲公司	乙公司	丙公司
資產總額	$700,000	$700,000	$700,000
流動負債	$100,000	$250,000	$100,000
8%應付債券：2000 年底到期	200,000		
6%應付債券：2005 年底到期		50,000	
8%應付債券：2007 年底到期			400,000
股東權益	400,000	400,000	200,000
負債及股東權益總額	$700,000	$700,000	$700,000
淨利（稅後）	$ 70,000	$ 63,000	$ 49,000

試求：假定所得稅率為50%；試為甲、乙、丙三家公司計算下列各項比率：

(a)純益為利息倍數。

(b)股東權益投資報酬率。

(c)總資產投資報酬率。

解

(a)純益為利息倍數：

（新臺幣千元）

	甲公司	乙公司	丙公司
淨利（稅後）	$ 70,000	$ 63,000	$ 49,000
加：所得稅	70,000	63,000	49,000
稅前淨利	$140,000	$126,000	$ 98,000
加：利息費用 (a)：			
$200,000 \times 8\%$	16,000		
$50,000 \times 6\%$		3,000	
$400,000 \times 8\%$			32,000
合　　計 (b)	$156,000	$129,000	$130,000
純益為利息倍數 $(b \div a)$	9.75 倍	43 倍	4.06 倍

⒝股東權益投資報酬率：

（新臺幣千元）

	甲公司	乙公司	丙公司
淨利（稅後）(a)	$ 70,000	$ 63,000	$ 49,000
股東權益 (b)	400,000	400,000	200,000
股東權益投資報酬率 $(a \div b)$	17.5%	15.8%	24.5%

⒞總資產投資報酬率：

（新臺幣千元）

	甲公司	乙公司	丙公司
淨利（稅後）	$ 70,000	$ 63,000	$ 49,000
利息費用：			
16,000×(1 − 50%)	8,000		
3,000×(1 − 50%)		1,500	
32,000×(1 − 50%)			16,000
合　　計 (a)	$ 78,000	$ 64,500	$ 65,000
總資產 (b)	$700,000	$700,000	$700,000
總資產投資報酬率 $(a \div b)$	11.1%	9.2%	9.3%

7.大華公司在無任何負債下的總資產投資報酬率為15%；如不考慮所得稅問題，另假定該公司分別有下列各種資本結構及負債的利率，則在哪一種情況下的股東權益投資報酬率最高？

⑴負債與股東權益比率為0.25，負債利率6%。

⑵負債與股東權益比率為0.5，負債利率8%。

⑶負債與股東權益比率為1.0，負債利率10%。

⑷負債與股東權益比率為1.5，負債利率12%。

試求：⒜請分別列舉實例，並計算其結果，以證實上列答案。

⒝你能歸納出上列各項計算的公式嗎？

（高考會計師試題）

解

(a)(1)負債與股東權益比率為 0.25，負債利率 6%：

實例：總資產$1,000，總負債$200，股東權益$800，利息費用$12。

$$股東權益投資報酬率 = \frac{\$150 - \$12}{\$800} = 17.25\%$$

(2)負債與股東權益比率為 0.5，負債利率 8%：

實例：總資產$1,000，總負債$333，股東權益$666，利息費用$26.7。

$$股東權益投資報酬率 = \frac{\$150 - \$26.7}{\$666} = 18.5\%$$

(3)負債與股東權益比率為 1.0，負債利率 10%：

實例：總資產$1,000，總負債$500，股東權益$500，利息費用$50。

$$股東權益投資報酬率 = \frac{\$150 - \$50}{\$500} = 20\%$$

(4)負債與股東權益比率為 1.5，負債利率 12%：

實例：總資產$1,000，總負債$600，股東權益$400，利息費用$72。

$$股東權益投資報酬率 = \frac{\$150 - \$72}{\$400} = 19.5\%$$

由上列計算可知，以第 3 種情況的股東權益投資報酬率 20%為最高。

(b)上列計算方法，也可用下列公式代入：

股東權益投資報酬率(r)

$$= 總資產投資報酬率 + [總資產投資報酬率 - 利率(1-稅率)] \times \frac{總負債}{股東權益}$$

(1) $r_1 = 15\% + [15\% - 6\%(1 - 0\%)] \times 0.25 = 17.25\%$

(2) $r_2 = 15\% + [15\% - 8\%(1 - 0\%)] \times 0.5 = 18.5\%$

(3) $r_3 = 15\% + [15\% - 10\%(1 - 0\%)] \times 1.0 = 20\%$

(4) $r_4 = 15\% + [15\% - 12\%(1 - 0\%)] \times 1.5 = 19.5\%$

8.中華公司20A 年度部份財務資料如下：

(1)總資產週轉率（平均資產總額與期末資產總額相等）	2
(2)淨利率（純益率）	8%
(3)財務槓桿比率（資產總額對股東權益）	2
(4)銷貨收入	$10,000,000
(5)資本結構之組成為：	
流動負債（其中40% 之平均利息成本為5%）	10%
長期負債（平均利息成本10%）	30%
少數股權（20A 年少數股權淨利為$40,000）	10%
股東權益（未發行特別股）	50%
(6)所得稅率	25%

試求：(a)計算總資產報酬率。

(b)列表計算使用普通股以外來源的資金對股東權益之利益。

(c)計算股東權益報酬率。

（高考會計師試題）

解

(1)**總資產週轉率** $= \dfrac{\text{銷貨收入}}{\text{總資產}} = \dfrac{\$10,000,000}{\text{總資產}} = 2$

總資產＝$5,000,000

(2)**淨利率** $= \dfrac{\text{淨利}}{\text{銷貨收入}} = \dfrac{\text{淨利}}{\$10,000,000} = 8\%$

淨利＝$800,000

(3)**財務槓桿比率** $= \dfrac{\text{總資產}}{\text{股東權益}} = \dfrac{\$5,000,000}{\text{股東權益}} = 2$

股東權益＝$2,500,000

(4)流動負債＝$5,000,000×10%＝$500,000

長期負債＝$5,000,000×30%＝$1,500,000

少數股權＝$5,000,000×10%＝$500,000

股東權益＝$5,000,000×50%＝$2,500,000

(a)總資產報酬率 $= \dfrac{\$800{,}000+\$160{,}000\times(1-25\%)+\$40{,}000}{\$5{,}000{,}000}$

$= 19.2\%$

(b)普通股以外來源的資金對股東權益之利益：

(i)普通股以外來源的資金實得利益：

流動負債：$\$500{,}000\times40\%\times5\%\times(1-25\%)=$	\$　7,500
長期負債：$\$1{,}500{,}000\times10\%\times(1-25\%)$	112,500
少數股權：	40,000

(ii)對股東權益的利益：

項　目	金　額		總資產報酬率		既得利益		實得利益		對普通股利益
流動負債	\$　500,000	×	19.2%	=	\$ 96,000	−	\$　7,500	=	\$ 88,500
長期負債	1,500,000	×	19.2%	=	288,000	−	112,500	=	175,500
少數股權	500,000	×	19.2%	=	96,000	−	40,000	=	56,000
合　計									\$320,000

(c)**股東權益報酬率** $= \dfrac{\text{淨利}}{\text{股東權益}} = \dfrac{\$800{,}000}{\$2{,}500{,}000} = 32\%$

第二十章　資源運用效率分析

二、選擇題

1.國際紙業公司 (International Paper Co.) 1999 年12 月31 日會計年度終止日的有關資料如下：

期初資產總額	$31,466,000,000
期末資產總額	30,268,000,000
員工人數	99,000 人
總資產週轉率	80.0%
純益率	7.5%

國際紙業公司 1999 年度銷貨收入對員工人數比率及淨利對員工人數比率各為若干？

	銷貨收入對員工人數比率	淨利對員工人數比率
(A)	$254,271	$19,070
(B)	249,430	18,707
(C)	244,590	18,343
(D)	以上皆非	以上皆非

解　(B)

(1)**總資產週轉率** $= \dfrac{\textbf{銷貨收入}}{\textbf{平均總資產}}$

$$= \frac{\text{銷貨收入}}{\frac{1}{2}(\$31{,}466{,}000{,}000 + \$30{,}268{,}000{,}000)} = 0.8$$

銷貨收入 $= \$24{,}693{,}600{,}000$

(2)**純益率** $= \dfrac{\text{淨利}}{\text{銷貨收入}} = \dfrac{\text{淨利}}{\$24,693,600,000} = 7.5\%$

淨利 $= \$1,852,020,000$

(3)**銷貨收入對員工人數比率** $= \dfrac{\text{銷貨收入}}{\text{員工人數}}$

$= \dfrac{\$24,693,600,000}{99,000} = \$249,430/\text{每人}$

(4)**淨利對員工人數比率** $= \dfrac{\text{淨利}}{\text{員工人數}}$

$= \dfrac{\$1,852,020,000}{99,000} = \$18,707/\text{每人}$

2.康佰克公司(Compaq Computer Corp.) 1999 年 12 月 31 日會計年度終止日的有關資料如下：

期初股東權益總額	$14,834,000,000
期末股東權益總額	11,351,000,000
股東權益投資報酬率	4.35%
純益率	1.48%
員工人數	67,100 人

康佰克公司1999 年度銷貨收入對員工人數比率及淨利對員工人數比率分別為若干？

	銷貨收入對員工人數比率	淨利對員工人數比率
(A)	$494,904	$7,376
(B)	574,811	8,507
(C)	646,762	9,639
(D)	以上皆非	以上皆非

解 (B)

(1)**股東權益投資報酬率** $= \dfrac{\text{淨利}}{\text{平均股東權益總額}}$

$$=\frac{淨利}{\frac{1}{2}(\$14,834,000,000+\$11,351,000,000)}$$

$$=4.36\%$$

淨利 = $570,833,000

(2) **純益率** $= \frac{\textbf{淨利}}{\textbf{銷貨收入}} = \frac{\$570,833,000}{銷貨收入} = 1.48\%$

銷貨收入 = $38,569,800,000

(3) **銷貨收入對員工人數比率** $= \frac{\textbf{銷貨收入}}{\textbf{員工人數}}$

$$=\frac{\$38,569,800,000}{67,100}=\$574,811/每人$$

(4) **淨利對員工人數比率** $= \frac{\textbf{淨利}}{\textbf{員工人數}}$

$$=\frac{\$570,833,000}{67,100}=\$8,507/每人$$

3. P 公司20A 年12 月31 日會計年度終止日的有關資料如下：

銷貨收入對營運資金比率	10 倍
流動比率	2 倍
純益率	12%
淨　利	$240,000

另悉P 公司20A 年 12 月31 日存貨佔流動資產之40%；P 公司20A 年度銷貨收入對存貨比率應為若干？ (A) 6% (B) 7% (C) 8% (D) 10%。

解 (C)

(1) **純益率** $= \frac{\textbf{淨利}}{\textbf{銷貨收入}} = \frac{\$240,000}{銷貨收入} = 12\%$

銷貨收入 = $2,000,000

(2) **銷貨收入對營運資金比率** $= \frac{\textbf{銷貨收入}}{\textbf{營運資金}}$

$$= \frac{\$2,000,000}{營運資金} = 10$$

營運資金 $= \$200,000$

(3)設 $x =$ 流動資產；

$$\textbf{流動比率} = \frac{\textbf{流動資產}}{\textbf{流動負債}} = \frac{x}{流動負債} = 2$$

$$流動負債 = \frac{1}{2}x$$

(4)營運資金 $= x - \frac{1}{2}x = \$200,000; x = \$400,000$

存貨 $= \$400,000 \times 40\% = \$160,000$

(5)銷貨收入對存貨比率 $= \$160,000 \div \$2,000,000 = 8\%$

4.Q 公司20A 年 12 月 31 日會計年度終止日的有關資料如下：

純益率	12%
長期資金投資報酬率	20%
應付債券：10%	$200,000
淨　利	120,000

另悉Q 公司 20A 年 12 月31 日除應付債券外，並無其他長期負債；利息費用均為應付債券所發生，所得稅率為 25%；所有報酬率或週轉率的計算，假定均以 20A 年度期末的金額為準；Q 公司 20A 年度股東權益週轉率應為若干？ (A) 1.90 倍 (B) 2.00 倍 (C) 2.10 倍 (D)以上皆非。

解 (C)

(1)$\textbf{純益率} = \frac{\textbf{淨利}}{\textbf{銷貨收入}} = \frac{\$120,000}{銷貨收入} = 12\%$

銷貨收入 $= \$1,000,000$

(2)$長期資金投資報酬率 = \frac{\textbf{淨利} + \textbf{利息收入} \times (1 - \textbf{稅率})}{\textbf{長期負債} + \textbf{股東權益}}$

$$= \frac{\$120,000 + \$200,000 \times 10\% \times (1 - 25\%)}{\$200,000 + 股東權益總額}$$

$= 0.2$

股東權益總額 = $475,000

(3)**股東權益週轉率** $= \dfrac{\textbf{銷貨收入}}{\textbf{股東權益總額}} = \dfrac{\$1{,}000{,}000}{\$475{,}000} = 2.10$（倍）

下列資料用於解答第 5.至 9.題的根據：

戴爾公司 (Dell, Inc.) 1999 年 1 月 31 日及 2000 年 1 月31 日會計年度終止日，各項有關資料列示如下：

會計年度終止日：1 月 31 日　（百萬美元）

	1999 年	2000 年
員工人數	29,400 人	36,500 人
銷貨收入	$18,243	$25,265
本期淨利	1,460	1,666
流動資產	5,807	7,681
廠產設備 *	523	765
資產總額	6,877	11,471
流動負債	3,695	5,192
長期負債	512	508
其他負債	349	463
股利發放數	–0–	–0–

*1999 年 2 月 1 日廠產設備$342 百萬美元。

5.戴爾公司淨利對員工人數比率，2000 年度比 1999 年度成長若干？

(A)$49,660　(B)$45,644　(C)$4,016　(D)以上皆非。

解　(D)

$$\textbf{淨利對員工人數比率} = \frac{\textbf{淨利}}{\textbf{員工人數}}$$

1999 年度：

$$\text{淨利對員工人數比率} = \frac{\$1{,}460{,}000{,}000}{29{,}400} = \$49{,}660/\text{每人}$$

2000 年度：

$$淨利對員工人數比率 = \frac{\$1,666,000,000}{36,500} = \$45,644/每人$$

2000 年度比1999 年度減少 $4,016 ($49,660 − $45,644)。

6.戴爾公司2000 年度營運資金週轉率應為若干？ (A) 9 倍 (B) 10 倍 (C) 11 倍 (D) 12 倍。

解 (C)

(1) **營運資金＝流動資產－流動負債**

1999 年度：營運資金＝$5,807 − $3,695 ＝ $2,112（百萬美元）

2000 年度：營運資金＝$7,681 − $5,192 ＝ $2,489

(2) $$銷貨對營運資金比率 = \frac{銷貨收入}{平均營運資金}$$

$$= \frac{\$25,265}{\frac{1}{2}(\$2,112 + \$2,489)} = 11.0（倍）$$

7.戴爾公司銷貨對廠產設備比率，2000 年度比1999 年度成長若干？ (A) 42.2 倍 (B) 39.2 倍 (C) 3.0 倍 (D)以上皆非。

解 (C)

$$銷貨對廠產設備比率 = \frac{銷貨收入}{平均廠產設備}$$

$$1999 年度：銷貨對廠產設備比率 = \frac{\$18,243}{\frac{1}{2}(\$342 + \$523)} = 42.2（倍）$$

$$2000 年度：銷貨對廠產設備比率 = \frac{\$25,265}{\frac{1}{2}(\$523 + \$765)} = 39.2（倍）$$

2000 年度比 1999 年度減少：42.2 − 39.2 ＝ 3.0（倍）

8.戴爾公司2000 年度股東權益週轉率應為若干？ (A) 5.0 倍 (B) 5.6 倍

(C) 6.0 倍　(D) 6.6 倍。

解　(D)

$$股東權益週轉率 = \frac{銷貨收入}{平均股東權益}$$

1999 年 2 月 1 日股東權益：\$6,877−(\$3,695 + \$512+\$349) = \$2,321（百萬美元）

2000 年1 月 31 日股東權益：\$11,471−(\$5,192 + \$508 + \$463) = \$5,308

$$2000\ 年度股東權益週轉率 = \frac{\$25,265}{\frac{1}{2}(\$2,321 + \$5,308)} = 6.6（倍）$$

9.戴爾公司2000 年度股東權益成長率應為若干？　(A) 43.7%　(B) 42.7%　(C) 41.7%　(D)以上皆非。

解　(A)

$$股東權益成長率 = \frac{淨利 - 股利發放數}{平均股東權益}$$

$$= \frac{\$1,666 - \$0}{\frac{1}{2}(\$2,321 + \$5,308)} = 43.7\%$$

三、綜合題

1. IBM 公司1998 年及 1999 年 12 月 31 日會計年度終止日，有關各項資料如下：

會計年度終止日：12 月31 日	1998 年	1999 年
		（百萬美元）
銷貨收入	$81,667	$87,548
本期淨利	6,328	7,712
現　金	5,768	5,831
應收帳款	25,468	26,259
存　貨	5,200	4,868
其他流動資產	5,924	6,197
流動資產合計	42,360	43,155
廠產設備	20,230	18,253
資產總額	86,100	87,495
流動負債	36,827	39,578
長期負債	15,508	14,124
負債總額	66,667	66,984
特別股本	247	247
特別股股利發放數	20 股	20 股
普通股股利發放數	814 股	859 股
員工人數	291,067 人	307,401 人

試求：請為 IBM 公司計算 1999 年度的下列各項比率：

(a)銷貨收入對員工人數比率。

(b)淨利對員工人數比率。

(c)銷貨收入對現金比率。

(d)銷貨收入對應收帳款比率。

(e)銷貨收入對存貨比率。

(f)銷貨收入對營運資金比率。

(g)銷貨收入對廠產設備比率。

(h)銷貨收入對總資產比率。

(i)股東權益週轉率。

(j)普通股東權益成長率。

解

(a)銷貨收入對員工人數比率 $= \dfrac{\text{銷貨收入}}{\text{員工人數}}$

$$= \frac{\$87,548,000,000}{307,401} = \$284,801$$

(b)淨利對員工人數比率 $= \dfrac{\text{淨利}}{\text{員工人數}}$

$$= \frac{\$7,712,000,000}{307,401} = \$25,088$$

(c)銷貨收入對現金比率 $= \dfrac{\text{銷貨收入}}{\text{平均現金}}$

$$= \frac{\$87,548,000,000}{\frac{1}{2}(\$5,768,000,000 + \$5,831,000,000)}$$

= 15.1（倍）

(d)銷貨收入對應收帳款比率 $= \dfrac{\text{銷貨收入}}{\text{平均應收帳款}}$

$$= \frac{\$87,548,000,000}{\frac{1}{2}(\$25,468,000,000 + \$26,259,000,000)}$$

= 3.4（倍）

(e)銷貨收入對存貨比率 $= \dfrac{\text{銷貨收入}}{\text{平均存貨}}$

$$= \frac{\$87,548,000,000}{\frac{1}{2}(\$5,200,000,000 + \$4,868,000,000)}$$

= 17.4（倍）

(f)銷貨收入對營運資金比率 $= \dfrac{\text{銷貨收入}}{\text{平均營運資金}}$

$$= \frac{\$87,548,000,000}{\frac{1}{2}(\$5,533,000,000 + \$3,577,000,000)}$$

= 19.2（倍）

(g)銷貨收入對廠產設備比率 $= \dfrac{\text{銷貨收入}}{\text{平均廠產設備}}$

$$= \frac{\$87{,}548{,}000{,}000}{\frac{1}{2}(\$20{,}230{,}000{,}000 + \$18{,}253{,}000{,}000)}$$

$= 4.5$（倍）

(h)銷貨收入對總資產比率 $= \dfrac{\text{銷貨收入}}{\text{平均總資產}}$

$$= \frac{\$87{,}548{,}000{,}000}{\frac{1}{2}(\$86{,}100{,}000{,}000 + \$87{,}495{,}000{,}000)}$$

$= 1.0$（倍）

(i)股東權益週轉率 $= \dfrac{\text{銷貨收入}}{\text{平均股東權益}}$

$$= \frac{\$87{,}548{,}000{,}000}{\frac{1}{2}(\$19{,}433{,}000{,}000 + \$20{,}511{,}000{,}000)}$$

$= 4.4$（倍）

(j)普通股東權益成長率 $= \dfrac{\text{淨利} - \text{股利發放數}}{\text{平均普通股東權益}}$

$$= \frac{\$87{,}548{,}000{,}000 - \$20{,}000{,}000 - \$859{,}000{,}000}{\frac{1}{2}(\$19{,}186{,}000{,}000 + \$20{,}264{,}000{,}000)}$$

$= 4.4$（倍）

2.新世紀公司成立於2000 年1 月1 日，截至2000 年12 月31 日會計年度終止日，按照期末時的各項數據及當年度經營成果所計算的各項資源運用效率列示如下：

⑴銷貨對現金比率為20 : 1。

⑵應收帳款為現金之150%。

⑶流動資產、廠產設備及其他資產之比為45 : 50 : 5。

⑷流動資產包括現金、應收款項及存貨三項；存貨為廠產設備之40%，

並已知廠產設備為$500,000。

(5)流動比率為 225%。

(6)流動負債對長期負債比率為 50 : 50。

(7)流動負債中包括應付帳款、應付估計所得稅及其他流動負債；已知當年度所得稅尚未支付，且其他負債為應付估計所得稅之 150%。

(8)股東權益週轉率為 $3\frac{1}{3}$ 倍。

(9)保留盈餘對股本比率為 1 : 2；除此之外，別無其他股東權益存在。

(10)毛利率為 40%；稅前淨利為銷貨之 10%。

(11)有效稅率為 20%。

(12)另悉當年度的股利係按股本之 10% 發放。

試求：(a)請編製新世紀公司 2000 年度損益表及 2000 年 12 月 31 日資產負債表；詳細列示各項數字的計算過程。

(b)計算新世紀公司 2000 年度下列各項比率：

(i) 銷貨收入對應收帳款比率。

(ii) 銷貨收入對存貨比率。

(iii) 銷貨收入對廠產設備比率。

(iv) 銷貨收入對總資產比率。

(v) 普通股東權益成長率。

解

(a)2000 年度損益表及 2000 年 12 月 31 日資產負債表：

存貨 = $500,000 × 40% = $200,000

資產總額 = $500,000 ÷ 50% = $1,000,000

其他資產 = $1,000,000 × 5% = $50,000

流動資產 = $1,000,000 × 45% = $450,000

應收帳款 = ($450,000 − $200,000) × $\frac{150}{250}$ = $150,000

現金 = $150,000 ÷ 150% = $100,000

流動負債 = $450,000 ÷ 225% = $200,000

銷貨 $= \$100,000 \times 20 = \$2,000,000$

毛利 $= \$2,000,000 \times 40\% = \$800,000$

銷貨成本 $= \$2,000,000 \times 60\% = \$1,200,000$

稅前淨利 $= \$2,000,000 \times 10\% = \$200,000$

營業費用 $= \$800,000 - \$200,000 = \$600,000$

估計所得稅 $= \$200,000 \times 20\% = \$40,000$

稅後淨利 $= \$200,000 - \$40,000 = \$160,000$

股東權益 $= \$2,000,000 \div 3\frac{1}{3} = \$600,000$

股本 $= \$600,000 \times \frac{2}{3} = \$400,000$

保留盈餘 $= \$600,000 \times \frac{1}{3} = \$200,000$

股利 $= \$400,000 \times 10\% = \$40,000$

其他流動負債 $= \$40,000 \times 150\% = \$60,000$

應付帳款 $= \$200,000 - \$60,000 - \$40,000 = \$100,000$

新世紀公司

損益表

2000 年度

銷貨收入	$2,000,000
減：銷貨成本	1,200,000
毛　利	$ 800,000
減：營業費用	600,000
稅前淨利	$ 200,000
減：估計所得稅 20%	40,000
稅後淨利	$ 160,000
股　利	40,000
保留盈餘增加額	$ 120,000

新世紀公司
資產負債表
2000 年 12 月 31 日

資產		負債及股東權益	
流動資產：		流動負債：	
現　金	$ 100,000	應付帳款	$ 100,000
應收帳款	150,000	應付估計所得稅	40,000
存　貨	200,000	其他流動負債	60,000
流動資產合計	$ 450,000	流動負債合計	$ 200,000
廠產設備	500,000	長期負債	200,000
其他資產	50,000	負債總額	$ 400,000
		股　本	$ 400,000
		保留盈餘	200,000
		股東權益總額	$ 600,000
資產總額	$1,000,000	負債及股東權益總額	$1,000,000

(b)計算各項資源運用效率：

(i) 銷貨收入對應收帳款比率 = $2,000,000 ÷ $150,000 = 13.3（倍）

(ii) 銷貨收入對存貨比率= $2,000,000 ÷ $200,000 = 10（倍）

(iii) 銷貨收入對廠產設備比率 = $2,000,000 ÷ $500,000 = 4（倍）

(iv) 銷貨收入對總資產比率 = $2,000,000 ÷ $1,000,000 = 2（倍）

(v) 普通股東權益成長率 = $\frac{\$160,000 - \$40,000}{\$600,000} = 20\%$

3.美心公司 20A 年及 20B 年各項有關資料如下：

損益表資料：

	20A 年度	20B 年度
銷貨收入*	$	$
營業成本及費用		
營業淨利	$	$
利息費用**	12,800	12,800
稅前淨利	$	$
所得稅費用		
稅後淨利	$64,000	$82,800

*全部屬於賒銷；20A 年度及 20B 年度銷貨成本率均為 60%。

**應付債券，利率 12.8%，五年後到期，平價發行。

資產負債表資料：

資　產：		
現　金	$	$
應收帳款		
存　貨		
流動資產合計	$	$
廠產設備		
資產總額	$320,000	$384,000
負　債：		
流動負債	$	$
長期負債		
負債總額	$	$
股東權益：		
普通股本：12,000 股 @$10	$120,000	$120,000
保留盈餘		
股東權益總額	$	$
負債及股東權益總額	$	$

其他補充資料：

⑴純益率	10.0%	11.5%
⑵流動比率	250.0%	150.0%
⑶負債比率	45.0%	50.0%
⑷純益為利息倍數	8.5	9.0
⑸應收帳款週轉率	–	5.0
⑹存貨週轉率	–	6.0

⑺期初應收帳款為期末應收帳款之 60%；期初存貨為期末存貨之 80%。

試求：⒜請為美心公司編製：

(i) 20A 年度及 20B 年度損益表。

(ii) 20A 年及 20B 年 12 月 31 日資產負債表。

⒝計算 20B 年度下列各項資源運用效率：

(i) 銷貨收入對現金比率。

(ii) 銷貨收入對營運資金比率。

(iii) 銷貨收入對廠產設備比率。

(iv) 銷貨收入對總資產比率。

(v) 股東權益週轉率。

(vi) 股東權益成長率。

解

(a)編製損益表及資產負債表：

	20 A 年	20 B 年
1.銷貨收入：		
$\textbf{純益率} = \dfrac{\textbf{稅後淨利}}{\textbf{銷貨收入}} = \dfrac{\$64,000}{\text{銷貨收入}} = 10\%$	\$640,000	
$\dfrac{\$82,800}{\text{銷貨收入}} = 11.5\%$		\$720,000
2.稅前淨利：		
$\textbf{純益為利息倍數} = \dfrac{\textbf{稅前淨利} + \textbf{利息費用}}{\textbf{利息費用}}$		
$= \dfrac{\text{稅前淨利} + \$12,800}{\$12,800} = 8.5$	96,000	
$\dfrac{\text{稅前淨利} + \$12,800}{\$12,800} = 9.0$		102,400
3.負債總額：		
$\textbf{負債比率} = \dfrac{\textbf{負債總額}}{\textbf{資產總額}} = \dfrac{\text{負債總額}}{\$320,000} = 45\%$	144,000	
$\dfrac{\text{負債總額}}{\$384,000} = 50\%$		192,000
4.流動資產：		
$\textbf{流動比率} = \dfrac{\textbf{流動資產}}{\textbf{流動負債}} = \dfrac{\text{流動資產}}{\$144,000 - \$100,000} = 2.5$	110,000	
$\dfrac{\text{流動資產}}{\$192,000 - \$100,000} = 1.5$		138,000
5.應收帳款（設為 x）：		
$\textbf{應收帳款週轉率} = \dfrac{\textbf{賒銷收入}}{\textbf{平均應收帳款}} = \dfrac{\$720,000}{0.6x + x} = 5$	54,000	90,000

$x=\$90,000$		
6.存貨（設為 y）：		
$存貨週轉率=\frac{銷貨成本}{平均存貨}=\frac{\$720,000\times 60\%}{0.8y+y}=6$	32,000	40,000
$y=\$40,000$		

美心公司

損益表

20A 年度及 20B 年度

	20A 年度	20B 年度
銷貨收入	$640,000	$720,000
營業成本及費用	531,200	604,800
營業淨利	$108,800	$115,200
利息費用	12,800	12,800
稅前淨利	$ 96,000	$102,400
所得稅費用	32,000	19,600
稅後淨利	$ 64,000	$ 82,800

美心公司
資產負債表
20A 年及 20B 年 12 月 31 日

	20A 年 12 月 31 日	20B 年 12 月 31 日
資　產：		
現　金	$ 24,000	$ 8,000
應收帳款	54,000	90,000
存　貨	32,000	40,000
流動資產合計	$110,000	$138,000
廠產設備	210,000	246,000
資產總額	$320,000	$384,000
負　債：		
流動負債	$ 44,000	$ 92,000
長期負債	100,000	100,000
負債總額	$144,000	$192,000
股東權益：		
普通股本：12,000 股 @$10	$120,000	$120,000
保留盈餘	56,000	72,000
股東權益總額	$176,000	$192,000
負債及股東權益總額	$320,000	$384,000

(b)計算 20B 年度各項資源運用效率：

(i)銷貨收入對現金比率 $= \dfrac{\$720{,}000}{\frac{1}{2}(\$24{,}000 + \$8{,}000)} = 45.0$（倍）

(ii)銷貨收入對營運資金比率 $= \dfrac{\$720{,}000}{\frac{1}{2}(\$66{,}000 + \$46{,}000)} = 12.9$（倍）

(iii)銷貨收入對廠產設備比率 $= \dfrac{\$720{,}000}{\frac{1}{2}(\$210{,}000 + \$246{,}000)} = 3.2$（倍）

(iv)銷貨收入對總資產比率 $= \dfrac{\$720{,}000}{\frac{1}{2}(\$320{,}000 + \$384{,}000)} = 2.0$（倍）

(v)股東權益週轉率$= \dfrac{\$720{,}000}{\frac{1}{2}(\$176{,}000 + \$192{,}000)} = 3.9$（倍）

(vi)股東權益成長率$= \dfrac{\$82{,}800 - \$66{,}800^{*}}{\frac{1}{2}(\$176{,}000 + \$192{,}000)} = 8.7\%$

*股利發放數（設為 z）：

期初保留盈餘	$56,000
加：本期淨利	82,800
減：股利發放數	z
期末保留盈餘	$72,000

$z = \$66{,}800$

4.臺北公司20B 年期初資產總額為$1,100,000（內含應收帳款$200,000、存貨$300,000 及固定資產淨額$320,000），期末資產總額為$1,300,000（內含短期投資$50,000）20B 年度該公司長期負債僅有20A 年中簽發的應付票據一項，該票據的利率為10%，將於三年後到期。20B 年該公司稅後純益為$120,000，所得稅稅率為40%，根據20A 年及20B 年財務報表所計算的20B 年部份財務比率如下：

負債比率	42%	速動比率	1.25
毛利率	30%	存貨週轉率	3.5 次
總資產報酬率	11%	固定資產週轉率	5.97 次
純益率	6%	應收帳款週轉率	8 次

試根據上述資料，計算20B 年度財務報表中下列項目的金額。（請列出算式，否則不計分）

(a)現金。

(b)應收帳款。

(c)存貨。

(d)利息費用。

(e)固定資產淨額。

(f)應付票據（長期）。

（高考會計師試題）

解

	20B 年 1 月 1 日	20B 年 12 月 31 日	
資　產：			
流動資產：			
現　金	–	$　82,500(*a*)	
短期投資	–	50,000	
應收帳款	$ 200,000	300,000(*b*)	
存　貨	300,000	500,000(*c*)	
流動資產合計	–	$ 932,500	
固定資產（淨額）	$ 320,000	350,017(*e*)	
其他資產	–	17,483	
資產總額	$1,100,000	$1,300,000	
負　債：			
流動負債	–	$ 346,000	
長期負債 —— 應付票據	–	200,000(*f*)	
負債總額	–	$ 546,000	
股東權益：			
股東權益總額	–	$　–	
負債及股東權益總額	–	$1,300,000	
銷貨收入	–	$2,000,000(*s*)	100%
銷貨成本	–	1,400,000	70%
毛　利	–	600,000	30%
稅後淨利	–	120,000	6%

$$\text{純益率} = \frac{\text{稅後淨利}}{\text{銷貨收入}\,(s)} = \frac{\$120{,}000}{s} = 6\%;\ s = \$2{,}000{,}000$$

$$\text{應收帳款週轉率} = \frac{\text{銷貨收入}}{\text{平均應收帳款}} = \frac{\$2{,}000{,}000}{\frac{1}{2}(\$200{,}000 + A/R)} = 8\text{；}$$

$A/R(b) = \$300{,}000$

$$\text{存貨週轉率} = \frac{\text{銷貨成本}}{\text{平均存貨}} = \frac{\$1{,}400{,}000}{\frac{1}{2}(\$300{,}000 + INV)} = 3.5\text{；}$$

$INV(c) = \$500{,}000$

$$\text{總資產報酬率} = \frac{\text{稅後淨利} + \text{利息費用} \times (1 - \text{稅率})}{\text{平均資產總額}}$$

$$= \frac{\$120{,}000 + \text{利息費用} \times (1 - 40\%)}{\frac{1}{2}(\$1{,}100{,}000 + \$1{,}300{,}000)} = 11\%$$

利息費用 $(d) = \$20{,}000$

應付票據 $(f) = \$20{,}000 \div 10\% = \$200{,}000$

$$\text{負債比率} = \frac{\text{負債總額}\,(L)}{\text{資產總額}} = \frac{L}{\$1{,}300{,}000} = 42\%; L = \$546{,}000$$

流動負債 $= \$546{,}000 - \$200{,}000 = \$346{,}000$

$$\text{速動比率} = \frac{\text{現金} + \text{短期投資} + \text{應收帳款}}{\text{流動負債}}$$

$$= \frac{\text{現金}(C) + \$50{,}000 + \$300{,}000}{\$346{,}000} = 1.25$$

$C(a) = \$82{,}500$

$$\text{固定資產週轉率} = \frac{\text{銷貨收入}}{\text{平均固定資產}} = \frac{\$2{,}000{,}000}{\frac{1}{2}(\$320{,}000 + F)} = 5.97$$

$F(e) = \$350{,}017$

第二十一章　銷貨毛利變動分析

二、選擇題

下列資料用於解答第 1.至 3.題的根據：

R 公司 20A 年度銷貨毛利計算如下：

銷貨收入 ($8.40 × 90,500)	$760,200
銷貨成本 ($5.00 × 90,500)	452,500
銷貨毛利	$307,700

R 公司 20B 年度銷售 100,000 單位，每單位售價$8.20，每單位成本$4.80。

1.R 公司20B 年度與 20A 年度比較時，價格差異為若干？ (A)$18,100（有利） (B)$18,100（不利） (C)$20,000（有利） (D)$20,000（不利）。

解 (D)

價格差異＝(20B 年度售價 － 20A 年度售價) × 20B 年度數量

＝($8.20 － $8.40) × 100,000

＝－$20,000（不利差異）

2.R 公司20B 年度與 20A 年度比較時，數量差異為若干？ (A)$32,300（有利） (B)$32,300（不利） (C)$34,000（有利） (D)$34,000（不利）。

解 (A)

數量差異＝(20B 年度數量 － 20A 年度數量) × 20A 年度單位毛利

＝(100,000 － 90,500) × ($8.40 － $5.00)

＝$32,300（有利）

3.R 公司20B 年度與 20A 年度比較時，成本差異為若干？ (A)$18,100（有利）　(B)$18,100（不利）　(C)$20,000（有利）　(D)$20,000（不利）。

解　(C)

成本差異＝(20B 年度單位成本 − 20A 年度單位成本) × 20B 年度數量

＝($4.80 − $5.00) × 100,000

＝−$20,000（有利）

4.S 公司僅生產單一產品；20A 年度及 20B 年度各項資料如下：

	20A 年度		20B 年度	
	總　額	單　位	總　額	單　位
銷貨收入	$100,000	$10.00	$122,400	$10.20
銷貨成本	60,000	6.00	75,600	6.30
銷貨毛利	$ 40,000	$ 4.00	$ 46,800	$ 3.70

S 公司20B 年度與20A 年度比較時，下列哪一項敘述是錯誤的？　(A)售價差異：$2,400（有利）　(B)成本差異：$3,600（不利）　(C)數量差異：$8,000（有利）　(D)以上皆非。

解　(D)

售價差異：($10.20 − $10.00) × 12,000* ＝ $2,400（有利）

成本差異：($6.30 − $6.00) × 12,000 ＝ $3,600（不利）

數量差異：(12,000 − 10,000**) × $4.00 ＝ $8,000（有利）

*$122,400 ÷ $10.20 ＝ 12,000

**$100,000 ÷ $10.00 ＝ 10,000

5.T 公司銷貨部經理預計於20A 年度銷售如下：

	單　價	數　量	合　　計
銷貨收入	$420	10,000	$4,200,000
銷貨成本	280	10,000	2,800,000
銷貨毛利	$140		$1,400,000

俟 20A 年 12 月 31 日，實際銷貨量為 8,000 單位，實際銷貨收入為

$3,200,000，實際銷貨毛利為$1,200,000。

T 公司 20A 年度實際銷貨收入減少若干？ (A)$160,000　(B)$200,000　(C)$240,000　(D)$280,000。

解 (B)

實際銷貨收入與預計銷貨收入之差異：

售價差異：($400 − $420) × 8,000 =	−$160,000	（不利）
成本差異：($250 − $280) × 8,000 =	−$240,000	（有利）
數量差異：(8,000 − 10,000) × $140 =	−$280,000	（不利）
銷貨毛利減少	−$200,000	（不利）

實際銷貨收入：

實際銷貨收入：	$400	× 8,000 =	$3,200,000
實際銷貨成本：	250	× 8,000 =	2,000,000
實際銷貨毛利：	$150	× 8,000 =	$1,200,000

6.U 公司20A 年 1 月 1 日預計銷貨毛利如下：

銷貨收入：	$10	× 20,000 =	$200,000
銷貨成本：	$ 8	× 20,000 =	160,000
銷貨毛利：	$ 2	× 20,000 =	$ 40,000

截至 20A 年 12 月 31 日，U 公司實際發生下列各項差異：

價格差異：	$18,000	（有利）
成本差異：	9,000	（不利）
數量差異：	4,000	（不利）
銷貨毛利增加：	$ 5,000	（有利）

U 公司 20A 年度每單位實際售價及成本各為若干？

	每單位實際售價	每單位實際成本
(A)	$12.00	$8.00
(B)	11.00	8.50
(C)	10.00	9.00
(D)	9.00	9.50

解 (B)

設 $x =$ 每單位實際售價；$y =$ 每單位實際成本；$z =$ 實際銷貨數量

數量差異：$(z - 20{,}000) \times \$2 = -\$4{,}000$（不利）

$z = 18{,}000$（單位）

價格差異：$(x - \$10) \times 18{,}000 = \$18{,}000$（有利）

$x = \$11$

成本差異：$(y - \$8) \times 18{,}000 = \$9{,}000$（不利）

$y = \$8.50$

三、綜合題

1.某公司最近兩年度銷貨毛利如下：

	20A 年度	20B 年度
銷貨收入	$ 200,000	$ 192,000
銷貨成本	140,000	140,800
銷貨毛利	$ 60,000	$ 51,200

另悉 20B 年度售價比 20A 年度提高20%。

試求：請計算下列各項因素對 20B 年度銷貨毛利的影響：

(a)售價變動。

(b)成本變動。

(c)銷量變動。

解

(a)售價變動：

20B 年銷貨收入		$192,000
20B 年銷貨按 20A 年售價計算：	$\frac{\$192,000}{(1+20\%)}$	160,000
售價提高所增加的銷貨毛利		$ 32,000

(b)成本變動：

20B 年銷貨成本		$140,800
20B 年銷貨按 20A 年售價計算：	$160,000	
20A 年銷貨成本率：	70%	
20B 年銷貨按 20A 年成本計算		112,000
成本提高而減少的銷貨毛利		$ 28,800

(c)銷量變動：

20B 年銷貨按 20A 年售價計算：	$160,000
20A 年銷貨收入	200,000
20B 年銷量減少致銷貨收入減少數額	$ 40,000
20A 年毛利率：$\frac{\$60,000}{\$200,000}$	30%
20B 年銷量變動致銷貨毛利減少數額	$ 12,000

上列各項變動對銷貨毛利的影響，可彙總如下：

	銷貨毛利	
	增　加	減　少
售價變動	$32,000	
成本變動		$28,800
銷量變動		12,000
	$32,000	$40,800
銷貨毛利減少	8,800	
	$40,800	$40,800

2.某公司銷售甲、乙兩種產品，每單位售價、成本及銷貨毛利如下：

	甲產品	乙產品
單位售價	$100.00	$50.00
單位成本	60.00	40.00
單位毛利	$ 40.00	$10.00

20A 年度預計與實際銷貨數量如下：

	甲產品	乙產品
預計銷貨數量	25,000 單位	50,000 單位
實際銷貨數量	30,000 單位	30,000 單位

試求：請計算下列各項因素對實際銷貨毛利的影響：

(a)銷貨數量變動。

(b)銷貨組合變動。

解

(a)銷貨數量變動：

$$[(30{,}000+30{,}000)-(25{,}000+50{,}000)]\times \$20^{*}=-\$300{,}000$$（不利）

*甲產品：$40 ×	25,000	=	$1,000,000
乙產品：$10 ×	50,000	=	500,000
合　計	75,000		$1,500,000

$$平均毛利=\frac{\$1{,}500{,}000}{75{,}000}=\$20$$

(b)銷貨組合變動：

$20 × 60,000		= $1,200,000
$40 × 30,000 =	$1,200,000	
$10 × 30,000 =	300,000	1,500,000
銷貨組合差異		$2,700,000（有利）

3.某公司最近兩年銷貨毛利及銷貨資料如下：

	20A 年度	20B 年度
銷貨收入	$600,000	$648,000
銷貨成本	420,000	486,000
銷貨毛利	$180,000	$162,000
銷貨數量	60,000	54,000
單位售價	$10.00	$12.00
單位成本	$7.00	$9.00

試求：計算 20B 年度銷貨毛利受下列各項因素變動的影響：

(a)銷貨價格變動。

(b)單位成本變動。

(c)銷貨數量變動。

解

(a)銷貨價格變動：

$$(\$12 - \$10) \times 54{,}000 = \$108{,}000 \text{（有利）}$$

(b)單位成本變動：

$$(\$9 - \$7) \times 54{,}000 = \$108{,}000 \text{（不利）}$$

(c)銷貨數量變動：

$$(54{,}000 - 60{,}000) \times \$3^{*} = -\$18{,}000 \text{（不利）}$$

$$^{*}\text{每單位毛利} = \frac{\$162{,}000}{54{,}000} = \$3$$

上列各項變動對銷貨毛利的影響彙總如下：

	銷貨毛利	
	增　加	減　少
價格變動	$108,000	
單位成本變動		$108,000
數量變動		18,000
小　計	$108,000	$126,000
銷貨毛利減少	18,000	
合　　計	$126,000	$126,000

4.某公司銷售甲、乙兩種產品，最近兩年度銷貨毛利如下：

	20A 年度		20B 年度	
	甲產品	乙產品	甲產品	乙產品
銷貨收入	$180,000	$180,000	$264,000	$176,000
銷貨成本	108,000	72,000	160,000	79,200
銷貨毛利	$ 72,000	$108,000	$104,000	$ 96,800

20B 年初，甲產品及乙產品的售價分別提高 10%。

試求：依下列各項因素，分析 20B 年度銷貨毛利變動的原因：

(a)價格變動。

(b)成本變動。

(c)銷貨數量變動。

(d)銷貨組合變動。

解

(a)價格變動：

甲產品：$\$264{,}000-\dfrac{\$264{,}000}{(1+10\%)}=\$24{,}000$

乙產品：$\$176{,}000-\dfrac{\$176{,}000}{(1+10\%)}=\underline{\$16{,}000}$

價格變動所增加的銷貨毛利　　$\underline{\underline{\$40{,}000}}$（有利）

(b)成本變動：

20B 年度銷貨成本：		
甲產品：	$160,000	
乙產品：	79,200	$239,200
20B 年銷貨按 20A 年售價及成本計算：		
甲產品：$\dfrac{\$264{,}000}{(1+10\%)}\times 60\%^{*}=$	$144,000	
乙產品：$\dfrac{\$176{,}000}{(1+10\%)}\times 40\%^{**}=$	$ 64,000	208,000
成本變動致銷貨毛利減少的數額		$ 31,200（不利）

*甲產品 20A 年銷貨成本率 $=\dfrac{\$108{,}000}{\$180{,}000}=60\%$。

**乙產品 20A 年銷貨成本率 $=\dfrac{\$72{,}000}{\$180{,}000}=40\%$。

(c)銷貨數量變動：

20B 年銷貨收入按 20A 年售價計算：		
甲產品：$\frac{\$264,000}{(1+10\%)}=$	$240,000	
乙產品：$\frac{\$176,000}{(1+10\%)}=$	160,000	$400,000
20A 年銷貨收入：		
甲產品：	$180,000	
乙產品：	180,000	360,000
數量增加而使銷貨收入增加的數額		$ 40,000
20A 年毛利率 $(\frac{\$180,000}{\$360,000})$		50%
數量增加而使銷貨毛利增加的數額		$ 20,000（有利）

(d)銷貨組合變動：

20B 年銷貨按 20A 年售價及毛利率計算：		
甲產品：$\frac{\$264,000}{(1+10\%)}=$	$240,000	
乙產品：$\frac{\$176,000}{(1+10\%)}=$	$160,000	$400,000
20A 年毛利率		50%
20B 年銷貨按 20A 年毛利率計算的銷貨毛利		$200,000
20B 年銷貨按 20A 年各產品毛利率計算：		
甲產品：$240,000 × 40% =	$96,000	
乙產品：$160,000 × 60% =	96,000	192,000
銷貨組合變動所減少的毛利		$ 8,000（不利）

上列各項變動對銷貨毛利的影響彙總如下：

	銷貨毛利	
	增　加	減　少
價格變動	$40,000	
成本變動		$31,200
銷貨數量變動	20,000	
銷貨組合變動		8,000
小　計	$60,000	$39,200
銷貨毛利增加		20,800
合　　計	$60,000	$60,000

5.某公司產銷甲、乙兩種產品，20A 年度預計與實際銷貨資料如下：

	預計資料		實際資料	
	甲產品	乙產品	甲產品	乙產品
銷貨收入	$1,000,000	$1,400,000	$960,000	$640,000
銷貨成本	800,000	1,120,000	768,000	592,000
銷貨毛利	$ 200,000	$ 280,000	$192,000	$ 48,000
銷貨數量	200,000	140,000	240,000	80,000
單位售價	$5.00	$10.00	$4.00	$8.00
單位成本	$4.00	$8.00	$3.20	$7.40

試求：計算下列各項差異：

(a)價格差異（包括售價及成本）。

(b)數量差異。

(c)組合差異。

解

(a)價格差異：

售價變動：

甲產品：($4.00 − $5.00) × 240,000 =−$240,000

乙產品：($8.00 − $10.00) × 80,000 =−$160,000　−$400,000（不利）

成本變動：

甲產品：($3.20 − $4.00) × 240,000 =−$192,000

乙產品：($7.40 − $8.00) × 80,000 = −$ 48,000　− 240,000（有利）

價格差異合計　−$160,000（不利）

(b)數量差異：

實際銷量：240,000 + 80,000 =　320,000

預計銷量：200,000 + 140,000 =　340,000

銷量減少　− 20,000

預計毛利：$\frac{\$480,000}{340,000}$ =　$ 1.4118

數量差異　−$ 28,236（不利）

(c)組合差異：

實際銷量按預計毛利計算：

$320{,}000 \times (\frac{\$480{,}000}{\$340{,}000})$		$451,764
各產品實際銷量按其預計毛利計算：		
甲產品：240,000 × $1 =	$240,000	
乙產品：80,000 × $2 =	$160,000	400,000
組合差異		$ 51,764（不利）

上列各項差異彙總如下：

	銷貨毛利	
	增　加	減　少
價格差異		$160,000
數量差異		28,236
組合差異		51,764
小　計	–0–	$240,000
銷貨毛利減少	$240,000	
合　　計	$240,000	$240,000

6.某公司銷售X、Y 兩種產品，最近二年度銷貨資料如下：

	20A 年度		20B 年度	
	X 產品	Y 產品	X 產品	Y 產品
銷貨收入	$1,155,000	$584,000	$1,003,200	
銷貨成本	693,000	408,800	601,920	
銷貨毛利	$ 462,000	$175,200	$ 401,280	
銷貨數量	3,300	2,920	2,640	3,950
單位售價	$350	$200	$380	$220
單位成本	$210	$140	$228	$160

試求：請計算 20B 年度銷貨毛利受下列因素變動的影響：

(a)價格變動。

(b)成本變動。

(c)數量變動。

(d)組合變動。

解

(a)價格變動：

X 產品：($380 − $350) × 2,640 =	$ 79,200
Y 產品：($220 − $200) × 3,950 =	$ 79,000
售價變動所增加的毛利	$158,200（有利）

(b)成本變動：

X 產品：($228 − $210) × 2,640 =	$ 47,520
Y 產品：($160 − $140) × 3,950 =	$ 79,000
成本變動而減少的毛利	$126,520（不利）

(c)數量變動：

20B 年總銷貨量：2,640 + 3,950 =	6,590
20A 年總銷貨量：3,300 + 2,920 =	6,220
數量增加	370
20A 年每單位毛利：$\frac{\$637,200}{6,220}$	$102.44
數量增加所增加的毛利	$37,900（有利）

(d)組合變動：

20B 年銷貨量按 20A 年毛利計算：		
6,590 × $102.44		$675,100
20B 年銷貨量按 20A 年各產品毛利計算：		
X 產品：2,640 × $140 =	$369,600	
Y 產品：3,950 × $ 60 =	$237,000	606,600
銷貨組合變動而減少的毛利		$ 68,500（不利）

上列各項差異彙總如下：

	銷貨毛利	
	增　加	減　少
售價變動	$158,200	
成本變動		$126,520
數量變動	37,900	
組合變動		68,500
小　計	$196,100	$195,020
銷貨毛利增加		1,080
合　　計	$196,100	$196,100

7.某公司最近兩年度銷貨毛利如下：

	20A 年度	20B 年度
銷貨收入	$300,000	$283,500
銷貨成本	200,000	182,000
銷貨毛利	$100,000	$101,500

試求：(a)假定 20B 年銷售量減少 10%，請計算下列各項：

(i) 如不考慮其他因素，僅因銷售量減少，則銷貨毛利將發生何種變動？

(ii) 20B 年售價變動的百分比若干？

(iii) 由於單位成本的變動，致使銷貨毛利變動若干金額？

(b)若不考慮上列(a)的假設，如 20B 年售價不變，則銷售量變動的百分比為若干？

解

(a)假設 20B 年銷量減少10%：

(i)銷貨毛利減少 $= \$100,000 \times 10\% = \$10,000$

(ii) 由於20B 年銷量減少10%，故按20A 年價格

計算的20B 年銷貨收入為：$300,000 × 90%	$270,000
20B 年實際銷貨收入	283,500
價格上漲所增加的銷貨收入	–$ 13,500

售價變動的百分比：$\frac{\$13,500}{\$270,000} = 5\%$

(iii) 20B 年銷量按20A 年成本計算：

$\$270,000 \times \frac{\$200,000}{\$300,000}$	$180,000
20B 年實際銷貨成本	182,000
成本變動而減少的銷貨毛利	–$ 2,000

(b)20B 年銷量變動的百分比：

20B 年銷貨收入	$283,500
20A 年銷貨收入	300,000
20B 年銷貨收入減少數額	–$ 16,500

由於20B 年售價不變，故數量減少的百分比為：

$$\frac{\$16,500}{\$300,000} = 5.5\%$$

8.下列為某公司20A 年度及20B 年度部份損益表資料，請分析毛利變動情形，並編製20B 年度的銷貨毛利變動分析表。

20A 年度：

產品名稱	單位數量(件)	單位售價	銷貨總額	單位成本	成本總額	銷貨毛利
甲種產品	1,800	$28	$ 50,400	$16	$ 28,800	$21,600
乙種產品	4,800	18	86,400	14	67,200	19,200
丙種產品	7,200	14	100,800	8	57,600	43,200
合　計			$237,600		$153,600	$84,000

20B 年度：

產品名稱	單位數量(件)	單位售價	銷貨總額	單位成本	成本總額	銷貨毛利
甲種產品	1,400	$30	$ 42,000	$18	$ 25,200	$16,800
乙種產品	5,000	20	100,000	14	70,000	30,000
丙種產品	8,000	18	144,000	12	96,000	48,000
合　　計			$286,000		$191,200	$94,800

（高考會計師試題）

解

(a)各項差異之計算：

甲產品：

銷貨收入：

價格差異：($30 – $28) × 1,800 = $3,600（有利）

數量差異：(1,400 – 1,800) × $28 = –$11,200（不利）

數量與價格共同差異：($30–$28)×(1,400–1,800)=–$800（不利）

銷貨成本：

成本差異：($18 – $16) × 1,800 = $3,600（不利）

數量差異：(1,400 – 1,800) × $16 = –$6,400（有利）

成本與數量共同差異：($18–$16)×(1,400–1,800)=–$800（有利）

乙產品：

銷貨收入：

價格差異：($20 – $18) × 4,800 = $9,600（有利）

數量差異：(5,000 – 4,800) × $18 = $3,600（有利）

數量與價格共同差異：($20 – $18) × (5,000 – 4,800) = $400（有利）

銷貨成本：

成本差異：($14 – $14) × 4, 800 = $0

數量差異：(5,000 – 4,800) × $14 = 2,800（不利）

成本與數量共同差異：($14 – $14) × (5,000 – 4,800) = $0

丙產品：

銷貨收入：

價格差異：($18 – $14) × 7,200 = $28,800（有利）

數量差異：$(8,000 - 7,200) \times \$14 = \$11,200$（有利）

價格與數量共同差異：$(\$18 - \$14) \times (8,000 - 7,200) = \$3,200$（有利）

銷貨成本：

成本差異：$(\$12 - \$8) \times 7,200 = \$28,800$（不利）

數量差異：$(8,000 - 7,200) \times \$8 = \$6,400$（不利）

成本與數量共同差異：$(\$12 - \$8) \times (8,000 - 7,200) = \$3,200$（不利）

(b)銷貨收入、銷貨成本及毛利變動分析表：

某公司

銷貨收入、銷貨成本及毛利變動分析表

（基期：20A 年度）　　20B 年度

	20A 年度	20B 年度	銷貨毛利增（減）
銷貨收入：			
甲產品	$ 50,400	$ 42,000	$ (8,400)
乙產品	86,400	100,000	13,600
丙產品	100,800	144,000	43,200
小　計	$237,600	$286,000	$ 48,400
銷貨成本：			
甲產品	$ 28,800	$ 25,200	$ 3,600
乙產品	67,200	70,000	(2,800)
丙產品	57,600	96,000	(38,400)
小　計	$153,600	$191,200	$(37,600)
銷貨毛利	$ 84,000	$ 94,800	$ 10,800

	甲產品	乙產品	丙產品	合　計
銷貨收入差異分析：				
價格差異	$ 3,600	$ 9,600	$ 28,800	$ 42,000
數量差異	(11,200)	3,600	11,200	3,600
價格與數量共同差異	(800)	400	3,200	2,800
小　計	$ (8,400)	$13,600	$ 43,200	$ 48,400
銷貨成本差異分析：				
成本差異	$ (3,600)	$ –0–	$(28,800)	$(32,400)
數量差異	6,400	(2,800)	(6,400)	(2,800)
成本與數量共同差異	800	–0–	(3,200)	(2,400)
小　計	$ 3,600	$ (2,800)	$(38,400)	$(37,600)
總　計	$ (4,800)	$10,800	$ 4,800	$ 10,800

第二十二章　每股盈餘分析

二、選擇題

1.A 公司1999 年及2000 年12 月31 日，普通股在外流通股數為100,000 股，5% 累積特別股在外流通股數為10,000 股，每股面值$100；1999 年度及2000 年度均未發放普通股及特別股股利；已知2000 年度淨利$1,000,000；A 公司2000 年度基本每股盈餘應為若干？ (A)$10.00 (B)$9.50 (C)$9.00 (D)$5.00。

解 (B)

$$\text{基本每股盈餘} = \frac{\text{淨利} - \text{特別股股利}}{\text{普通股在外流通股數}}$$

$$= \frac{\$1{,}000{,}000 - \$50{,}000^{*}}{100{,}000} = \$9.50$$

*$100 × 10,000 × 5% = $50,000（2000 年度特別股股利）

1999 年度未發放特別股股利$50,000，已於1999 年度計算每股盈餘時計入，故俟2000 年度計算每股盈餘時，不必再予計入。

2.B 公司1999 年度及2000 年度的股東權益結構如下：

特別股：4% 累積，面值@$10，50,000 股發行並流通在外	$ 500,000
普通股：每股面值$5，400,000 股發行並流通在外	2,000,000

B 公司2000 年12 月31 日獲利$1,000,000；1999 年度未發放特別股股利，2000 年度發放特別股股利$32,000；2000 年12 月31 日之損益表內，B 公司應列報基本每股盈餘若干？ (A)$2.42 (B)$2.45 (C)$2.48 (D)$2.50。

解 (B)

$$\text{基本每股盈餘} = \frac{\text{淨利} - \text{特別股股利}}{\text{普通股在外流通股數}}$$

$$= \frac{\$1,000,000 - \$20,000^{*}}{400,000} = \$2.45$$

*$500,000 × 4% = $20,000（2000 年度特別股股利）

1999 年度未發放特別股股利$20,000，於當年度計算基本每股盈餘時，即已計入；其中有$12,000 ($32,000 − $20,000) 雖延至2000 年度支付，並不影響2000 年度基本每股盈餘的計算。

3.C 公司2000 年度有下列普通股股數及交易事項：

1/1/2000	普通股在外流通股數	60,000
2/1/2000	發放股票股利 10%	6,000
3/1/2000	公司合併採用權益結合法而增發股票	18,000
7/1/2000	現金增資發行普通股	16,000
12/31/2000	在外流通普通股股數	100,000

C 公司2000 年度普通股在外流通加權平均股數應為若干？ (A) 80,000 (B) 88,500 (C) 89,000 (D) 92,000。

解 (D)

普通股在外流通加權平均股數計算方法：

日　期	股　數	計算方法	加權平均股數
1/1/2000	60,000	$60,000 \times \frac{12}{12}$	60,000
2/1/2000	6,000*	$6,000 \times \frac{12}{12}$	6,000
3/1/2000	18,000*	$18,000 \times \frac{12}{12}$	18,000
7/1/2000	16,000	$16,000 \times \frac{6}{12}$	8,000
合　　計			92,000

*股票股利及公司合併採用權益結合法而增加發行者，其加權平均股數應追溯至期初起算。

4.D公司於 1999 年度僅有普通股 100,000 股發行並流通在外；2000 年 4 月 1 日，庫藏股票20,000 股重新賣出；同年 7 月 1 日股票每股分割為二股；1999 年度及 2000 年度分別獲利\$700,000 及\$874,000；D 公司 1999 年度及2000 年度比較性損益表內，各應列報每股盈餘若干？

	1999 年度	2000 年度
(A)	\$3.50	\$3.00
(B)	1.75	3.50
(C)	1.75	3.60
(D)	3.50	3.80

解　(D)

日　期	股　數	計算方法	加權平均股數
2000 年度：			
1/1～3/31	100,000	$100,000\times\frac{3}{12}\times 2$	50,000
4/1～6/30	120,000	$120,000\times\frac{3}{12}\times 2$	60,000
7/1～12/31	120,000	$120,000\times\frac{6}{12}\times 2$	120,000
合　計			230,000

1999 年度：每股盈餘 $=\dfrac{\$700,000}{100,000\times 2^{*}}=\$3.50$

2000 年度：每股盈餘 $=\dfrac{\$874,000}{230,000}=\$3.80$

*1999 年度及 2000 年度比較性損益表，1999 年度應按 2000 年度股票分割比率追溯既往調整其加權平均股數。

5.在損益表內列報每股盈餘的資訊時，下列各項目是否硬性規定應予列示？

	會計原則變更之累積影響數	非常損益
(A)	是	非
(B)	非	非
(C)	是	是
(D)	非	是

解 (B)

根據財務會計準則委員會第一百二十八號財務會計準則聲明書 (FASB Statement No. 128, Par. 36 & 37) 的規定，每股盈餘僅係就「繼續營業部門淨利（損）」及「本期淨利」表達於損益表內；至於「停業部門損益」、「非常損益」及「會計原則變更累積影響數」等，可於損益表內或備註欄內列示，具有選擇性。

6.計算稀釋每股盈餘時，對於非轉換累積特別股股利，應如何處理？ (A)不必考慮 (B)不論股利已宣告發放與否，均應予以加回至淨利項下 (C)只有將已宣告發放的部份，予以加回至淨利項下 (D)不論股利已宣告發放與否，均應自淨利項下扣除。

解 (D)

根據財務會計準則第一百二十八號聲明書 (FASB Statement No. 128, Par. 9) 的規定，非轉換累積特別股的股利，不論其支付的負債實際上是否已經存在，均應自淨利項下扣除，再計算稀釋每股盈餘；蓋公司未來分配股利給普通股東之前，所有積欠累積特別股東的股利，均應優先償還；因此，在計算稀釋每股盈餘時，不論股利是否已宣告，均應自淨利項下扣除。

7.計算稀釋每股盈餘時，對於可轉換債券的利息費用，於扣除所得稅後，應如何加以處理？ (A)不必考慮 (B)加回至淨利項下，藉以計算每股盈餘 (C)從淨利項下扣除，藉以計算每股盈餘 (D)以上皆非。

解 (B)

根據財務會計準則第一百二十八號聲明書 (FASB Statement No. 128) 的規定，如可轉換債券具有稀釋每股盈餘的作用，並已加入於計算在外流通加權平均股數時，則可轉換債券的利息費用，於扣除所得稅後，予以加回至淨利項下，藉以計算其稀釋每股盈餘。

8.E 公司1999 年12 月31 日，已發行並流通在外的普通股為300,000；俟2000 年7 月1 日，另增資發行 50,000；此外，E 公司曾發行並流通在外之未履行認股權 40,000 張，每張可按$15，於2000 年1 月1 日開始，至2000年12月31日止，認購普通股一股；在2000年度內，普通股每股平均市價為$20；E公司2000年12月31日計算稀釋每股盈餘時，在外流通加權平均股數應為若干？　(A) 325,000　(B) 335,000　(C) 360,000　(D) 365,000。

解　(B)

在外流通加權平均股數：

1/1/2000	$300,000\times\frac{12}{12}$	300,000
7/1/2000	$50,000\times\frac{6}{12}$	25,000
認股權		10,000*
在外流通加權平均股數		335,000

*行使認股權現金收入：$15 × 40,000	$600,000
行使認股權增發股數	40,000
購買庫藏股票：$600,000 ÷ $20	30,000
普通股增加股數（潛在稀釋普通股）	10,000

9.F公司資本結構如下：

	1999年12月31日	2000年12月31日
發行並流通在外股數：		
普通股	100,000	100,000
可轉換特別股	20,000	20,000

F公司於2000年度支付特別股股利，每股$3.00；特別股因具有可轉換為普通股20,000股的特性，故予以認定為約當普通股；2000年度淨利為$780,000；假定所得稅率為30%；F公司2000年度稀釋每股盈餘應為若干？　(A)$8.00　(B)$7.50　(C)$7.00　(D)$6.50。

解　(D)

$$\text{基本每股盈餘}=\frac{\text{淨利}-\text{特別股股利}}{\text{普通股在外流通股數}}=\frac{\$780,000-\$30,000}{100,000}$$

$$=\$7.50$$

$$稀釋每股盈餘 = \frac{淨利 - 特別股股利 + 加回特別股股利}{在外流通約當普通股股數}$$

$$= \frac{\$780,000 - \$30,000 + \$30,000}{100,000 + 20,000} = \$6.50$$

如計算稀釋盈餘的結果，反而大於基本每股盈餘時，即產生反稀釋作用；根據一般公認會計原則，反稀釋效果不包括於稀釋每股盈餘之內。

三、綜合題

1.富國公司2000 年度有關股本的資料如下：

1/1/2000　普通股：發行並流通在外 100,000 股，每股面值$10　$1,000,000

　　　　　特別股：5% 累積特別股20,000 股，每股面值$20　400,000

4/1/2000　普通股票分割，每股分為二股。

7/1/2000　發行普通股50,000 股，按面值平價發行。

富國公司2000 年度淨利為$605,000。

試求：請為富國公司計算2000 年度普通股之基本每股盈餘。

解

$$基本每股盈餘 = \frac{淨利 - 特別股股利}{普通股在外流通加權平均股數}$$

$$= \frac{\$605,000 - \$20,000^{*}}{225,000^{**}} = \$2.60$$

*特別股股利 = $400,000 × 5% = $20,000

**普通股在外流通加權平均股數的計算：

日　期	股　數	計算方法	加權平均股數
1/1～3/31	100,000	$100,000\times\frac{3}{12}\times 2$	50,000
4/1～6/30	200,000	$200,000\times\frac{3}{12}$	50,000
7/1～12/31	250,000	$250,000\times\frac{6}{12}$	125,000
合　計			225,000

或：

日　期	股　數	計算方法	加權平均股數
1/1～12/31	100,000	$100,000\times\frac{12}{12}\times 2$	200,000
7/1～12/31	50,000	$50,000\times\frac{6}{12}$	25,000
合　計			225,000

2.富邦公司2000年1月1日普通股在外流通股數為1,200,000，另發行10%累積特別股200,000股，每股面值$10；俟2000年12月31日之會計年度終止日，普通股及特別股均無任何改變；1999年6月間，富邦公司曾承諾購買某附屬公司，允於2001年7月1日發行普通股50,000給附屬公司的股東，以交換其股權；富邦公司於2000年度獲利$3,800,000，並支付特別股股利$200,000。

試求：請為富邦公司計算2000年度普通股的稀釋每股盈餘。

解

$$\text{基本每股盈餘}=\frac{\text{淨利}-\text{特別股股利}}{\text{普通股在外流通股數}}$$

$$=\frac{\$3,800,000-\$200,000}{1,200,000}$$

$$=\$3.00$$

$$\text{稀釋每股盈餘}=\frac{\text{淨利}-\text{特別股股利}}{\text{普通股在外流通加權平均股數}}$$

$$=\frac{\$3,800,000-\$200,000}{1,200,000+50,000}$$

$$=\$2.88$$

3.富達公司於1999年6月30日，發行100張7%可轉換債券，每張面值$10,000；每張債券可轉換普通股200股；2000年1月1日，在外流通普通股50,000股；所有債券持有人均於2000年7月1日行使轉換權；2000年度債券的通行利率為9%。富達公司2000年12月31日會計年度終止日損益表內列報下列各項：

收　入	$4,875,000
營業成本及費用	4,600,000
債券利息費用	35,000
稅前淨利	$ 240,000
所得稅費用：25%	60,000
稅後淨利	$ 180,000

試求：請為富達公司計算2000年度普通股的稀釋每股盈餘。

解

$$\textbf{基本每股盈餘} = \frac{\textbf{淨利}}{\textbf{普通股在外流通平均股數}}$$

$$= \frac{\$180{,}000}{50{,}000 \times \frac{1}{2} + 70{,}000 \times \frac{1}{2}}$$

$$= \$3.00$$

此時可用下列算法測試可轉換債券是否具有稀釋作用：

$$\text{每股盈餘影響數} = \frac{7\% \times \$10{,}000 - 25\%(7\% \times \$10{,}000)}{200} = \$2.63$$

由於$2.63 < $3.00，可知可轉換債券具有稀釋作用；因此，富達公司應採用「如果轉換法」，認定債券持有人於期初時，即行使轉換權；如債券於期中發行時，則認定債券持有人於發行日即行使轉換權利；稀釋每股盈餘可計算如下：

$$\text{稀釋每股盈餘} = \frac{\$180{,}000 + \$26{,}250^{**}}{50{,}000 + 20{,}000^{*}} = \$2.95$$

$*200 \times 100 = 20,000$

$**\$10,000 \times 100 \times 7\% \times \frac{1}{2} = \$35,000$

$\$35,000 \times (1 - 25\%) = \$26,250$

4.富國公司於 2000 年 1 月 1 日，發行並流通在外普通股數為 303,000 股；2000 年度及 2001 年度有關資料如下：

2000 年度：

2/29　購入庫藏股票 9,000 股。

10/31　出售 2/29 所購入的庫藏股票。

11/30　發行普通股 36,000 股。

12/31　報告當年度淨利$600,000。

2001 年度：

1/15　宣告股票分割，每股分割為二股。

12/31　報告當年度淨利$779,700。

試求：(a)計算富國公司 2000 年度每股盈餘。

(b)計算富國公司 2001 年度每股盈餘。

(c)編製 2000 年度及 2001 年度比較性損益表時，2000 年度的每股盈餘應如何表達？

解

日　期	股　數	計算方法	加權平均股數
2000 年度：			
1/1	303,000	$303,000 \times \frac{12}{12}$	303,000
2/29	(9,000)	$(9,000) \times \frac{10}{12}$	(7,500)
10/31	9,000	$9,000 \times \frac{2}{12}$	1,500
11/30	36,000	$36,000 \times \frac{1}{12}$	3,000
合　計			300,000
2001 年度：			
1/15	339,000	$339,000 \times 2$	678,000

每股盈餘(EPS)：

(a) 2000 年度：

$$EPS = \frac{\$600,000}{300,000} = \$2.00$$

(b) 2001 年度：

$$EPS = \frac{\$779,700}{678,000} = \$1.15$$

(c) 2000 年度每股盈餘在2001 年度比較性損益表列報的金額：

$$EPS = \frac{\$600,000}{300,000 \times 2^{*}} = \$1.00$$

* 調整2001 年1 月15 日股票分割的比率。

5.富民公司1999 年12 月31 日普通股發行並流通在外股數300,000 股，另有8% 非累積、非轉換特別股2,000 股；富民公司於2000 年度發生下列交易事項：

3/1　發行普通股30,000 股。

4/30　發放股票股利4%。

6/30　購入庫藏股票2,000 股，並予註銷。

12/15　發放普通股及特別股現金股利分別為$200,000 及$39,000。

12/31　報告2000 年度淨利$1,050,000；所得稅40%。

試求：請計算富民公司2000 年度普通股每股盈餘。

解

日　期	股　數	計算方法	加權平均股數
2000 年度：			
1/1	300,000	$300,000 \times \frac{12}{12} \times 104\%$	312,000
3/1	30,000	$30,000 \times \frac{10}{12} \times 104\%$	26,000
4/30	4%股票股利	原有股數 × 104%	–*
6/30	(2,000)	$(2,000) \times \frac{6}{12}$	(1,000)
合　　計			337,000

$$\text{每股盈餘} = \frac{\text{淨利} - \text{特別股股利}}{\text{普通股在外流通加權平均股數}}$$

$$= \frac{\$1,050,000 - \$39,000}{337,000} = \$3.00$$

*已計算如上。

6.富裕公司於 2000 年 1 月 1 日普通股在外流通股數為 880,000 股，每股面值$10，當初發行價格每股$19；另有 10% 累積、可轉換特別股 8,000 股，每股面值$100；每一特別股可轉換為普通股 10 股。

2000 年9 月 30 日，富裕公司另發行 32,000 股之普通股，每股發行價格$38；2000 年 12 月 31 日，認股權持有人行使認股權 40,000 股，每股認購價格$30，當時普通股每股市價$48，全年度每股平均市價$40；2000 年度淨利$1,412,000，所得稅率 40%。

試求：請為富裕公司計算 2000 年度的稀釋每股盈餘。

解

$$\text{基本每股盈餘} = \frac{\text{淨利} - \text{特別股股利}}{\text{普通股加權平均股數}}$$

$$= \frac{\$1,412,000 - \$80,000^*}{880,000 + 32,000 \times \frac{3}{12}}$$

$$= \$1.50$$

*$100 × 8,000 × 10% = $80,000

$$稀釋每股盈餘 = \frac{淨利 - 特別股股利 + 特別股股利}{普通股加權平均股數}$$

$$= \frac{\$1,412,000 - \$80,000 + \$80,000}{978,000}$$

$$= \$1.44$$

日期	股數	計算方法	加權平均股數
2000 年度：			
1/1	880,000	$880,000 \times \frac{12}{12}$	880,000
9/30	32,000	$32,000 \times \frac{3}{12}$	8,000
12/31	40,000		10,000*
12/31	8,000**	$8,000 \times 10 \times \frac{12}{12}$***	80,000
合計			978,000

*庫藏股票法：

持有人行使認股權現金收入：$30 × 40,000	$1,200,000
行使認股權增加發行股數	40,000
購買庫藏股票：$1,200,000 ÷ $40	30,000
普通股增加股數（潛在稀釋普通股數）	10,000

**可轉換特別股。

***採用「如果轉換法」，假定可轉換證券持有人，在期初時即行使轉換的權利。

7.富豪公司2000 年度淨利$1,545,000，所得稅率為40%；2000 年12 月31 日資本結構如下：

普通股：

1/1　發行並流通在外600,000 股。

3/1　發行新股120,000 股。

6/17　發放10% 股票股利。

10/1　購入庫藏股票80,000 股。

12/31　2000 年度普通股平均市價為每股$25。

特別股：

1/1 50,000 股，8% 非累積不可轉換，每股面值$10；2000 年度未變動。

1/1 100,000 股，8% 累積可轉換，每股面值$10；可轉換為普通股 50,000 股；2000 年度未變動。

認股權：

1998 年發行，可按每股$20 認購普通股 15,000 股。

債券（可轉換）：

1999 年按平價發行$3,000,000，利率10%，可轉換為普通股 120,000 股。

試求：請為富豪公司計算 2000 年度的稀釋每股盈餘。

解

$$\text{基本每股盈餘} = \frac{\text{淨利} - \text{特別股股利}}{\text{普通股加權平均股數}}$$

$$= \frac{\$1,545,000 - \$40,000^{*} - \$80,000^{*}}{600,000 \times 110\% + 120,000 \times \frac{10}{12} \times 110\% - 80,000 \times \frac{3}{12}}$$

$$= \frac{\$1,425,000}{750,000}$$

$$= \$1.90$$

$^{*}\$10 \times 50,000 \times 8\% = \$40,000$

$\$10 \times 100,000 \times 8\% = \$80,000$

$$\text{稀釋每股盈餘} = \frac{\text{淨利} - \text{特別股股利} + \text{特別股股利} + \text{利息}(1 - \text{稅率})}{\text{普通股加權平均股數}}$$

$$= \frac{\$1,545,000 - \$40,000^{*} - \$80,000 + \$80,000 + \$300,000^{**} \times (1 - 40\%)}{923,000^{***}}$$

$$= \frac{\$1,685,000}{923,000}$$

$$= \$1.83$$

*不具有潛在稀釋作用之不可轉換特別股股利，不必加回。

$^{**}\$3,000,000 \times 10\% = \$300,000$

*** 普通股加權平均股數之計算：

日　期	股　數	計算方法	加權平均股數
2000 年度：			
1/1	600,000	$600,000 \times \frac{12}{12} \times 110\%$	660,000
3/1	120,000	$120,000 \times \frac{10}{12} \times 110\%$	110,000
6/17	10%	原有股數 × 110%（股票股利）	–
10/1	(80,000)	$80,000 \times \frac{3}{12}$	(20,000)
12/31	15,000	3,000*（認股權）	3,000
12/31	120,000	120,000（可轉換債券）	120,000
12/31	50,000	50,000（可轉換特別股）	50,000
合　計			923,000

*庫藏股票法：

持有人行使認股權之現金收入：$20 × 15,000	$300,000
行使認股權增加發行股數	15,000
購買庫藏股票：$300,000 ÷ $25	12,000
普通股增加股數（潛在稀釋普通股）	3,000

第二十三章　財務預測與預計財務報表

二、選擇題

1.下列哪一項非為財務預測的特性？ (A)估計性 (B)不確定性 (C)所受假設變動的敏感度一致 (D)潛藏被更新的可能性。

解 (C)

財務預測具有下列各項特性：(1)估計性；(2)不確定性；(3)所受假設變動的敏感度不一致；(4)潛藏被更新的可能性。

2.下列哪一項非為影響企業管理者對未來財務預測的關鍵因素？ (A)營業活動 (B)投資活動 (C)理財活動 (D)以上皆非。

解 (D)

營業活動、投資活動及理財活動等交易事項，皆為影響企業管理者對未來財務預測的重要項目，均為其關鍵因素。

3.R 公司預計 20B 年度淨利所受銷貨成本變動的影響如下：

	20A 年度	20B 年度
銷貨成本	\$200,000	\$190,000
稅後淨利	40,000	52,000

R 公司20B 年度淨利所受銷貨成本變動的敏感度應為若干？ (A) 1.2 倍 (B) 3.0 倍 (C) 6.0 倍 (D) −6.0 倍。

解 (D)

$$\text{淨利對銷貨成本變動的敏感度} = \frac{\text{淨利變動百分率}}{\text{銷貨成本變動百分率}}$$

$$=\frac{\$12{,}000/\$40{,}000}{(-\$10{,}000)/\$200{,}000}$$

$=-6.0$（倍）

4.S 公司20A 年度及20B 年度銷貨收入分別為$396,000 及$415,800；另悉20B 年度純益率為8%，淨利（稅後）對銷貨收入的敏感度為4 倍；S 公司20A 年度淨利（稅後）應為若干？ (A)$25,000 (B)$28,000 (C)$30,000 (D)$42,000。

解 (B)

S 公司20A 年度淨利為$28,000；其計算方法如下：

	20A 年度	20B 年度	變動百分率
銷貨收入	$400,000	$420,000	5%
稅後淨利	x	33,600*	20%
敏感度	–	–	4（倍）

*$420,000 × 8% = $33,600

$(\$33{,}600-x)\div x=20\%$

$x=\$28{,}000$

5.T 公司20A 年度稅前淨利為$800,000，20B 年度有效所得稅率比20A 年度增加3%，結果使稅後淨利減少$24,000；假定其他條件均維持不變，20B 年度的稅後淨利比20A 年度減少4%；T 公司20B 年度所得稅率為若干？ (A) 20% (B) 25% (C) 28% (D) 30%。

解 (C)

	20A 年度	20B 年度	變動數
稅前淨利	$800,000	$800,000	$–0–
所得稅率	$t_1=25\%$****	$t_2=28\%$	+3%
所得稅	200,000***	224,000	+24,000
稅後淨利	600,000*	576,000**	–24,000

*(–$24,000) ÷ (–4%) = $600,000

**$600,000 – $24,000 = $576,000

***$800,000 – $600,000 = $200,000

****$t_1=\$200{,}000\div\$800{,}000=25\%$

三、綜合題

1.正聲公司91 年度銷貨實際與預計數字如下：

	實際銷貨		預計銷貨
1 月	$100,000	5 月	$140,000
2 月	100,000	6 月	160,000
3 月	120,000	7 月	200,000
4 月	120,000	8 月	200,000

其他補充資料如下：

⑴銷貨總額的50%為現銷，其餘50%為賒銷；帳款將於銷貨發生的次月份起，分二個月平均收回。根據過去的經驗，壞帳數額微不足道，故不予考慮。

⑵銷貨成本為銷貨的70%。成本的90% 於銷貨發生後第一個月份支付，其餘10%則於銷貨發生後第二個月份支付。

⑶銷售及管理費用每月份固定為$20,000，另加銷貨額 10% 的變動費用；此項費用均於發生當月份支付之。

⑷流通在外應付債券$600,000 的半年份利息，將於7 月份支付，已知利率為6%。又每年提存$100,000 的償債基金，也將於7 月份提列。

⑸購置設備的資本支出$80,000，將於6 月份支付。

⑹所得稅$2,000 將於7 月份支付。

⑺現金股利$20,000，預期將於7 月份支付。

⑻91 年4 月30 日現金餘額為$40,000。

⑼該公司經常均維持最少現金$40,000，倘若不足時，應於每月底向銀行借入。

試求：請為正聲公司編製91 年5、6、7 月份現金預算表，並附帶列示應收帳款及應付帳款預算表。

解

正聲公司

現金預算表

91 年5月份至7月份

		5月份	6月份	7月份
收入	現銷及應收帳款收現（附表一）	$130,000	$145,000	$175,000
支出	應付帳款付現（附表二）	$ 84,000	$ 96,600	$ 110,600
	銷售及管理費用：			
	固定	20,000	20,000	20,000
	變動：銷貨之10%	14,000	16,000	20,000
	利息費用			18,000
	提存償債基金			100,000
	購置設備		80,000	
	所得稅			2,000
	股利發放數			20,000
	合　　計	$118,000	$212,600	$ 290,600
現金調度	預計現金增加（減少）	$ 12,000	$ (67,600)	$(115,600)
	加：上月份現金餘額	40,000	52,000	40,000
	調度前現金餘額	$ 52,000	$ (15,600)	$ (75,600)
	銀行借款	–	55,600	115,600
	預計現金餘額	$ 52,000	$ 40,000	$ 40,000

附表一

正聲公司

應收帳款預算表

91 年5月份至7月份

	銷　貨	現　銷 (50%)	應收帳款 (50%)	5月份	6月份	7月份
3月份	$120,000			$ 30,000		
4月份	120,000			30,000	$ 30,000	
5月份	140,000	$ 70,000	$ 70,000	70,000	35,000	$ 35,000
6月份	160,000	80,000	80,000		80,000	40,000
7月份	200,000	100,000	100,000			100,000
合　　計				$130,000	$145,000	$175,000

附表二
正聲公司
應付帳款預算表
91 年5月份至7月份

	銷　貨	應付帳款 (70%)	5月份	6月份	7月份
3月份	$120,000	$ 84,000	$ 8,400		
4月份	120,000	84,000	75,600	$ 8,400	
5月份	140,000	98,000		88,200	$ 9,800
6月份	160,000	112,000			100,800
合　計			$84,000	$96,600	$110,600

2.中華工程公司專營重大工程的營建業務。由於最近簽訂二件新的契約，以及預計購買新設備的需要，該公司管理當局急需一項未來三年期間的營運計畫。經進一步追查其有關資料如下：

(1)中華工程公司採用「完工百分比法」以處理其帳務；凡各項施工成本及費用，在未完工之前，即予資本化，列入「在建工程」科目，俟完工後再轉為工程收入的成本。由於各項總務及管理費用，均易於辨認係為某一契約而發生，故皆予資本化，列入在建工程項下。

(2)中華工程公司91 年12 月31 日之資產負債表如下：

中華工程公司
資產負債表
91 年12 月31 日

資　產：			負　債：	
現　金		$ 72,000	應付施工成本	$ 612,400
機器及設備	$2,800,000		應付估計所得稅	65,000
減：備抵折舊	129,600	2,670,400	負債總額	$ 677,400
			股東權益：	
			股　本	500,000
			超面值資本	100,000
			保留盈餘	1,465,000
資產總額		$2,742,400	負債及股東權益總額	$2,742,400

(3)有甲、乙二件新的工程將於92年開工；甲工程將於93年底完工，乙工程將於94年底完工。在甲、乙工程未完工之前，不再接受其他工程的委建。另悉91年底以前的委建工程，均已全部完成。

(4)甲、乙兩工程之預計收入分別為$2,000,000及$1,500,000；預計其收現情形如下：

	92 年	93 年	94 年
甲工程	$ 800,000	$1,200,000	–
乙工程	300,000	450,000	$750,000
	$1,100,000	$1,650,000	$750,000

(5)預計每一工程的施工成本如下：

	甲工程	乙工程
92 年	$ 720,000	$ 250,000
93 年	1,000,000	400,000
94 年	–	650,000
	$1,720,000	$1,300,000

(6)折舊費用包括於預計施工成本之內。92年的預計施工成本，計10%屬於折舊費用；93年及94年之預計施工成本，計15%屬於折舊費用。除折舊費用外，其餘的預計施工成本均為現金費用，其付款情形如下：發生當年度支付70%，次年度支付30%。

(7)總務及管理費用（未包括於工程之施工成本項下）包含固定及變動二項因素。每年每一契約均發生固定的總務及管理費用；至於變動費用則隨每年收現金額而增減。前二年度收現與總務及管理費用（按每年每一契約為基礎）如下：

	收　現	總務及管理費用
90 年	$1,180,000	$24,700
91 年	1,350,000	27,250

上項總務及管理費用均屬現金費用，並於發生年度付訖。

⑻預期股利將按下列情形分配：

92 年：發放 10% 股票股利（預計每股市價為$15）。

93 年：股票分割，按每一股分割為二股，分割後每股面值$5。

94 年：每股發放現金股利$1。

⑼該公司將 93 年購入一項新設備成本為$700,000，預計於取得時，款項當即付清。

⑽現金餘額如低於$70,000 時，當即按一萬元的倍數向銀行借入短期借款；為避免繁瑣起見，借款利息及還款期限，不予考慮。

⑾假定所得稅均於次年度繳付。

試求：(a)編製 93 年度及 94 年度工程完工時的個別預計損益表，已知所得稅率為 40%，並假定該公司會計方法與申報所得稅，均採用同一基礎。

(b)請按下列格式，編製 92、93 及 94 年之現金預算表：

	92 年	93 年	94 年
現金（期初餘額）	$	$	$
加：收現			
減：付現（一一列舉）	(　　)	(　　)	(　　)
加：借款（如無借款，則不必列示）			
現金（期末餘額）	$	$	$

解

(a)

中華工程公司
預計損益表
（完工法）　93 年度及94 年度

	93 年度	94 年度
工程收入	$2,000,000	$1,500,000
減：工程成本：		
預計施工成本（折舊除外）	$1,498,000	$1,117,500
折舊費用（附表一）	222,000	182,500
總務及管理費用（附表二）	44,000	43,500
工程成本合計	$1,764,000	$1,343,500
稅前工程淨利	$ 236,000	$ 156,500
預計所得稅：40%	94,400	62,600
稅後工程淨利	$ 141,600	$ 93,900

附表一

中華工程公司

付現施工成本及折舊費用明細表

93 年度至94 年度

（新臺幣元）

	92 年			93 年			94 年			折舊費用			
	預計施工成本	付現施工成本 (90%)		預計施工成本	付現施工成本 (85%)		預計施工成本	付現施工成本 (85%)		92 年 (10%)	93 年 (15%)	94 年 (15%)	合　計
		92 年 (70%)	93 年 (30%)		93 年 (70%)	94 年 (30%)		94 年 (70%)	95 年 (30%)				
甲工程	720,000	453,600	194,400	1,000,000	595,000	255,000				72,000	150,000	–	222,000
乙工程	250,000	157,500	67,500	400,000	238,000	102,000	650,000	386,750	165,750	25,000	60,000	97,500	182,500
小　計		611,100	261,900		833,000	357,000		386,750	165,750				
支付前年度部份		–	(261,900)		261,900	(357,000)		357,000	(165,750)				
每年度付現合計		611,100			1,094,900			743,750		97,000	210,000	97,500	404,500

$1,720,000 – $222,000 = $1,498,000

$1,300,000 – $182,500 = $1,117,500

附表二
總務及管理費用計算表
92 年度至94 年度　　（新臺幣元）

	92 年度	93 年度	94 年度	合計
甲工程：				
固定：	$ 7,000*	$ 7,000	–	$14,000
變動：800,000 × 1.5%*	12,000			
1,200,000 × 1.5%		18,000		30,000
小　計	$19,000	$25,000	$ –0–	$44,000
乙工程：				
固定：	$ 7,000	$ 7,000	$ 7,000	$21,000
變動：300,000 × 1.5%	4,500			
450,000 × 1.5%		6,750		22,500
750,000 × 1.5%			11,250	
小　計	$11,500	$13,750	$18,250	$43,500
合　計	$30,500	$38,750	$18,250	$87,500

	總務及管理費用	收　現
91 年	$27,250	$1,350,000
92 年	24,700	1,180,000
	$ 2,550	$ 170,000

$\$2,550 \div \$170,000 = 1.5\%$，設固定費用為 F

$\$1,350,000 \times 1.5\% + F = \$27,250$

$F = \$7,000$

附表三
中華工程公司
股本變動及股利發放計算表

	91 年	92 年	93 年	94 年
股　數	50,000 股	50,000 股	110,000 股*	110,000 股
股票股利	–	5,000	–	–
合　計	50,000 股	55,000 股	110,000 股	110,000
現金股利	–	–	–	$110,000**

*55,000 股 ×2 = 110,000

**$1 × 110,000 = $110,000

(b)

中華工程公司
現金預算表
92 年至94 年

	92 年	93 年	94 年
現金（期初餘額）	$ 72,000	$ 73,000	$ 79,350
加：收現	1,100,000	1,650,000	750,000
減：付現			
施工成本	(611,100)	(1,094,900)	(743,750)
應付施工成本	(612,400)	–	–
總務及管理費用	(30,500)	(38,750)	(18,250)
購買新設備成本		(700,000)	
發放現金股利			(110,000)
繳付所得稅	(65,000)		(94,400)
加：借款	220,000	190,000	210,000
現金（期末餘額）	$ 73,000	$ 79,350	$ 72,950

第二十四章　標準比率

二、選擇題

1.下列哪一種分析，被公認為是財務分析方法中應用最廣泛的一種？
(A)比較分析　(B)趨勢分析　(C)比率分析　(D)共同比分析。

解　(C)

比率分析被公認為是財務報表分析方法中應用最廣泛的一種。

2.下列哪一種比率被認為可提供最合理的比較標準？　(A)目標比率　(B)同業比率　(C)預期比率　(D)個人經驗比率。

解　(B)

同業比率可提供最合理的比較標準，故一般將此項比率稱為標準比率。

3.下列哪一種方法，並非為計算標準比率的方法？　(A)算術平均法　(B)中位數法　(C)綜合報表法　(D)幾何級數法。

解　(D)

算術平均法、中位數法及綜合報表法等，均為計算標準比率的方法；幾何級數法並非為計算標準比率的方法。

4.下列哪一種比較標準，容易受個人主觀因素的影響？　(A)同業比率　(B)預期比率　(C)歷史比率　(D)個人經驗比率。

解　(D)

個人經驗比率最容易受個人主觀因素的影響。

5.標準比率必須具備哪一種特性？　(A)絕對準確性　(B)代表性　(C)主觀性　(D)整體性。

解　(B)

標準比率必須具備代表性，才可作為比較的標準。

6.計算標準比率時，要選擇哪一種樣本？ (A)要選擇同業間規模及性質不相同的公司作為樣本 (B)要選擇同業間規模及性質相近的公司作為樣本 (C)要選擇同業間分佈最廣的公司作為樣本 (D)以上皆非。

解 (B)

計算標準比率時，要選擇同業間規模及性質相近的公司作為樣本。

三、綜合題

1.某財務分析師蒐集20家橡膠業20A年12月31日之流動資產、速動資產及流動負債的資料如下：

公司名稱	流動資產	速動資產	流動負債
A	$ 719,000	$368,680	$ 456,000
B	407,000	297,370	484,000
C	118,000	62,390	32,000
D	479,000	364,300	290,000
E	680,000	436,330	638,000
F	121,000	93,000	38,000
G	130,000	87,000	45,000
H	891,000	706,000	628,000
I	214,000	87,000	104,000
J	1,393,000	868,060	893,000
K	911,700	753,000	217,000
L	240,000	136,000	186,000
M	739,000	513,678	268,000
N	1,110,900	831,230	352,600
O	1,239,060	923,470	1,246,000
P	209,000	167,890	301,000
Q	1,996,800	998,000	627,630
R	316,000	163,000	81,000
S	186,690	81,669	154,000
T	80,300	62,478	46,000

試求：(a)計算各公司20A 年12 月31 日的流動比率及速動比率。

(b)請按下列各種方法計算20 家橡膠業20A 年底的同業平均流動比率與速動比率：

(i) 算術平均法。

(ii) 綜合報表法。

(iii) 中位數法。

解

(a)各公司20A 年底的流動比率及速動比率：

公司名稱	流動資產 (*a*)	速動資產 (*b*)	流動負債 (*c*)	流動比率% (*a*/*c*)	速動比率% (*b*/*c*)
A	$ 719,000	$ 368,680	$ 456,000	158	81
B	407,000	297,370	484,000	84	61
C	118,000	62,390	32,000	369	195
D	479,000	364,300	290,000	165	126
E	680,000	436,330	638,000	107	68
F	121,000	93,000	38,000	318	245
G	130,000	87,000	45,000	289	193
H	891,000	706,000	628,000	142	112
I	214,000	87,000	104,000	206	84
J	1,393,000	868,060	893,000	156	97
K	911,700	753,000	217,000	420	347
L	240,000	136,000	186,000	129	73
M	739,000	513,678	268,000	276	192
N	1,110,900	831,230	352,600	315	236
O	1,239,060	923,470	1,246,000	99	74
P	209,000	167,890	301,000	69	56
Q	1,996,800	998,000	627,630	318	159
R	316,000	163,000	81,000	390	201
S	186,690	81,669	154,000	121	53
T	80,300	62,478	46,000	175	136
合　計	$12,181,450	$8,000,545	$7,087,230	4,306	2,789

(b) (i)算術平均法：

$$流動比率 = \frac{4,306\%}{20} = 215\%$$

$$速動比率 = \frac{2,789\%}{20} = 139\%$$

(ii)綜合報表法：

$$流動比率 = \frac{\$12,181,450}{\$7,087,230} \times 100\% = 172\%$$

$$速動比率 = \frac{\$8,000,545}{\$7,087,230} \times 100\% = 113\%$$

(iii)中位數法：

（甲）流動比率：

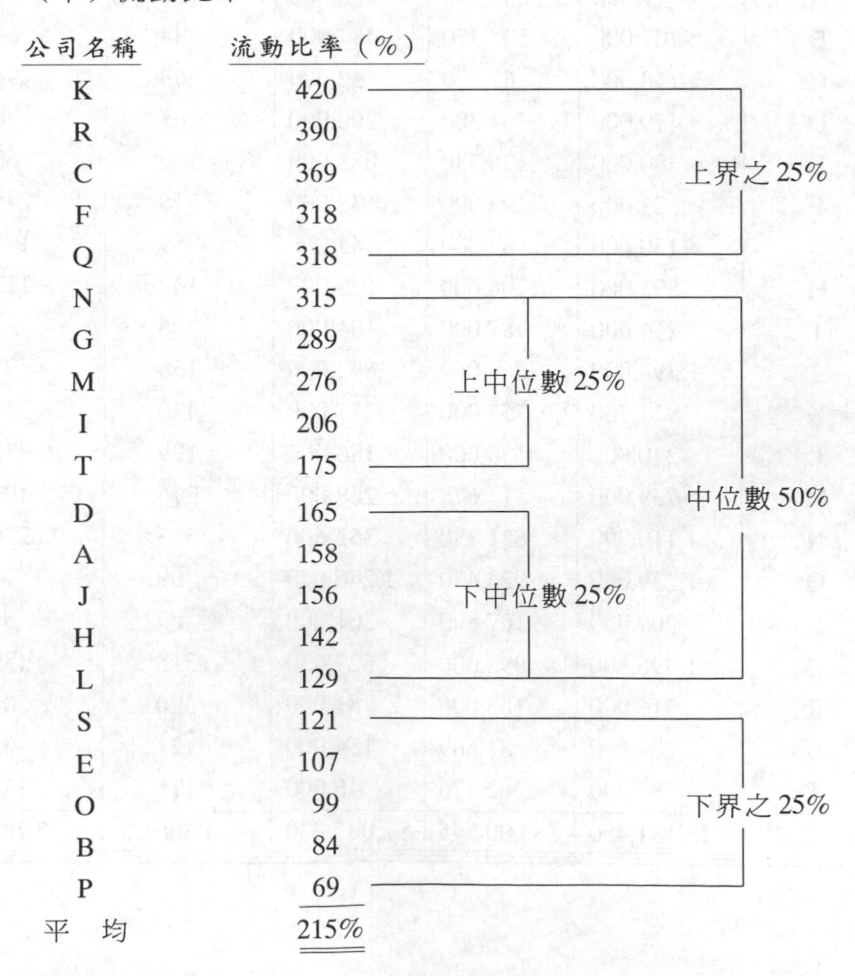

公司名稱	流動比率（%）	分組	
K	420	上界之25%	
R	390	上界之25%	
C	369	上界之25%	
F	318	上界之25%	
Q	318	上界之25%	
N	315	上中位數25%	中位數50%
G	289	上中位數25%	中位數50%
M	276	上中位數25%	中位數50%
I	206	上中位數25%	中位數50%
T	175	上中位數25%	中位數50%
D	165	下中位數25%	中位數50%
A	158	下中位數25%	中位數50%
J	156	下中位數25%	中位數50%
H	142	下中位數25%	中位數50%
L	129	下中位數25%	中位數50%
S	121	下界之25%	
E	107	下界之25%	
O	99	下界之25%	
B	84	下界之25%	
P	69	下界之25%	
平　均	215%		

（乙）速動比率：

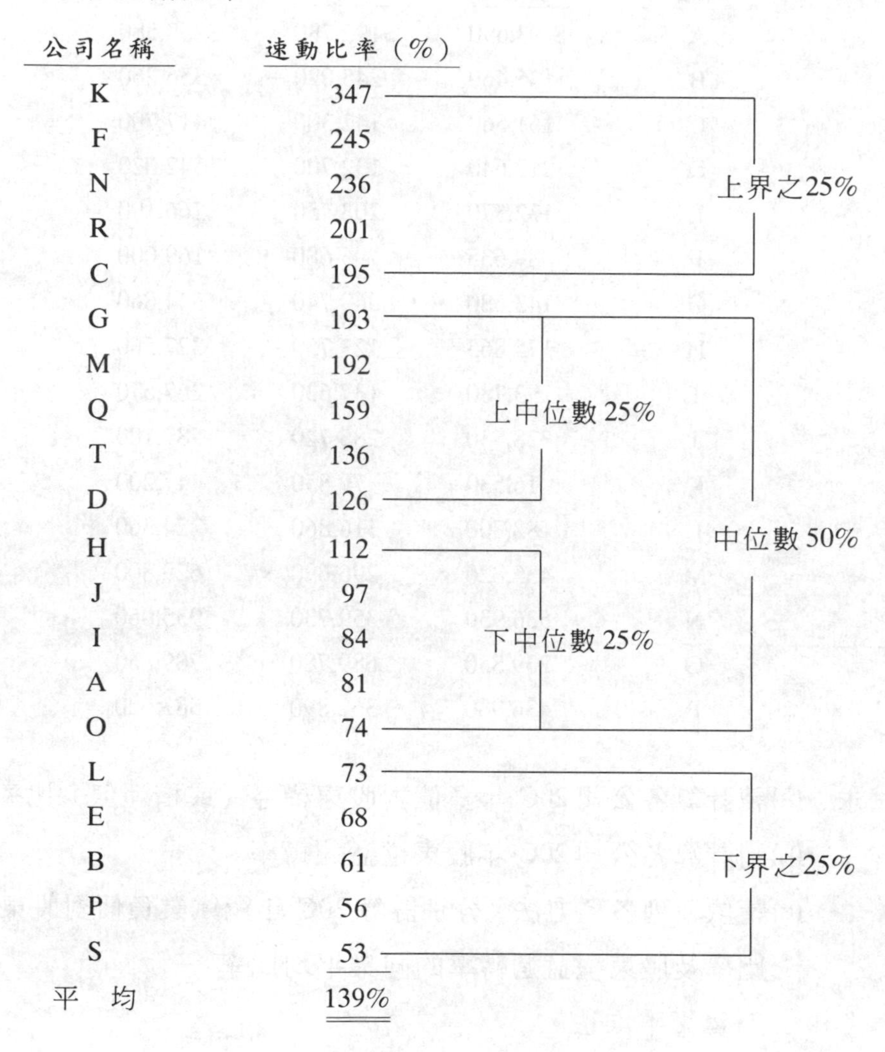

公司名稱	速動比率（%）	分組
K	347	上界之25%
F	245	上界之25%
N	236	上界之25%
R	201	上界之25%
C	195	上界之25%
G	193	上中位數 25%（中位數 50%）
M	192	上中位數 25%（中位數 50%）
Q	159	上中位數 25%（中位數 50%）
T	136	上中位數 25%（中位數 50%）
D	126	上中位數 25%（中位數 50%）
H	112	下中位數 25%（中位數 50%）
J	97	下中位數 25%（中位數 50%）
I	84	下中位數 25%（中位數 50%）
A	81	下中位數 25%（中位數 50%）
O	74	下中位數 25%（中位數 50%）
L	73	下界之25%
E	68	下界之25%
B	61	下界之25%
P	56	下界之25%
S	53	下界之25%
平　均	139%	

2.經蒐集16 家鋼鐵業 20C 年的部份財務資料如下：

公司名稱	負債總額	股東權益	營業收入
A	$ 93,690	$195,780	$259,580
B	135,460	245,020	356,260
C	161,560	142,300	417,700
D	217,640	132,700	542,020
E	132,570	203,750	266,100
F	89,635	95,680	169,000
G	143,680	369,740	544,860
H	175,865	123,750	327,500
I	93,780	137,630	267,670
J	728,530	285,720	587,100
K	16,530	79,850	47,200
L	82,700	316,860	224,360
M	435,820	296,690	629,800
N	536,930	359,730	935,060
O	239,850	689,780	789,860
P	436,980	362,890	883,620

試求：(a)請計算各公司 20C 年負債對股東權益（或稱淨值）比率。

(b)請計算各公司 20C 年股東權益週轉率。

(c)請依下列各種方法，分別計算 20C 年鋼鐵業負債對股東權益比率及股東權益週轉率的同業平均比率：

(i) 算術平均法。

(ii) 綜合報表法。

(iii) 中位數法。

解

(a)及(b) 20C 年各公司負債對股東權益比率及股東權益週轉率：

公司名稱	負債總額	股東權益	營業收入	負債對股東權益比率(%)	股東權益週轉率(次)
A	$ 93,690	$ 195,780	$ 259,580	48	1.3
B	135,460	245,020	356,260	55	1.5
C	461,560	142,300	417,700	325	2.9
D	217,640	132,700	542,020	164	4.1
E	132,570	203,750	266,100	65	1.3
F	89,635	95,680	169,000	94	1.8
G	143,680	369,740	544,860	39	1.5
H	175,865	123,750	327,500	142	2.6
I	93,780	137,630	267,670	68	1.9
J	728,530	285,720	587,100	255	2.1
K	16,530	79,850	47,200	21	0.6
L	82,700	316,860	224,360	26	0.7
M	435,820	296,690	629,800	147	2.1
N	536,930	359,730	935,060	149	2.6
O	239,850	689,780	789,860	35	1.1
P	436,980	362,890	883,620	120	2.4
合　計	$4,021,220	$4,037,870	$7,247,690	1,753	30.5

(c)同業平均比率的計算：

(i)算術平均法：

$$負債對股東權益比率 = \frac{1,753}{16} \times 100\% = 110\%$$

$$股東權益週轉率 = \frac{30.5}{16} = 1.9（次）$$

(ii)綜合報表法：

$$負債對股東權益比率 = \frac{\$4,021,220}{\$4,037,870} \times 100\% = 100\%$$

$$股東權益週轉率 = \frac{\$7,247,690}{\$4,037,870} = 1.8（次）$$

(iii)中位數法：

（甲）負債對股東權益比率：

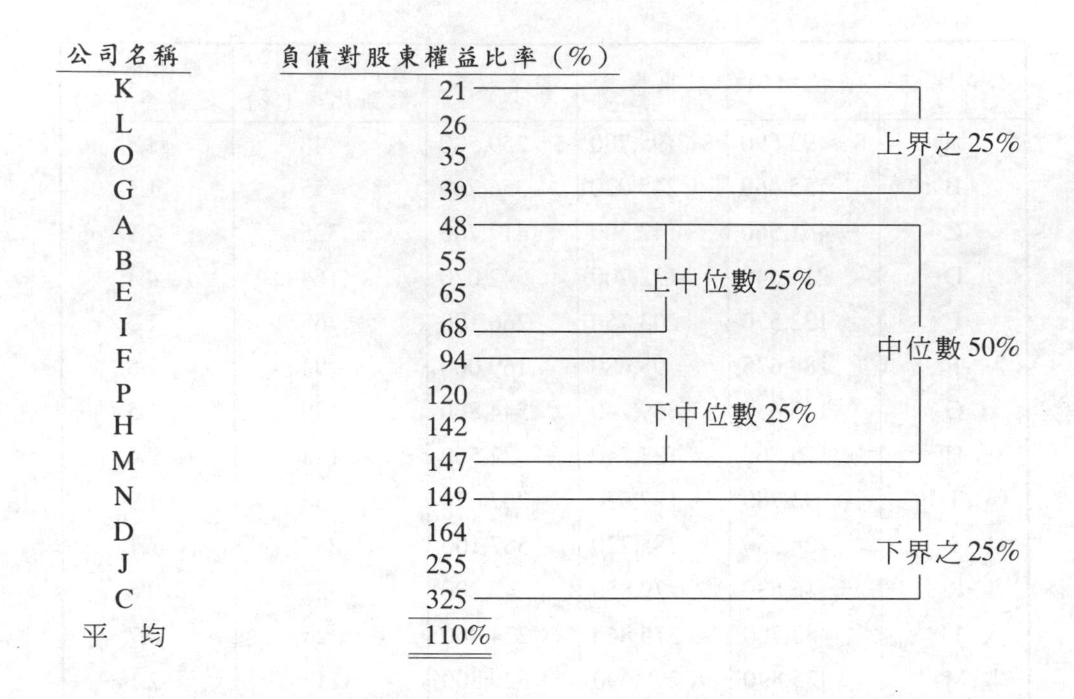

公司名稱	負債對股東權益比率（%）	分組
K	21	上界之 25%
L	26	
O	35	
G	39	
A	48	上中位數 25%（中位數 50%）
B	55	
E	65	
I	68	
F	94	下中位數 25%（中位數 50%）
P	120	
H	142	
M	147	
N	149	下界之 25%
D	164	
J	255	
C	325	
平　均	110%	

（乙）股東權益週轉率：

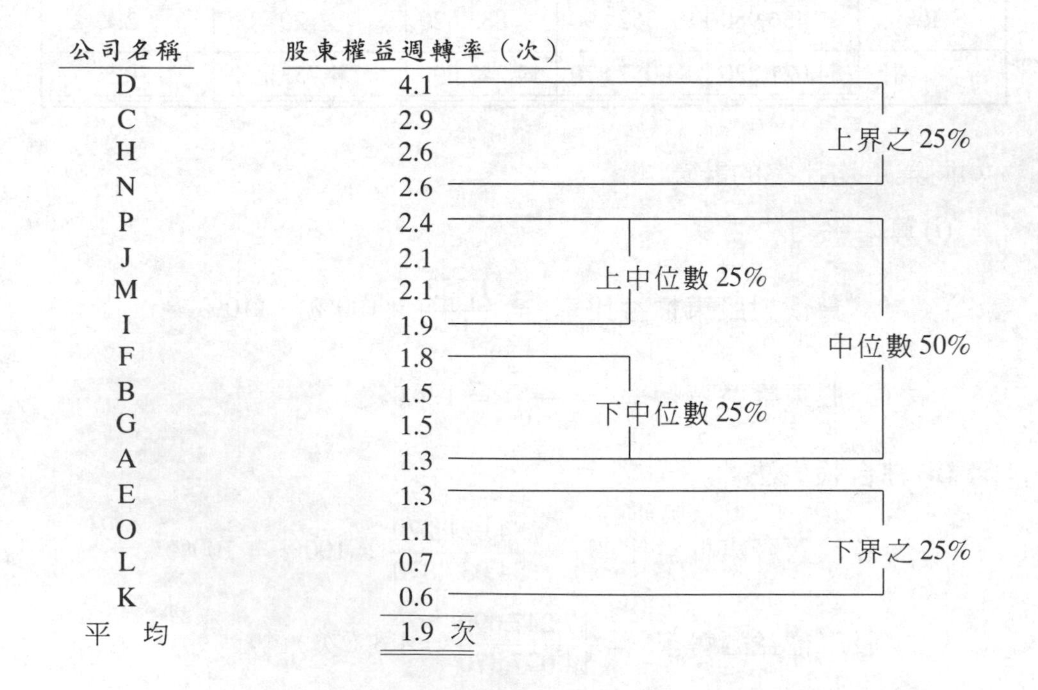

公司名稱	股東權益週轉率（次）	分組
D	4.1	上界之 25%
C	2.9	
H	2.6	
N	2.6	
P	2.4	上中位數 25%（中位數 50%）
J	2.1	
M	2.1	
I	1.9	
F	1.8	下中位數 25%（中位數 50%）
B	1.5	
G	1.5	
A	1.3	
E	1.3	下界之 25%
O	1.1	
L	0.7	
K	0.6	
平　均	1.9 次	

3.假定16 家棉紡織業20W 年12 月31 日部份財務資料如下：

公司名稱	資產總額	股東權益	營業收入
A	$ 448,140	$265,860	$ 321,220
B	365,479	186,375	439,430
C	75,347	65,236	179,680
D	465,378	192,383	635,060
E	494,350	243,000	505,900
F	295,340	173,380	281,380
G	620,513	252,965	812,200
H	515,370	335,865	729,300
I	1,151,390	460,000	947,460
J	69,835	69,835	180,950
K	52,156	39,380	89,753
L	936,375	654,350	1,381,630
M	65,480	37,400	47,564
N	30,523	30,523	31,253
O	610,345	481,320	1,090,735
P	100,530	41,210	95,425

試求：(a)請計算各公司20W 年股東權益資產總額比率（亦稱自有資本比率或權益比率）。

(b)請計算各公司20W 年總資產週轉率。

(c)請計算各公司20W 年股東權益週轉率。

(d)請依下列各種方法，分別計算棉紡業20W 年自有資本率、總資產週轉率及股東權益週轉率的同業平均比率：

(i) 算術平均法。

(ii) 綜合報表法。

(iii) 中位數法。

解

(a)～(c) 20W 年各公司權益比率、總資產週轉率及股東權益週轉率：

公司名稱	資產總額	股東權益	營業收入	權益比率（%）（股東權益對總資產比率）	總資產週轉率（次）	股東權益週轉率（次）
A	$ 448,140	$ 265,860	$ 321,220	59	0.7	1.2
B	365,479	186,375	439,430	51	1.2	2.4
C	75,347	65,236	179,680	87	2.4	2.7
D	465,378	192,383	635,060	41	1.4	3.3
E	494,350	243,000	505,900	49	1.0	2.1
F	295,340	173,380	281,380	59	1.0	1.6
G	620,513	252,965	812,200	41	1.3	3.2
H	515,370	335,865	729,300	65	1.4	2.2
I	1,151,390	460,000	947,460	40	0.8	2.1
J	69,835	69,835	180,950	100	2.6	2.6
K	52,156	39,380	89,753	76	1.7	2.3
L	936,375	654,350	1,381,630	70	1.5	2.1
M	65,480	37,400	47,564	57	0.7	1.3
N	30,523	30,523	31,253	100	1.0	1.0
O	610,345	481,320	1,090,735	79	1.8	2.3
P	100,530	41,210	95,425	41	0.9	2.3
合　計	$6,296,551	$3,529,082	$7,768,940	1,015	21.4	34.7

(d)同業平均比率的計算：

(i)算術平均法：

$$\text{權益比率} = \frac{1,015\%}{16} = 63\%$$

$$\text{總資產週轉率} = \frac{21.4}{16} = 1.3（次）$$

$$\text{股東權益週轉率} = \frac{34.7}{16} = 2.2（次）$$

(ii)綜合報表法：

$$\text{權益比率} = \frac{\$3,529,082}{\$6,296,551} \times 100\% = 56\%$$

$$\text{總資產週轉率} = \frac{\$7,768,940}{\$6,296,551} = 1.2（次）$$

$$股東權益週轉率 = \frac{\$7,768,940}{\$3,529,082} = 2.2（次）$$

(iii)中位數法：

（甲）權益比率：

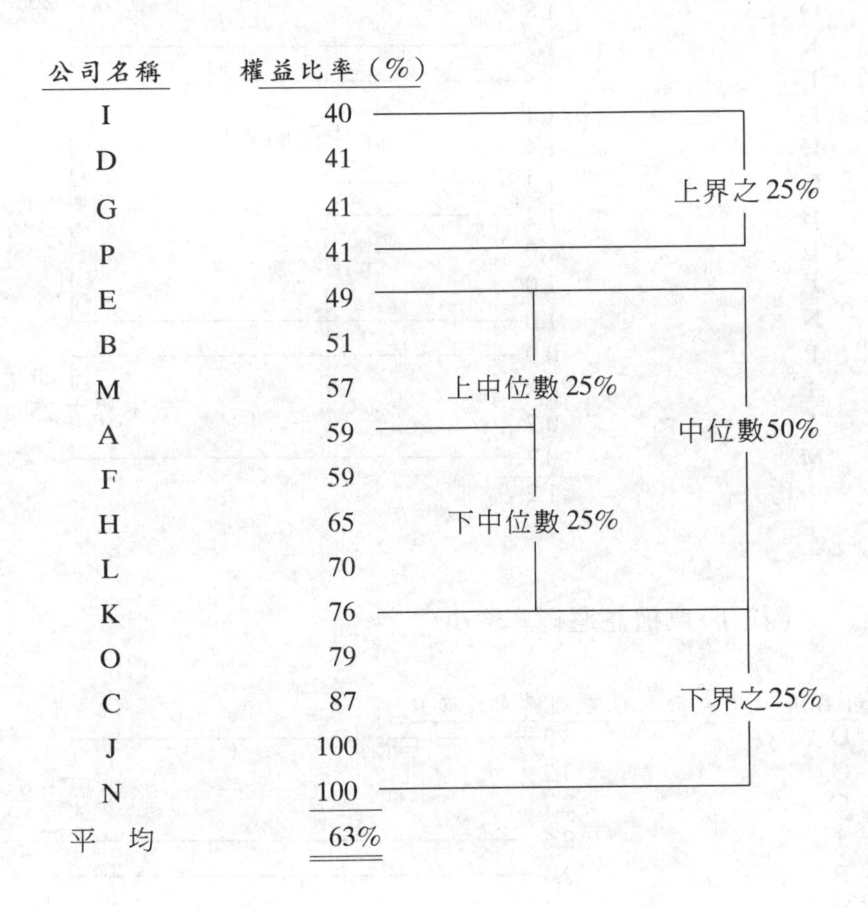

公司名稱	權益比率（%）
I	40
D	41
G	41
P	41
E	49
B	51
M	57
A	59
F	59
H	65
L	70
K	76
O	79
C	87
J	100
N	100
平　均	63%

（乙）總資產週轉率：

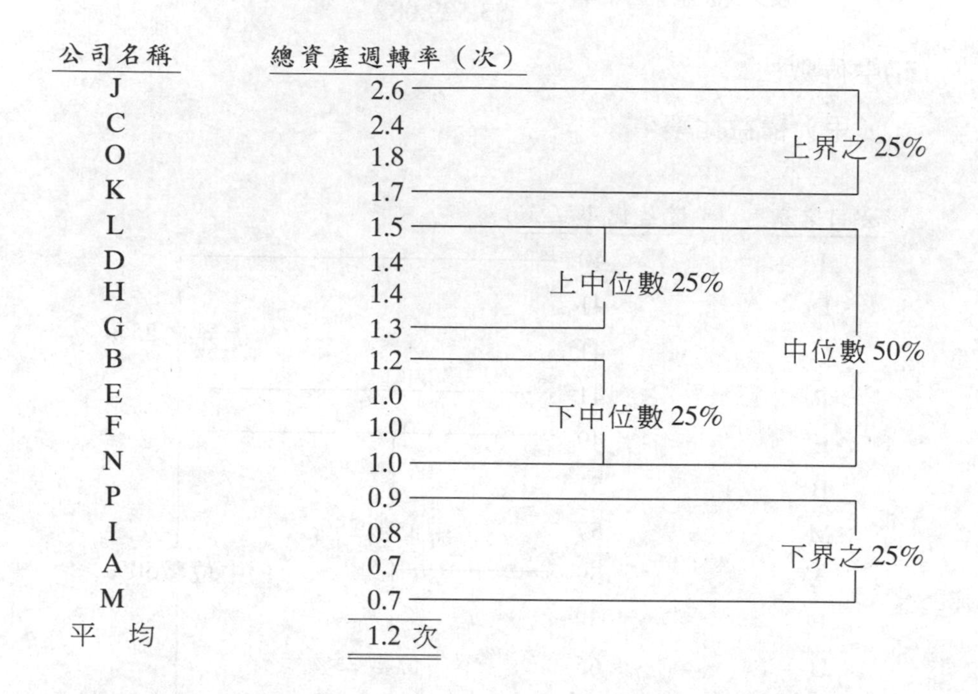

公司名稱	總資產週轉率（次）	分組
J	2.6	上界之 25%
C	2.4	
O	1.8	
K	1.7	
L	1.5	上中位數 25%（中位數 50%）
D	1.4	
H	1.4	
G	1.3	
B	1.2	下中位數 25%（中位數 50%）
E	1.0	
F	1.0	
N	1.0	
P	0.9	下界之 25%
I	0.8	
A	0.7	
M	0.7	
平　均	1.2 次	

（丙）股東權益週轉率：

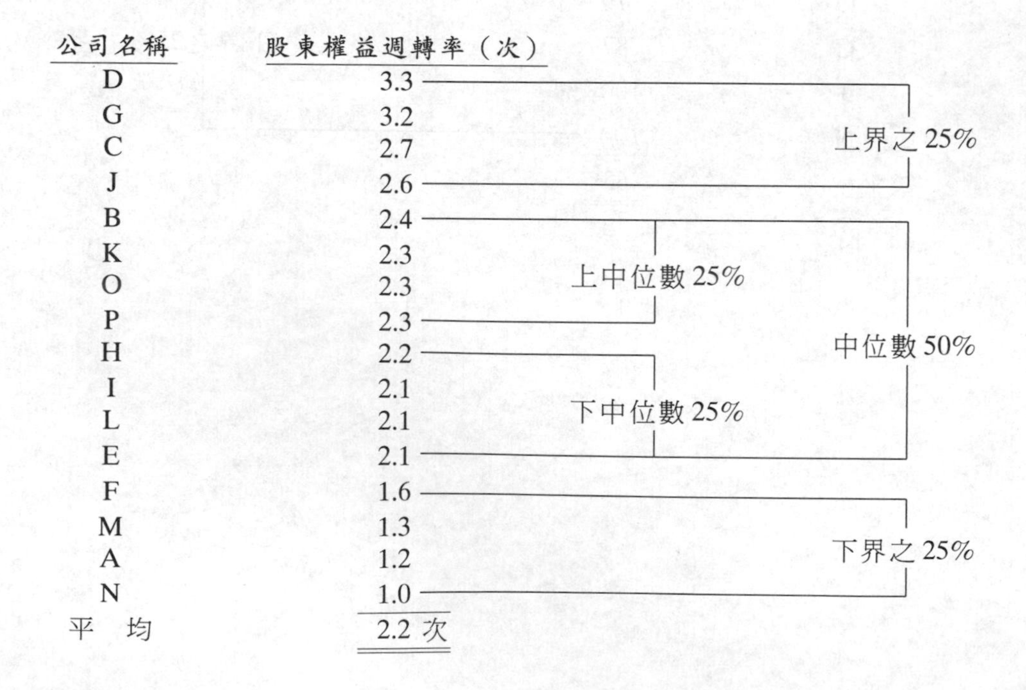

公司名稱	股東權益週轉率（次）	分組
D	3.3	上界之 25%
G	3.2	
C	2.7	
J	2.6	
B	2.4	上中位數 25%（中位數 50%）
K	2.3	
O	2.3	
P	2.3	
H	2.2	下中位數 25%（中位數 50%）
I	2.1	
L	2.1	
E	2.1	
F	1.6	下界之 25%
M	1.3	
A	1.2	
N	1.0	
平　均	2.2 次	

第二十五章　物價波動與財務分析

二、選擇題

1.根據一般公認會計原則（財務會計準則第八十九號聲明書）的要求，公司要表達物價波動的會計資訊時，應如何在財務報表內列報？ ⑷在財務報表內的主體部份列報 ⑻在財務報表項下的備註欄內列報 ⒞另按一般物價水準重編補助性財務報表 ⒟在「管理者之檢討與分析」內列報。

解 ⒞

根據財務會計準則委員會於1986年12月頒佈第八十九號財務會計準則聲明書 (FASB Statement No. 89) 的規定，為鼓勵各企業於物價波動時期，除按傳統會計的歷史成本基礎編製其主要的財務報表外，可另按一般物價水準為基礎重編補助性的財務報表。

2.計算購買力損益時，下列哪一項應予分類為非貨幣性項目？ ⑷預付附屬公司款項 ⑻備抵壞帳 ⒞未攤銷債券溢價 ⒟備抵折舊——設備。

解 ⒟

根據財務會計準則第八十九號聲明書 (FASB Statement No. 89, Par. 44) 的規定，貨幣性項目係指其金額已確定，不受未來物價波動的影響；因此，非貨幣性資產通常包括下列三類：⑴直接用於提供服務所持有的資產；⑵具有求償權的現金數額，其價值大小依特定財物或勞務的未來價格而定；⑶殘餘權益，如商譽。由上述說明可知，設備的備抵折舊為設備資產的抵銷帳戶，應予分類為非貨幣性項目。

3.在通貨膨脹時期，一項負債帳戶的餘額固定不變，將產生何種後果？

(A)如屬於非貨幣性負債，將產生購買力利益 (B)如屬於貨幣性負債，將產生購買力利益 (C)如屬於非貨幣性負債，將產生購買力損失 (D)如屬於貨幣性負債，將產生購買力損失。

解 (B)

在通貨膨脹時期，貨幣性負債未來償還的財物或勞務價值相對減少，因而將產生購買力利益。

4.現時成本財務報表可否列報下列二種情況下的持有利益？

	商品出售時	期末存貨
(A)	是	是
(B)	是	非
(C)	非	是
(D)	非	非

解 (A)

在現時成本會計之下，資產負債表的非貨幣性項目，應按各會計年度終了時的現時成本重新表達；至於貨幣性項目，其成本大小於發生時金額業已確定，不受特定物價波動而改變，故編表時不必重新表達；又財務會計準則第八十九號聲明書指出，存貨於取得或出售時，其現時成本如增加或減少，應予認定；因此，商品於出售時，應列報其已實現持有利益；存貨於期末時，應列報其未實現持有利益。

5.編製一般物價水準會計的資產負債表時，應按何種基礎表達？ (A)資產負債表編製日的一般購買力 (B)基期貨幣的一般購買力 (C)當年度平均購買力 (D)以上皆非。

解 (A)

在一般物價水準會計之下，期末編製一般物價水準的資產負債表時，應按編製日一般購買力（物價水準）為基礎。

6.F 公司成立於1999 年1 月1 日；2000 年12 月31 日根據歷史成本編製的資產負債表內，列有下列各項目：

土地（1999 年購入）	$600,000
長期投資——待到期債券，不可轉換（1999 年購入）	300,000
長期負債	400,000

1999 年平均消費者物價指數為 100，2000 年為 110；F 公司 2000 年 12 月 31 日按一般購買力另編製補助性資產負債表時，上列各項目應列報若干？

	土　地	長期投資	長期負債
(A)	$600,000	$300,000	$440,000
(B)	600,000	330,000	440,000
(C)	660,000	300,000	400,000
(D)	660,000	330,000	400,000

解 (C)

在一般物價水準會計之下，非貨幣性項目於期末資產負債表內，應按一般物價水準（購買力）重新表達；貨幣性項目因已反映當時貨幣價值，故不必重新表達；本題土地屬非貨幣性項目，應重新表達如下：

$$\$600,000 \times \frac{110}{100} = \$660,000$$

至於長期投資及長期負債兩項，均屬貨幣性項目，故不必重新表達。

7. G 公司 2000 年 12 月 31 日帳上列有下列各項目：

存　貨	$600,000
員工借支	20,000

G 公司 2000 年 12 月 31 日按一般物價水準重編資產負債表時，分類為貨幣性資產的金額應為若干？ (A)$0　(B)$20,000　(C)$600,000　(D)$620,000。

解 (B)

員工借支$20,000 屬於貨幣性資產，不必重新表達，仍按$20,000 列報於一般物價水準會計的補助性資產負債表內；至於存貨則屬於非貨幣性項目。

8.H 公司有關商品的單位價格及物價水準的資料如下：

	2001 年 3 月 1 日	2001 年 12 月 31 日
購入價格	$ 40	–
出售價格	60	$ 75
重置成本	–	50
物價水準	110	121

在現時成本會計之下，H 公司每單位商品的持有利益為若干？ (A)$0 (B)$4.00 (C)$6.00 (D)$10.00。

解 (D)

在現時成本會計之下，非貨幣性項目按年度終止日的現時成本重新表達；至於貨幣性項目，其成本大小已於發生時確定，不受特定物價波動而改變，故不必重新表達；本題商品存貨屬非貨幣性項目，H 公司 2001 年 12 月 31 日每單位商品存貨的現時成本（重置成本）為$50，而其購入成本為$40，故每單位商品存貨的持有利益為 $10 ($50 – $40)。

9.I 公司於 2000 年 1 月 1 日購入機器成本$920,000；2000 年 12 月 31 日，該項機器的重置成本為$1,000,000；機器預計可使用 5 年，無殘值，按直線法提存折舊；I 公司 2000 年度編製一般物價水準的補助性損益表時，機器折舊應列報若干？ (A)$112,000 (B)$184,000 (C)$192,000 (D)$200,000。

解 (C)

根據財務會計準則第八十九號聲明書 (FASB Statement No. 89, Par. 52b.) 的規定，折舊費用應按會計期間內的平均現時成本為準；本題 I 公司機器平均現時成本為：

$$(\$920,000 + \$1,000,000) \times \frac{1}{2} = \$960,000$$

$$\text{折舊費用} = \$960,000 \times \frac{1}{5} = \$192,000$$

10.J 公司 2000 年 12 月31 日擁有下列二項資產：

	設　備	存　貨
現時成本	$200,000	$160,000
可回收成本	190,000	180,000

J 公司2000 年12 月31 日按現時成本重新表達其資產價值時，其總資產應列報若干？ (A)$350,000 (B)$360,000 (C)$370,000 (D)$380,000。

解 (A)

根據財務會計準則第八十九號聲明書 (FASB Statement No. 89) 的規定，存貨及設備的現時成本，應以其現時成本與可回收成本 (recovery cost) 兩者孰低為準；本題J 公司總資產應列報$350,000，其決定方法如下：

	現時成本	可回收成本	兩者孰低
設　備	$200,000	$190,000	$190,000
存　貨	160,000	180,000	160,000
合　　計			$350,000

11.K 公司成立於 2000 年 1 月 1 日，普通股本 $2,000,000，隨即以現金 $1,200,000 購入土地，準備興建房屋出售；後因若干原因遲延營業進度，各項資產迄未變動，當年度也假定未發生任何費用；另悉年初時消費者物價指數為100，俟年終時改變為110；K 公司2000 年12 月31 日按一般物價水準重編財務報表時，發生購買力損失為若干？ (A)$0 (B)$80,000 (C)$100,000 (D)$220,000。

解 (B)

K 公司
損益表
2000 年度
（一般物價水準＝110）

現　金：	$ 800,000	普通股本：	
		$\$2,000,000\times\frac{110}{100}$	$2,200,000
土　地：		購買力損失：	
$\$1,200,000\times\frac{110}{100}$	1,320,000	$\$800,000-\$800,000\times\frac{110}{100}$	(80,000)
資產總額	$2,120,000	股東權益總額	$2,120,000

三、綜合題

1.下列資料為協進公司最初兩個營業年度的有關資料：

	預計耐用年數	20A 年度	20B 年度
期初存貨		$150,000	$200,000
進　貨		550,000	500,000
期末存貨		200,000	160,000
房屋（20A 年 1 月 1 日購入）	25 年	400,000	–
辦公設備（20A 年 7 月 1 日購入）	12 年	30,000	–
機器（20A 年 10 月 1 日購入）	8 年	6,000	–

有關物價指數如下：

	20A 年度	20B 年度
1 月 1 日	190	202
12 月 31 日	202	214

試求：(a)假定 20A 年度期初存貨係於 20A 年 1 月1 日購入；存貨係按後進先出的成本流程為準，且任何增加的部分，均按平均物價水準計算。試按各年底時物價水準計算 20A 年度及 20B 年度的銷貨成本。

(b)假定各項折舊性資產係採用平均法提列折舊，不計殘值。請分別按 20A 年及 20B 年底物價水準，重新表達各項折舊性資產及其備抵折舊的數額。

（高考試題）

解

(a) (i) 按 20A 年底物價水準計算 20A 年度的銷貨成本：

項　目	帳列金額（歷史成本）	轉換率	轉換為20A 年底物價水準
期初存貨	$150,000	1.063	$159,450
本期進貨	550,000	1.031	567,050
可售商品總額	$700,000		$726,500
減：期末存貨	200,000	1.031	206,200
銷貨成本	$500,000		$520,300

各年度轉換率計算如下：

年　度	物價指數	轉換率（20A 年底＝1.000）
20A 年初	190	$\frac{202}{190}=1.063$
20A 年底	202	$\frac{202}{202}=1.000$
20A 年平均	196	$\frac{202}{196}=1.031$

(ii) 按 20B 年底的物價水準計算 20B 年度的銷貨成本：

項　目	帳列金額（歷史成本）	轉換率	轉換為20B 年底物價水準
期初存貨	$200,000	1.059	$211,800
本期進貨	500,000	1.029	514,500
可售商品總額	$700,000		$726,300
減：期末存貨	160,000	1.029	164,640
銷貨成本	$540,000		$561,660

各年度轉換率計算如下：

年　度	物價指數	轉換率（20B 年底＝1.000）
20A 年初	190	$\frac{214}{190}=1.126$
20A 年平均	196	$\frac{214}{196}=1.092$
20B 年初	202	$\frac{214}{202}=1.059$
20B 年底	214	$\frac{214}{214}=1.000$
20B 年平均	208	$\frac{214}{208}=1.029$

(iii) 按 20B 年底物價水準計算 20A 年度的銷貨成本：

項　目	帳列金額（歷史成本）	轉換率	轉換為 20B 年底物價水準
期初存貨	$150,000	1.126	$168,900
本期進貨	550,000	1.092	600,600
可售商品總額	$700,000		$769,500
減：期末存貨	200,000	1.092	218,400
銷貨成本	$500,000		$551,100

(b) (i)各項折舊性資產按20A 年底物價水準重新表達（20A 年底＝1.000）：

項　目	取得日	物價指數	取得成本	轉換率	轉換為 20A 年底物價水準
房　屋	20A/1/1	190	$400,000	1.063	$425,200
辦公設備	20A/7/1	196	30,000	1.031	30,930
機　器	20A/10/1	199*	6,000	1.015**	6,090
20A 年底餘額			$436,000		$462,220

*$202-[(202-190)\times\frac{3}{12}]=199$

**$\frac{202}{199}=1.015$

(ii) 備抵折舊按 20A 年底物價水準重新表達：

項　目	取得日	物價指數	備抵折舊	轉換率	轉換為 20A 年底物價水準
房　屋	20A/1/1	190	$16,000	1.063	$17,008
辦公設備	20A/7/1	196	1,250	1.031	1,289
機　器	20A/10/1	199	187.5	1.015	190
20A 年底餘額			$17,437.5		$18,487

(iii) 各項折舊性資產按 20B 年底物價水準重新表達：

項　目	取得日	物價指數	取得成本	轉換率*	轉換為 20B 年底物價水準
房　屋	20A/1/1	190	$400,000	1.126	$450,400
辦公設備	20A/7/1	196	30,000	1.092	32,760
機　器	20A/10/1	199	6,000	1.075	6,450
20B 年底餘額			$436,000		$489,610

$^{*}\frac{214}{190}=1.126$

$\frac{214}{196}=1.092$

$\frac{214}{199}=1.075$

(iv) 備抵折舊按 20B 年底物價水準重新表達：

項　目	取得日	物價指數	備抵折舊	轉換率	轉換為 20B 年底物價水準
房　屋	20A/1/1	190	$32,000	1.126	$36,032
辦公設備	20A/7/1	196	3,750	1.092	4,095
機　器	20A/10/1	199	937.5	1.075	1,008
20B 年底餘額			$36,687.5		$41,135

2.臺美公司於 20A 年購入機器一部成本$100,000，預計可使用 10 年，按直線法提存折舊，無殘值；該公司根據一般公認會計原則，除編製傳統的財務報表外，為揭露受物價波動的影響，乃按一般物價水準重編補助性財務報表；編製此項財務報表所適用的消費者物價指數如下：

年　度	物價指數
20A	148
20B	159
20C	175
20D	181
20E	185

試求：(a)臺美公司 20E 年度編製一般物價水準會計的損益表時，機器折舊費用應為若干？

(b)臺美公司20E 年12 月31 日按一般物價水準編製資產負債表時，機器（未減除備抵折舊）應列報若干？

解

(a) 20E 年度折舊費用：

$$\$100,000 \times \frac{185}{148} \div 10 = \$12,500$$

(b) 20E 年 12 月 31 日機器價值：

$$\$100,000 \times \frac{185}{148} = \$125,000$$

3.臺華公司成立於20A 年，該公司會計人員擬按一般物價水準重編補助性財務報表；20D 年度按歷史成本為基礎之試算表如下：

臺華公司

試算表

20D 年 12 月 31 日

	借　方	貸　方
現金及應收帳款（淨額）	$ 540,000	
短期投資（普通股）	400,000	
存　貨	440,000	
設　備	650,000	
備抵折舊——設備		$ 164,000
應付帳款		300,000
應付債券，6%，20V 年到期		500,000
普通股股本，面值$10		1,000,000
保留盈餘，20C 年 12 月 31 日	46,000	
銷貨收入		1,900,000
銷貨成本	1,508,000	
折舊費用	65,000	
其他營業費用及利息支出	215,000	
合　　計	$3,864,000	$3,864,000

其他有關資料：

⑴20C 年 12 月 31 日的貨幣性資產（現金及應收帳款）超過貨幣性負債（應付帳款及應付債券）的金額為$445,000。

⑵進貨（20D 年度為$1,840,000）與銷貨皆全年均勻發生。

⑶折舊係採用直線法計算，設備取得年度係提列全年的折舊，而報廢年度則不提折舊。折舊率為 10%，預期無殘值。每年購置與報廢皆相當均勻，20D 年所報廢的設備包含 20B 年所購置的部份。設備帳戶經分析後如下：

年　度	期初餘額	增　添	報　廢	期末餘額
20B 年	–	$550,000	–	$550,000
20C 年	$550,000	10,000	–	560,000
20D 年	560,000	150,000	$60,000	650,000

⑷應付債券係於 20B 年發行，短期投資的普通股係在 20D 年均勻購入。其他營業費用及利息支出皆全年均勻發生。

⑸各年度消費者物價指數如下：

年平均	指　數	季平均	指　數
20A 年	113.9	20C 年第 4 季	123.5
20B 年	116.8	20D 年第 1 季	124.9
20C 年	121.8	第 2 季	126.1
20D 年	126.7	第 3 季	127.3
		第 4 季	128.5

試求：⒜編表將 20D 年 12 月 31 日設備帳戶歷史成本的餘額轉換為一般物價水準的餘額。

⒝編表分析 20D 年歷史成本的備抵折舊帳戶。

⒞編表分析 20D 年一般物價水準的備抵折舊帳戶。

⒟編表計算 20D 年持有貨幣性項目的一般物價損益（不必考慮所得稅）；本表應考慮資產負債表及損益表有關的項目。

解

(a)將 20D 年 12 月 31 日設備成本轉換為一般物價水準：

年　度	帳列金額（歷史成本）	轉換率	轉換為 20D 年底物價水準
20B 年	$490,000*	$\frac{128.5}{116.8}$ = 1.100	$539,000
20C 年	10,000	$\frac{128.5}{121.8}$ = 1.055	10,550
20D 年	150,000	$\frac{128.5}{126.7}$ = 1.014	152,100
20D 年底餘額	$650,000		$701,650

*$550,000 – $60,000（20D 年報廢）=$490,000

(b) 20D 年底歷史成本的備抵折舊：

取得年度	20C 年底餘額	20D 年折舊	20D 年報廢	20D 年底餘額
20B 年	$110,000*	$49,000**	$12,000***	$147,000
20C 年	1,000	1,000	–0–	2,000
20D 年	–0–	15,000	–0–	15,000
	$111,000	$65,000	$12,000	$164,000

*$550,000 × 10% × 2 = $110,000
**($550,000 – $60,000) × 10% = $49,000
***$60,000 × 10% × 2（20B 年及 C 年）=$12,000

(c)按 20D 年度一般物價水準計算的備抵折舊：

取得年度	20D 年底備抵折舊（歷史成本）	轉換率	轉換為 20D 年底物價水準
20B 年	$147,000	$\frac{128.5}{116.8}$ =1.100	$161,700
20C 年	2,000	$\frac{128.5}{121.8}$ =1.055	2,110
20D 年	15,000	$\frac{128.5}{126.7}$ =1.014	15,210
合　　計	$164,000		$179,020

(d) 20D 年度一般物價水準損益：

臺華公司

一般物價水準損益計算表

20D 年度

項　目	帳列金額(歷史成本)		轉換率	轉換為 20D 年底物價水準
20D 年初貨幣性項目淨額		$ 445,000	1.040*	$ 462,800
加：20D 年貨幣性項目淨額來源：				
銷貨收入		1,900,000	1.014**	1,926,600
小　計		$2,345,000		$2,389,400
減：20D 年貨幣性項目淨額使用：				
進　貨	$1,840,000			
其他營業費用及利息支出	215,000			
購買設備	150,000			
購買短期投資	400,000	2,605,000	1.014	2,641,470
20D 年底轉換後貨幣性項目淨額				$ (252,070)
20D 年底貨幣性項目淨額				
現金及應收帳款	$ 540,000			
應付帳款	−300,000			
應付債券	−500,000			
貨幣性項目淨額		$ (260,000)		(260,000)
20D 年一般物價水準損失				$ 7,930

$^{*}\dfrac{128.5}{123.5}=1.040$

$^{**}\dfrac{128.5}{126.7}=1.014$

4.維州公司 2000 年及 2001 年 12 月 31 日簡明資產負債表列示如下：

維州公司
資產負債表
12月31日

	2000年	2001年
資　產：		
現　金	$ 30,000	$ 60,000
應收帳款	35,000	70,000
存　貨	90,000	120,000
流動資產合計	$155,000	$250,000
財產、廠房及設備	145,000	150,000
資產總額	$300,000	$400,000
負債及股東權益：		
流動負債	$ 60,000	$ 90,000
長期負債	60,000	100,000
股東權益	180,000	210,000
負債及股東權益合計	$300,000	$400,000

假定全年度各貨幣性帳戶的變動均勻發生；二個年度物價指數如下：

	2000年	2001年
年　終	225	250
全年平均	220	240

試求：(a)將各帳戶區分為貨幣性與非貨幣性。

(b)計算2001年底物價水準的購買力損益。

(c)計算2001年平均物價水準的購買力損益。

解

(a)貨幣性與非貨幣性項目：

其中存貨、廠房資產（財產、廠房及設備）及股東權益屬非貨幣性項目；其餘為貨幣性項目；茲將貨幣性項目彙總如下：

	2000 年 12 月 31 日	2001 年 12 月 31 日
現　金	$ 30,000	$ 60,000
應收帳款	35,000	70,000
流動負債	(60,000)	(90,000)
長期負債	(60,000)	(100,000)
淨貨幣性項目（負債）	$ 55,000	$ 60,000

(b) 2001 年底物價水準的購買力損益：

	取得成本	轉換率	轉換為 2001 年底物價水準
2000 年底淨貨幣性項目	$55,000	$\frac{250}{225}$	$61,111
2001 年度淨貨幣性負債增加	5,000	$\frac{250}{240}$	5,208
	$60,000		$66,319
2001 年底淨貨幣性負債	$60,000	$\frac{250}{250}$	60,000
淨貨幣性負債購買力利益			$ 6,319

(c) 2001 年平均物價水準的購買力損益：

	取得成本	轉換率	轉換為 2001 年平均物價水準
2000 年底淨貨幣性項目	$55,000	$\frac{240}{225}$	$58,667
2001 年度淨貨幣性負債增加	5,000	$\frac{240}{240}$	5,000
	$60,000		$63,667
2001 年底淨貨幣性負債	$60,000	$\frac{240}{250}$	57,600
淨貨幣性負債購買力利益			$ 6,067

5.蘇杭公司 20A 年及 20B 年 12 月31 日的比較性資產負債表列示如下：

	20A 年 12 月 31 日	20B 年 12 月 31 日
現金及應收帳款	$150,000	$195,000
存　貨	112,500	97,500
土　地	37,500	37,500
設　備	126,000	162,000
備抵折舊	(30,000)	(44,400)
資產總額	$396,000	$447,600
流動負債	$ 45,000	$ 82,500
長期負債	90,000	75,000
股　本	240,000	240,000
保留盈餘	21,000	50,100
負債及股東權益總額	$396,000	$447,600

20B 年度損益表如下：

銷貨收入		$600,000
銷貨成本：		
期初存貨	$112,500	
進　貨	375,000	
可售商品總額	$487,500	
減：期末存貨	97,500	390,000
銷貨毛利		$210,000
營業費用：		
折　舊	$14,400	
銷管費用	72,000	86,400
稅前淨利		$123,600
所得稅		52,500
本期淨利		$ 71,100

其他有關資料如下：

(1) 20A 年年中第一次增購設備$36,000。

(2)設備預計可使用 10 年，採用直線法提列折舊，無殘值。

(3)存貨係全年度均勻購入，採用先進先出法評價。

⑷土地及設備原始取得時物價指數為126，迄20B年首次增購為止。

⑸20B年12月31日支付股利$42,000。

⑹各年度物價指數如下：

20A年底	150
20B年底	163.8
20B年平均	157.5

⑺20B年期初存貨係按20A年底的價格購入。

⑻進貨、銷貨、營業費用及所得稅，係假定全年度均勻發生。

試求：請編製20B年12月31日的一般物價水準資產負債表及20B年度損益表。

解

(a)一般物價水準的資產負債表：

蘇杭公司

資產負債表

（一般物價水準基礎）　20B年12月31日

	帳列金額（歷史成本）	轉換率	轉換為20B年底物價水準
資　產：			
現金及應收帳款	$195,000	(i)	$195,000
存　貨	97,500	104 (ii)	101,400
土　地	37,500	130 (ii)	48,750
設　備	162,000	(iii)	201,240
備抵折舊	(44,400)	(iv)	(57,252)
資產合計	$447,600		$489,138
負債及股東權益：			
流動負債	$ 82,500	(i)	$ 82,500
長期負債	75,000	(i)	75,000
股　本	240,000	(v) }	
保留盈餘	50,100	}	331,638
負債及股東權益合計	$447,600		$489,138

(i)20B 年底各項貨幣性項目不必轉換。

(ii)各年轉換率計算如下：

	物價指數	轉換率
20B 年底	163.8	100
20B 年平均	157.5	$\frac{163.8}{157.5}=1.040$
20A 年底	150.0	$\frac{163.8}{150.0}=1.092$
第一次取得	126.0	$\frac{163.8}{126}=1.300$

(iii)設備按20B 年底一般物價水準轉換如下：

取得日期	物價指數	取得成本	轉換率	轉換為 20B 年底物價水準
第一次取得	126	$126,000	1.30	$163,800
20B 年度平均	157.5	36,000	1.04	37,440
20B 年底餘額		$162,000		$201,240

(iv)備抵折舊按 20B 年底一般物價水準轉換如下：

取得日期	取得成本	備抵折舊	轉換率	轉換為 20B 年底物價水準
第一次取得	$126,000	$42,600	1.30	$55,380
20B 年度	36,000	1,800	1.04	1,872
		$44,400		$57,252

(v)依會計基本方程式：資產＝負債＋股東權益而求得，其計算方法如下：

$$\$489,138-(\$82,500+\$75,000)=\$331,638$$

(b)一般物價水準的損益表：

蘇杭公司
損益表
（一般物價水準基礎）　20B 年度

	帳列金額（歷史成本）	轉換率	轉換為20B年底物價水準
銷貨收入	$600,000	1.04	$624,000
銷貨成本：			
期初存貨	$112,500	1.092	$122,850
進　貨	375,000	1.04	390,000
可售商品總額	$487,500		$512,850
減：期末存貨	97,500	1.04	101,400
銷貨成本	$390,000		$411,450
銷貨毛利	$210,000		$212,550
營業費用：			
折　舊	14,400	(i)	18,252
銷管費用	72,000	1.04	74,880
調整前營業淨利	$123,600		$119,418
一般物價水準損失	-0-	(ii)	(3,960)
調整後營業淨利	$123,600		$115,458
減：所得稅	52,500	1.04	54,600
本期淨利	$ 71,100		$ 60,858

(i)折舊費用的轉換：

取得日期	取得成本	本年折舊	轉換率	轉換為 20B 年底物價水準
第一次取得	$126,000	$12,600	1.30	$16,380
20B 年度	36,000	1,800	1.04	1,872
	$162,000	$14,400		$18,252

(ii) 一般物價水準損益計算表：

蘇杭公司
一般物價水準損益計算表
20B 年度

	帳列金額(歷史成本)		轉換率	轉換為 20B 年底物價水準
20B 年初貨幣性項目淨額：				
現金及應收帳款	$150,000			
流動負債	(45,000)			
長期負債	(90,000)			
貨幣性項目淨額		$ 15,000	1.092	$ 16,380
加：20B 年貨幣性項目淨額來源：				
銷貨收入		600,000	1.04	624,000
小　計		$615,000		$640,380
減：20B 年貨幣性項目淨額使用：				
進　貨	$375,000		1.04	390,000
銷管費用	72,000		1.04	74,880
股　利	42,000		1.00	42,000
購買設備	36,000		1.04	37,440
所得稅	52,500		1.04	54,600
小　計		577,500		$598,920
20B 年底轉換後貨幣性項目：				
淨　額				$ 41,460
20B 年底貨幣性項目淨額：				
現金及應收帳款	$195,000			
流動負債	(82,500)			
長期負債	(75,000)			
貨幣性項目淨額		$ 37,500		37,500
20B 年一般物價水準損失				$ 3,960

第二十六章　財務報表綜合分析

二、選擇題

1.財務報表分析的第一個步驟為何？ (A)查閱會計師的查帳報告 (B)制定分析的目標 (C)從事共同比分析 (D)瞭解公司所從事的行業。

解 (B)

財務分析的第一個步驟，就是要先制定分析的目標。

下列資料用於解答第2.至5.題的根據：

X 公司20A 年及20B 年之12 月31 日會計年度終止日；部份財務資料列示如下：

	20A 年	20B 年
銷貨收入	$204,000	$248,000
銷貨成本	82,000	108,000
應收帳款	30,000	36,000
存　貨	20,000	28,000
應付帳款	19,200	24,000

已知銷貨收入全部屬於賒銷收入。

2.X 公司20B 年度應收帳款週轉率及帳款收回平均日數各為若干？

	應收帳款週轉率	帳款收回平均日數
(A)	7.0 次	45 日
(B)	7.5	48
(C)	8.0	49
(D)	8.5	50

解 (B)

$$應收帳款週轉率 = \frac{賒銷收入}{平均應收帳款} = \frac{\$248{,}000}{\frac{1}{2}(\$30{,}000 + \$36{,}000)} = 7.5（次）$$

$$帳款收回平均日數 = \frac{360}{應收帳款週轉率} = \frac{360}{7.5} = 48（日）$$

3.X 公司20B 年度存貨週轉率及存貨平均週轉日數各為若干？

	存貨週轉率	存貨平均週轉日數
(A)	3.0 次	70 日
(B)	3.5	75
(C)	4.0	78
(D)	4.5	80

解 (D)

$$存貨週轉率 = \frac{銷貨成本}{平均存貨} = \frac{\$108{,}000}{\frac{1}{2}(\$20{,}000 + \$28{,}000)} = 4.5（次）$$

$$存貨平均週轉日數 = \frac{360}{存貨週轉率} = \frac{360}{4.5} = 80（日）$$

4.X 公司20B 年度應付帳款週轉率及應付帳款支付平均日數各為若干？

	應付帳款週轉率	應付帳款支付平均日數
(A)	4.0 次	68 日
(B)	4.5	70
(C)	5.0	72
(D)	5.5	74

解 (C)

$$應付帳款週轉率 = \frac{銷貨成本}{平均應付帳款} = \frac{\$108{,}000}{\frac{1}{2}(\$19{,}200 + \$24{,}000)}$$

$$= 5.0（次）$$

$$應付帳款支付平均日數 = \frac{360}{應付帳款週轉率} = \frac{360}{5.0}$$

$$= 72（日）$$

5.X 公司20B 年度營業週期及現金週期各為若干？

	營業週期	現金週期
(A)	120 日	48 日
(B)	124	52
(C)	128	56
(D)	130	58

解 (C)

營業週期＝存貨平均週轉日數＋帳款收回平均日數

＝80 日＋48 日＝128 日

現金週期＝營業週期－應付帳款支付平均日數

＝128 日－72 日＝56 日

6.Y 公司20A 年12 月31 日之會計年度終止日，有下列各項資料：

營業活動淨現金流入量	$1,680,000
資本支出現金流出量	720,000
流動負債	2,400,000

Y 公司20A 年度自由支配現金流量及現金流量比率各為若干？

	自由支配現金流量	現金流量比率
(A)	$1,680,000	100%
(B)	960,000	70
(C)	–0–	30
(D)	以上皆非	以上皆非

解 (B)

自由支配現金流量＝營業活動現金流量－資本支配現金流出量

＝$1,680,000－$720,000＝$960,000

$$\text{現金流量比率} = \frac{\text{營業活動淨現金流量}}{\text{流動負債}} = \frac{\$1,680,000}{\$2,400,000} = 70\%$$

7.Z 公司20A 年度已知下列二項財務比率：

純益率	8.5%
總資產週轉率	2.2 次

Z 公司20A 年度總資產投資報酬率應為若干？ (A) 18.7% (B) 8.5% (C) 3.7% (D)以上皆非。

解 (A)

$$\text{總資產投資報酬率}=\frac{\text{淨利}}{\text{平均總資產}}=\frac{\text{淨利}}{\text{銷貨收入}}\times\frac{\text{銷貨收入}}{\text{平均總資產}}$$

$$=\text{純益率}\times\text{總資產週轉率}$$

$$=8.5\%\times 2.2=18.7\%$$

8.W 公司20A 年度部與 20B 年度部份財務資料如下：

	20A 年	20B 年
利息費用	$ 12,000	$ 12,000
稅後淨利	60,000	68,000
負債總額	300,000	320,000
普通股本	200,000	200,000
特別股本：8% 累積非參加	100,000	100,000
股東權益總額	420,000	464,000

已知 W 公司 20B 年度所得稅率為 40%；W 公司 20B 年度之財務槓桿指數應為若干？ (A) 0.80 (B) 1.00 (C) 1.50 (D) 1.75。

解 (D)

$$\text{總資產投資報酬率}=\frac{\text{稅後淨利}+\text{利息費用}\times(1-40\%)}{\text{平均總資產}}$$

$$=\frac{\$68,000+\$12,000\times(1-40\%)}{\frac{1}{2}(\$720,000+\$784,000)}=10.0\%$$

$$\text{普通股東投資報酬率}=\frac{\text{稅後淨利}-\text{特別股股利}}{\text{平均普通股東權益}}$$

$$= \frac{\$68,000 - \$8,000}{\frac{1}{2}(\$320,000 + \$364,000)} = 17.5\%$$

$$財務槓桿指數 = \frac{普通股東投資報酬率}{總資產投資報酬率} = \frac{17.5\%}{10.0\%} = 1.75$$

三、綜合題

1.波音公司1996年至1999年12月31日之會計年度內，有關資料如下：

波音公司
部份財務資料
1996年度至1999年度　　（百萬美元）

	1996	1997	1998	1999
銷貨收入	–	$45,800	$56,154	$57,993
銷貨成本	–	40,601	50,492	51,320
銷貨毛利	–	5,199	5,662	6,673
應收帳款	$2,870	3,121	3,288	3,453
存　貨	9,151	8,967	8,584	6,539
應付帳款	9,901	11,548	11,085	11,269

另悉波音公司的銷貨收入，均屬賒銷。

試求：(a)請為波音公司計算1997年度至1999年度的下列各項財務比率，並編表列示其變化趨勢：

(i) 應收帳款週轉率，並包含帳款收回平均日數。

(ii) 存貨週轉率，並包含存貨平均週轉日數。

(iii) 應付帳款週轉率，並包含帳款支付平均日數。

(iv) 現金週期。

(b)簡短評論波音公司自1997年底至1999年底的短期償債能力。

解

(a) (i) 應收帳款週轉率：

波音公司
應收帳款週轉率趨勢分析
1997 年度至 1999 年度　　　　（百萬美元）

	1997	1998	1999
銷貨收入*(a)	\$45,800	\$56,154	\$57,993
應收帳款：			
期初餘額	2,870	3,121	3,288
期末餘額	3,121	3,288	3,453
平均應收帳款 (b)	2,996	3,205	3,371
應收帳款週轉率 ($c = a \div b$)	15.3 次	17.5 次	17.2 次
帳款收回平均日數 ($d = 360 \div c$)	23.5 日	20.6 日	20.9 日

*全部屬於賒銷收入。

(ii) 存貨週轉率：

波音公司
存貨週轉率趨勢分析
1997 年度至 1999 年度　　　　（百萬美元）

	1997	1998	1999
銷貨成本 (a)	\$40,601	\$50,492	\$51,320
存　貨：			
期初存貨	9,151	8,967	8,584
期末存貨	8,967	8,584	6,539
平均存貨 (b)	9,059	8,776	7,562
存貨週轉率 ($c = a \div b$)	4.5 次	5.8 次	6.8 次
存貨平均週轉日數 ($d = 360 \div c$)	80.0 日	62.1 日	52.9 日

(iii)應付帳款週轉率：

波音公司
應付帳款週轉率趨勢分析
1997 年度至 1999 年度　（百萬美元）

	1997	1998	1999
銷貨成本 (a)	$40,601	$50,492	$51,320
應付帳款：			
期初餘額	9,901	11,548	11,085
期末餘額	11,548	11,085	11,269
平均應付帳款 (b)	10,725	11,317	11,177
應付帳款週轉率 $(c = a \div b)$	3.8 次	4.5 次	4.6 次
應付帳款支付平均日數 $(360 \div c)$	94.7 日	80.0 日	78.3 日

(iv)現金週期：

波音公司
現金週期趨勢分析
1997 年度至 1999 年度　（百萬美元）

	1997	1998	1999
存貨平均週轉日數 (a)	80.0 日	62.1 日	52.9 日
帳款收回平均日數 (b)	23.5	20.6	20.9
營業週期 $(c = a + b)$	103.5 日	82.7 日	73.8 日
帳款支付平均日數 (d)	94.7	80.0	78.3
現金週期 $(c - d)$	8.8 日	2.7 日	(4.5 日)

(b)評論波音公司 1997 年度至 1999 年度的短期償債能力：

波音公司自 1997 年度至 1999 年度期間，應收帳款週轉率顯著提高，使資金週轉速度加快，對短期償債能力具有正面的影響；此外，在此期間內，存貨週轉率也鉅幅增加，由 1997 年度的 4.5 次增加為 1999 年度的 6.8 次，提高 51%（2.3 次 ÷ 4.5 次），顯示該公司的經營能力很強，產銷效能頗佳，短期償債能力也相對提高；波音公司的應付帳款週轉率小於應收帳款週轉率甚多，表示比較不容易發生營業資金週轉困難的現象；抑有進者，波音公司在此三年期間，由於營業循環速度加快，使營業週期由 1997 年度的 103.5 日加速至 73.8 日，加速比率為28.7%（29.7 日÷103.5 日），影響所及，使現金週期縮短甚多，甚至於形成負現金週期，表示波音公司不但不必擔心營業短期資金的問題，而且還可利用營業上的短期資金。

分析企業的短期償債能力，除分析上述各項比率外，尤應另分析現金比率、速動比率、流動比率及營運資金多寡等，才能獲得正確的判斷。

2.杜邦公司1996 年至1999 年12 月31 日之會計年度內，有關資料如下：

杜邦公司
部份財務資料
1996 年度至1999 年度　　（百萬美元）

	1996	1997	1998	1999
銷貨收入*	–	$25,094	$25,748	$27,892
銷貨成本	–	15,544	15,556	16,991
應收帳款	$5,193	4,309	4,201	5,318
存　貨	3,706	2,792	3,129	5,057
應付帳款	2,757	1,921	1,929	2,780

*全部屬於賒銷收入。

試求：(a)請為杜邦公司計算1997 年度至1999 年度的下列各項財務比率，並編表列示其變化趨勢。

(i) 應收帳款週轉率，並包含帳款收回平均日數。

(ii) 存貨週轉率，並包含存貨平均週轉日數。

(iii) 應付帳款週轉率，並包含帳款支付平均日數。

(iv) 現金週期。

(b)簡短評論杜邦公司自1997 年度至1999 年度的短期償債能力。

解　本題求解方法與第 1.題略同，故予從略。

3.杜邦公司1997年度至1999年度之現金流量表及資產負債表列示如下：

杜邦公司
現金流量表
1997年度至1999年度　（百萬美元）

	1997	1998	1999
營業活動之現金流量：			
淨　利	$ 2,405	$ 4,480	$ 7,690
折舊及攤銷	1,381	1,560	1,690
非現金項目	1,557	(2,202)	(303)
營運資金變動	(833)	(274)	238
營業活動之淨現金流量	$ 4,510	$ 3,564	$ 9,315
投資活動之現金流量：			
資本支出	$(2,089)	$(2,240)	$(2,055)
購併其他企業支出	(1,933)	–	(4,756)
出售停業部門	–	2,062	–
投資活動之淨現金流量	(4,022)	(178)	(6,811)
理財活動之現金流量：			
支付現金股利	$(1,401)	$(1,549)	$(1,511)
贖回股本	(1,631)	(447)	(522)
發行（償還）債券	2,637	(1,057)	(436)
其他理財活動現金流量	(56)	–	105
理財活動之淨現金流量	$ (451)	$(3,053)	$(2,364)
外幣兌換影響數	$ (99)	$ 97	$ (108)
期初現金餘額	1,066	1,004	1,434
期末現金餘額	$ 1,004	$ 1,434	$ 1,466

杜邦公司
資產負債表
12 月 31 日 （百萬美元）

	1996	1997	1998	1999
資　產：				
現　金	$ 1,066	$ 1,004	$ 1,434	$ 1,466
短期投資	253	142	10	116
應收帳款	5,193	4,309	4,201	5,318
存　貨	3,706	2,792	3,129	5,057
預付費用等	885	860	837	696
流動資產合計	$ 11,103	$ 9,107	$ 9,236	$ 12,653
廠產設備毛額	50,549	32,911	34,728	35,416
減：備抵折舊	(29,336)	(20,310)	(20,597)	(20,545)
無形資產	–	1,270	2,566	8,724
長期投資	2,278	2,557	1,880	2,024
其他資產	3,276	11,154	10,723	2,505
資產總額	$ 37,870	$ 36,689	$ 38,536	$ 40,777
負　債：				
流動負債	$ 10,987	$ 11,217	$ 11,610	$ 11,228
長期負債	5,191	5,897	4,495	6,625
其他負債	11,099	8,305	8,477	10,049
負債總額	$ 27,277	$ 25,419	$ 24,582	$ 27,902
股東權益	$ 10,593	$ 11,270	$ 13,954	$ 12,875
負債及股東權益總額	$ 37,870	$ 36,689	$ 38,536	$ 40,777

另悉杜邦公司 1997 年度、1998 年度及 1999 年度的利息費用（包括利息資本化部份），分別為 389 百萬美元、520 百萬美元及 535 百萬美元。

試求：(a)請列表計算杜邦公司 1997 年度至 1999 年度下列各項現金流量財務比率：

(i) 營業活動淨現金流量對資本支出比率。

(ii) 現金流量比率。

(iii) 營業活動淨現金流量對總負債比率。

(iv) 營業活動淨現金流量對利息費用比率。

(v) 自由支配現金流量對總負債比率。

(b)列表計算杜邦公司 1997 年度至 1999 年度現金流量允當比率 (cash flow adequacy ratio)。

(c)列表計算杜邦公司 1997 年度至 1999 年度現金再投資比率。

解

(a)各項現金流量財務比率：

杜邦公司
各項現金流量財務比率趨勢分析
1997 年度至 1999 年度　　（百萬美元）

	1997	1998	1999
營業活動淨現金流量 (a)	\$ 4,510	\$ 3,564	\$ 9,315
資本支出 (b)	2,089	2,240	2,055
自由支配現金流量 (c)	\$ 2,421	\$ 1,324	\$ 7,260
流動負債 (d)	11,217	11,610	11,228
負債總額 (e)	25,419	24,582	27,902
利息費用 (f)	389	520	535
營業活動淨現金流量對資本支出比率 $(a \div b)$	215.9%	159.1%	453.3%
現金流量比率 $(a \div d)$	40.2%	30.7%	83.0%
營業活動淨現金流量對總負債比率 $(a \div e)$	17.7%	14.5%	33.4%
營業活動淨現金流量對利息費用比率 $(a \div f)$	11.6 倍	6.9 倍	17.4 倍
自由支配現金流量對總負債比率 $(c \div e)$	9.5%	5.4%	26.0%

(b)列表計算杜邦公司 1997 年度至 1999 年度現金流量允當比率：

杜邦公司

現金流量允當比率趨勢分析

1997 年度至 1999 年度　　　　（百萬美元）

	1997	1998	1999	合　計
營業活動淨現金流量 (a)	\$ 4,510	\$ 3,564	\$ 9,315	\$17,389
資本支出 (b)	\$ 2,089	\$ 2,240	\$ 2,055	\$ 6,384
購併其他企業 (c)	–	2,062	–	2,062
存貨增加*(d)	–	337	1,928	2,265
現金股利 (e)	1,401	1,549	1,511	4,461
合　計 (f)	\$ 3,490	\$ 6,188	\$ 5,494	\$15,172
現金流量允當比率 $(a \div f)$	1.29 倍	0.58 倍	1.70 倍	1.15 倍

*存貨增加的計算（單位：百萬美元）：

	1997	1998	1999
期初存貨	\$3,706	\$2,792	\$3,129
期末存貨	2,792	3,129	5,057
增加（減少）	\$ (914)	\$ 337	\$1,928

附註：現金流量允當比率的標準通常為1；當此項比率大於1時，表示來自營業活動淨現金流量，足以因應營業成長所需之資本支出、增購存貨及支付現金股利等。

(c)現金再投資比率：

杜邦公司

現金再投資比率

1997 年度至 1999 年度　　　　（百萬美元）

	1997	1998	1999	合　計
營業活動淨現金流量 (a)	\$ 4,510	\$ 3,564	\$ 9,315	\$ 17,389
現金股利 (b)	(1,401)	(1,549)	(1,511)	(4,461)
分子淨額 $(c = a - b)$	\$ 3,109	\$ 2,015	\$ 7,804	\$ 12,928
廠產設備毛額 (d)	\$32,911	\$34,728	\$35,416	\$103,055
無形資產毛額 (e)	1,270	2,566	8,724	12,560
長期投資 (f)	2,557	1,880	2,024	6,461
其他資產 (g)	11,154	10,723	2,505	24,382
營運資金*(h)	(2,110)	(2,374)	1,425	(3,059)
分母淨額 $(g = d + e + \cdots + h)$	\$45,782	\$47,523	\$50,094	\$143,399
現金再投資比率 $(c \div g)$	6.8%	4.2%	15.6%	9.0%

*流動資產 – 流動負債。

4.華友公司20A 年及20B 年12 月31 日比較性資產負債表及其他有關資料如下：

華友公司
比較性資產負債表
1 月31 日

	20A 年	20B 年
資　產：		
現　金	$ 22,500	$ 36,000
應收帳款	27,000	36,000
存　貨	31,500	54,000
土　地	36,000	40,500
建築物	54,000	54,000
備抵折舊 —— 建築物	(16,200)	(18,000)
設　備	135,000	171,000
備抵折舊 —— 設備	(28,800)	(31,500)
商　譽	90,000	72,000
資產總額	$351,000	$414,000
負　債：		
應付帳款	$ 27,000	$ 45,000
應付費用	13,500	18,000
應付租賃款 —— 土地	–0–	9,000
股東權益：		
普通股本	180,000	189,000
資本公積 —— 股本溢價	40,500	45,000
保留盈餘	90,000	108,000
負債及股東權益總額	$351,000	$414,000

其他補充資料如下：

⑴ 20B 年度出售土地利益$5,400。

⑵ 20B 年度出售設備$18,000，已提列備抵折舊$16,200，損失$900。

⑶20B 年度發放現金股利$27,000；發行股票股利面值$9,000，溢價發行$4,500。

(4) 20B 年度之銷貨收入為$158,800，全部屬於賒銷；銷貨成本$63,000。

試求：(a)請為華友公司計算 20B 年度營業活動淨現金流量。

(b)計算現金流量比率。

(c)華友公司 20B 年度流動性指數 (liquidity index) 應為若干？

解

(a)營業活動淨現金流量：

保留盈餘期末餘額		$108,000
保留盈餘期初餘額		90,000
20B 年度增加		$ 18,000
加：現金股利		27,000
股票股利：面值	$9,000	
溢價發行	4,500	13,500
本期淨利		$ 58,500
加（減）調整項目：		
折舊費用 —— 建築物：($18,000−$16,200)		1,800
折舊費用 —— 設備：($31,500+$16,200−$28,800)		18,900
攤銷：($90,000−$72,000)		18,000
出售設備損失		900
出售土地損失		(5,400)
應收帳款增加：($36,000−$27,000)		(9,000)
存貨增加：($54,000−$31,500)		(22,500)
應付帳款增加：($45,000−$27,000)		18,000
應付費用增加：($18,000−$13,500)		4,500
營業活動淨現金流量		$ 83,700

(b)現金流量比率：

$$\text{現金流量比率} = \frac{\text{營業活動淨現金流量}}{\text{流動負債}}$$

$$= \frac{\$83,700}{\$63,000^{*}} = 132.9\%$$

*流動負債 = $45,000 + $18,000 = $63,000

(c)流動性指數：

20B 年度：

$$應收帳款週轉率 = \frac{\$158,800}{\frac{1}{2}(\$27,000 + \$36,000)} = 5.0（次）$$

$$帳款收回平均日數 = \frac{360}{5.0} = 72（日）$$

$$存貨週轉率 = \frac{\$63,000}{\frac{1}{2}(\$31,500 + \$54,000)} = 1.5（次）$$

$$存貨平均週轉日數 = \frac{360}{1.5} = 240（日）$$

流動性指數的計算：

項　目	金　額	週轉日數	積　數
現　金	$ 36,000	0	$ –0–
應收帳款	36,000	72	2,592,000
存　貨	54,000	240	12,960,000
合　計	$126,000		$15,552,000

$$流動性指數 = \frac{\$15,552,000}{\$126,000} = 123.4$$